¿QUIÉN ENCENDIÓ LA MECHA DEL BIG BANG!

MISTERIOS MÁS ALLÁ DE LA CIENCIA: DESCIFRADOS Y SIMPLIFICADOS

PRABHA KARAN

ISBN

Paperback 978-969-679-266-6

Objetivo

Los científicos, físicos, matemáticos, teóricos y otros pensadores visionarios suelen enfrentarse a cuestiones que desafían los límites de la comprensión humana. Su dedicación a desentrañar los misterios del universo y la vida ha impulsado algunos de los mayores logros de la humanidad, desde avances médicos y revoluciones tecnológicas hasta profundas revelaciones filosóficas.

Y, aun así, quienes se sumergen en estos campos avanzados del conocimiento a menudo se encuentran volviendo a preguntas aún más grandes, aquellas que van más allá de los límites de la comprensión humana y se adentran en la infinitud de lo desconocido.

¿Cuándo comenzó el universo? ¿Cómo surgió? ¿Dónde se encuentra el punto de origen del Big Bang? ¿Por qué existe el universo en absoluto? ¿Puede dividirse aún más la partícula subatómica más pequeña? ¿Por qué nacemos como seres humanos? ¿Cuál es el propósito de nuestra existencia? ¿Qué ocurre después de la muerte? ¿Existe vida después de la muerte? Preguntas como estas se han formulado tantas veces que casi se han convertido en un cliché. Sin embargo, eso no cambia el hecho de que siguen siendo esenciales en nuestra lucha por comprender el universo, la creación, nuestra propia existencia y el significado de lo infinito.

Tal vez sean preguntas que también te han inquietado a lo largo de tu trabajo y tu vida. Este libro busca explorar estas cuestiones tanto a escala macro cósmica, abarcando los fenómenos más grandes del universo observable, como a escala micro cósmica, hasta el bosón de Higgs y más allá. El propósito de esta obra es presentar los hechos conocidos y aproximarnos, de manera gradual y metódica, a lo infinito desconocido, a los misterios que precedieron al Big Bang.

Si alguna vez te has encontrado reflexionando sobre la relación entre tus búsquedas intelectuales y estas preguntas grandiosas pero esenciales, o si sientes curiosidad por comenzar a explorarlas, sigue leyendo. Nuestro objetivo es avanzar de manera sistemática desde los fenómenos físicos conocidos hasta los conceptos esquivos que habitan en los límites de lo cognoscible. Lo haremos de forma metódica para que gradualmente, con tu capacidad de pensar, reflexionar y contemplar, puedas construir tu comprensión de *cómo lo infinito encaja en tu vida y cómo tu vida encaja en lo infinito.*

Contenido

Capítulo 1

Los seres humanos más excepcionales exploran "lo infinito"

Aunque la población humana de la Tierra ha alcanzado ya los ocho mil millones, la oportunidad de nacer como ser humano es una de las más raras de todas. ¿Por qué? Considera la totalidad de los seres vivos en este planeta. El número asciende a miles de millones. Esto incluye desde grandes mamíferos hasta pequeños insectos y microbios. Si también se incluyen las plantas, el número de seres vivos individuales se vuelve asombrosamente grande. En comparación, ocho mil millones es un número infinitesimalmente pequeño. Por eso, nacer como ser humano es sumamente raro.

Es aún más raro nacer sin defectos físicos o mentales que puedan impedir o interferir con una experiencia plena de la vida. Y es aún más raro tener la oportunidad de recibir una educación adecuada que introduzca los valores más elevados de la vida. Entre este pequeño grupo, ¿cuántos intentarán alguna vez explorar "lo infinito"? Ese tipo de persona es el ser más raro de todos en el planeta Tierra.

Según el número de universidades tecnológicas e instituciones científicas en todo el mundo, se estima que solo unos 10 millones de seres humanos están, de manera activa o pasiva, investigando el infinito a través de la investigación objetiva y el análisis científico. Esos son 10 millones de ocho mil millones. Y esos ocho mil millones son parte de un número incontablemente alto de seres vivos. Para poner esto en perspectiva, considera otro grupo pequeño: el número actual de millonarios en el mundo. En 2024, se estimaba que había alrededor de 58 millones de millonarios a nivel global. Así que aquellos que buscan y exploran el infinito son aún más raros. De hecho, si tú eres parte de este raro grupo de 10 millones, eres una de las personas más afortunadas del mundo.

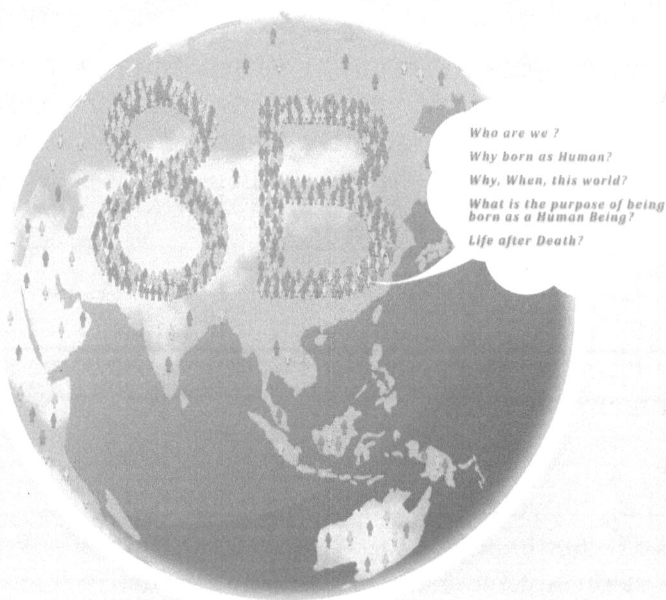

Dentro de esos 10 millones, diferentes pensadores han adoptado diversas estrategias en su búsqueda del infinito, que van desde lo científico hasta lo espiritual. Parte de su investigación ha producido resultados convincentes, pero aún existen importantes vacíos en nuestra comprensión del infinito y la creación. En lo que respecta al infinito, antes del Big Bang, no existía consenso entre los diferentes pensadores. El propósito de este libro es clasificar el espectro de pensadores según su ámbito y explorar las aparentes trampas en la comprensión del infinito, el Big Bang y la creación. Nuestro enfoque sistemático finalmente estrechará la brecha en constante expansión entre físicos, científicos, pensadores, investigadores y filósofos.

Antes de comenzar este viaje, sin embargo, tomemos un momento para explorar el espectro de pensadores en los distintos campos de estudio y escuelas de pensamiento que aparecerán a lo largo de este libro, nuestra "galería de personajes", por decirlo de alguna manera. Esto nos permitirá establecer las pruebas sólidas y las teorías propuestas que han llevado nuestra comprensión colectiva del infinito, el Big Bang y la creación hasta el punto en el que se encuentra hoy.

¿Quién persigue lo infinito?

Entonces, ¿quiénes *son* estos raros 10 millones de individuos? ¿Qué hacen y cuáles son sus pensamientos?

En primer lugar están los físicos, y dentro de este grupo se encuentran todo el espectro de astrofísicos y físicos cuánticos. Son ellos quienes lidian con el infinito, de una u otra manera, directa y diariamente. Son los estudiantes y seguidores de científicos como Erwin Schrödinger, James Webb, Edwin Hubble, entre otros que vinieron antes o después de ellos. El campo de la física cuántica está en constante evolución. En 2022, tres físicos ganaron el Premio Nobel por su trabajo en el entrelazamiento cuántico, ampliando nuestro conocimiento sobre la relación cuántica entre partículas y potencialmente abriendo la puerta a nuevos avances.

A continuación están los teóricos que se enfocan en los fenómenos más desconcertantes y extremos de nuestro universo:

el Big Bang, la singularidad, los agujeros negros y los agujeros de gusano. Aquellos que investigan la materia oscura y la energía oscura también se encuentran en este grupo. Actualmente se cree que la materia "normal" u observable representa solo el 5% de toda la energía en el universo, mientras que la materia oscura representa el 27% y la energía oscura el 68%. Nadie sabe exactamente qué son la materia oscura o la energía oscura, pero lo que es cierto es que existen, y juntas representan el 95% de nuestro universo.

A continuación están los científicos e investigadores del SETI, la Búsqueda de Inteligencia Extraterrestre. Esta organización explora el espacio exterior en busca de señales de vida inteligente. El descubrimiento y la comunicación con inteligencia extraterrestre representaría un salto cuántico en nuestra comprensión del infinito.

Otra organización importante es el CERN, la Organización Europea para la Investigación Nuclear. CERN alberga el Gran Colisionador de Hadrones (LHC, por sus siglas en inglés), un colisionador de partículas de 27 kilómetros utilizado para descubrir nuevas partículas subatómicas. El LHC ha permitido una serie de descubrimientos importantes, incluido el bosón de Higgs. Sin embargo, un investigador allí ha señalado que el tamaño del LHC no es suficiente para permitir el descubrimiento de *todas* las partículas subatómicas. Para eso, podría ser necesario un colisionador con un diámetro equivalente al de todo el sistema solar.

Luego están los llamados "súper científicos", aquellos que buscan ir más allá de la física convencional con materiales aparentemente imposibles, como superfluidos con viscosidad cero o superconductores con resistencia cero. Incluso se ha propuesto el concepto de superconsciencia, que trascendería la consciencia ordinaria. Parece que cada disciplina tiene a sus practicantes lo suficientemente valientes como para ir más allá de los límites aceptados de su campo en un intento por elevar nuestra comprensión colectiva de las reglas que rigen nuestra existencia.

Pero no son solo los físicos quienes estudian lo infinito. Muchos en la comunidad científica también lo hacen. Investigadores médicos y biotecnológicos, químicos moleculares y matemáticos: estos científicos exploran el infinito de manera pasiva. Los desarrolladores de humanoides autoconcientes e inteligencia artificial (IA) también pertenecen a este grupo. Con billones de terabytes de datos, los desarrolladores de IA se dedican al estudio de la consciencia y la conciencia, intentando sondear lo infinito dentro de nuestras mentes. En ese sentido, los psicólogos que estudian las mentes consciente, subconsciente e inconsciente también forman parte de este raro grupo.

Más allá del ámbito de la ciencia real, aquellos que teorizar sobre temas como los viajes en el tiempo y la teletransportación también tienen cabida en esta conversación. Aunque la ciencia aún no lo haya hecho posible, el deseo de trascender el tiempo es una forma de perseguir lo infinito. De manera similar, los lectores y escritores de ciencia ficción participan en exploraciones irreales pero completamente legítimas del infinito.

Finalmente, también debemos incluir a ciertos individuos no científicos que se sitúan en el punto intermedio entre lo espiritual y lo intelectual. Entre ellos se encuentran los buscadores de poder místico, practicantes de kundalini, sanadores de chakras, yoguis extremos, ateos, agnósticos y metafísicos. Esto nos ofrece una visión del espectro completo de personas que persiguen lo infinito más allá de los límites de la ciencia.

Volvamos a esos raros 10 millones. Como hemos visto, pertenecen a muchos campos, prácticas y tradiciones diferentes. ¿Qué tienen en común? De manera general, hay tres aspectos que comparten. Primero, hay un enfoque en el **espacio**, ya sea universal, subatómico o espiritual. Luego, hay un enfoque en el **tiempo** y las reglas que lo rigen. Por último, hay un enfoque en la **causalidad** y cómo funciona en sistemas donde la causa y el efecto son cíclicos. Estos tres factores unen a aquellos que persiguen el infinito.

eamos algunas de las respuestas que que han propuesto estos raros 10 millones.

¿Qué entendemos por infinito?

Muchas disciplinas de la ciencia y las matemáticas giran en torno a la idea del infinito. Pero, ¿qué es exactamente? ¿Es un fenómeno? ¿Es numérico? ¿Es espacial? ¿Es temporal? ¿Es una cualidad? ¿Una cantidad? ¿Es realmente algo, o solo un concepto útil? Estas son algunas de las preguntas fundamentales que los científicos y matemáticos han intentado responder. En algunos casos, han llegado a explicaciones convincentes. ¿Significa esto que han capturado el infinito? No sabemos lo suficiente como para afirmarlo. Pero, consideremos algunas de las teorías que han presentado hasta ahora.

En primer lugar, veamos qué tienen que ofrecer las matemáticas. Las matemáticas están llenas de diferentes tipos de números: números reales, números racionales e irracionales, y algunos números que llaman números trascendentales. Pero más allá de todos los números tangibles está la conciencia de que no hay un punto final numérico. Los números existen dentro de una infinidad de números. Los matemáticos incluso han propuesto un sistema para categorizar distintos conjuntos de números infinitos. Estos se conocen como los números aleph. Así que, los matemáticos pueden describir y categorizar el infinito, pero ¿significa eso que fueron capaces de capturar lo que realmente *es*?

Sigamos con la paradoja del Gran Hotel de Hilbert. La paradoja describe un hotel con habitaciones infinitas que está a plena capacidad y, sin embargo, todavía puede acomodar una cantidad infinita de nuevos huéspedes. Esto ilustra cómo los números infinitos pueden interactuar, pero una vez más, ¿es esta idea lo mismo que captar el infinito?

El infinito no solo existe en escalas numéricas increíblemente grandes, también puede estar contenido dentro de un solo número. Por ejemplo, al sumar uno medio, un cuarto, un octavo, un dieciseisavo, etc., se obtiene un número que se acerca infinitamente a uno. Pero nunca lo alcanzará. El infinito también existe dentro de formas reconocibles, como un círculo, que puede entenderse geométricamente como teniendo lados infinitos. Tal vez otro nombre para un círculo podría ser un "**infígono**".

Veamos cómo el infinito aparece en el cálculo. El cálculo newtoniano desempeñó un papel fundamental en la revolución de la precisión científica y tecnológica. Sin embargo, su limitación radica en los propios límites. Los científicos deben recurrir a los límites para alcanzar cualquier grado de perfección científica. Esto fue clave para que Einstein formulara sus famosas teorías de la relatividad general. Introdujo la constante cosmológica, lo que le permitió solucionar este problema en su trabajo. Algunos han propuesto que esta constante corresponde a la energía oscura, que constituye casi el 70% del universo. Comprender la energía oscura representaría un avance significativo en la Teoría del Todo, que sigue siendo un trabajo en desarrollo. ¿Cuándo se convertirá esta teoría en la "Ley del Todo"? Ese sería un gran avance en la búsqueda de lo infinito.

La física está llena de constantes. Tomemos como ejemplo la constante de Planck, que define unidades de medida en el contexto de las constantes físicas. Es curioso que la ciencia que nos ha permitido explorar cada vez más el infinito se base en límites y constantes finitas creadas por nosotros. Tal vez algún día descubramos qué hay más allá de ellas.

Muchos fenómenos en la astrofísica han sido explicados a través del concepto de infinito. Los agujeros negros, por ejemplo, contienen singularidades gravitacionales que se dice que tienen una densidad infinita. *"Ni siquiera la luz puede escapar del horizonte de sucesos de un agujero negro"* es un cliché recurrente en los documentales sobre el espacio. Hablando de la velocidad de la luz, las observaciones astronómicas han demostrado que el universo se está expandiendo, y además, lo hace a un ritmo más acelerado que en el pasado. Pero, ¿qué nos dice esa expansión sobre el infinito dentro del universo y sobre el infinito que compone el universo? ¿Qué nos revela sobre la naturaleza de la materia, la materia oscura y la energía oscura? Más adelante, en el capítulo sobre la creación, hablaremos en profundidad de este tema, explorando *la existencia de algo compuesto de materia que viaja más rápido que el propio espacio.*

Detengámonos un momento más en el concepto de la velocidad de la luz, porque nos ayuda a ilustrar un punto importante. A menudo, cuando hablamos de la velocidad de la luz, nos referimos a estrellas y otros objetos celestes. Los astrónomos nos recuerdan que la luz que vemos en el cielo ha estado viajando hacia nosotros durante millones o incluso miles de millones de años. Esto significa que no estamos viendo lo que existe ahora, sino lo que existía en el momento en que esa luz se emitió desde su fuente. Este principio también se aplica a los objetos que tenemos justo delante. La impresión visual de todo lo que te rodea no se origina en el *'presente'*, sino en el *pasado.* En realidad, estás experimentando una sucesión de momentos como un fenómeno visual continuo.

Pensemos en esto de otra manera, utilizando el lenguaje y la gramática. Si quisieras describir lo que está ocurriendo en el presente, ¿cómo lo harías? Puedes usar el tiempo presente para hablar de lo que sucede ahora. Pero en el momento en que dices *"ahora"*, ese instante ya ha pasado; ya se ha convertido en *"entonces"*. Una forma más precisa de representarlo sería utilizar lo que en inglés se conoce como el *presente continuo,* un tiempo verbal que abarca tanto el pasado como el futuro. Por ejemplo: "Te estoy viendo". Esto nos lleva a una pregunta intrigante: *¿qué es realmente el presente? ¿Qué es el "ahora"? ¿Se puede congelar el ahora?*

De los raros 10 millones que intentan perseguir lo infinito, los científicos, específicamente los físicos, son quienes han logrado los mayores avances en nuestra comprensión. Sin embargo, como hemos visto, hay un límite en lo que pueden hacer. Los sistemas científicos y matemáticos actuales los obligan a introducir límites y constantes en su trabajo. Cuando se encuentran con fenómenos que no pueden explicar, a menudo recurren a lo desconocido. Algunos mencionan los misterios de la conciencia, el cerebro humano, la posibilidad de un creador o la aún indefinida energía oscura. Aceptan la idea de que, algún día, alguien llegará y proporcionará las respuestas.

Este libro busca basarse en los descubrimientos y prácticas de científicos, matemáticos, teóricos y el resto de los raros 10 millones. Su objetivo es corregir las limitaciones de sus descubrimientos y presentar un método sistemático para comprender el infinito, los misterios de la creación y el Big Bang.

Capítulo 2

¿La validación científica culmina en...?

Este libro está dirigido principalmente a esos raros 10 millones de personas, los pensadores y teóricos comprometidos en la búsqueda de lo infinito mediante el estudio riguroso del mundo que nos rodea y del universo observable. Para ustedes, la creencia depende de la evidencia. Antes de aceptar cualquier concepto o teoría, es necesario examinar la evidencia científica, comprobada por la experimentación y probada y validada en diversos límites.

El tema de la validación es, sin embargo, interesante. Incluso dentro de la comunidad científica, diferentes personas pueden utilizar la misma o similar evidencia para validar o invalidar una teoría, según su perspectiva. Recientemente, algunos astrofísicos usaron evidencia obtenida por el Telescopio Espacial James Webb (JWST) para sugerir que la teoría del Big Bang había sido invalidada. Otros, la mayoría de la comunidad, emplearon métodos y evidencias distintas para argumentar que, en realidad, el nuevo telescopio había *validado* la teoría. Aunque quienes afirman que la teoría ha sido invalidada representan una minoría, su existencia muestra el papel que desempeña la discreción individual en la validación científica.

Tomemos como ejemplo la ley de gravitación universal de Newton. Aunque esta ley se cumple en la mayoría de las circunstancias, falla en escenarios extremos, como los que existen en el espacio profundo. Algunas personas interpretan ese fallo como una invalidación de la ley, llegando incluso a decir que ha sido reemplazada por la teoría de la relatividad general de Einstein. Pero, ¿qué tan precisa es esa afirmación? Ni siquiera Einstein afirmó que su teoría hubiera sustituido la ley de Newton. Su trabajo incluía la ley de Newton, y él mismo reconoció abiertamente las limitaciones de sus teorías. La incompletitud o incompatibilidad no significa necesariamente que una teoría haya sido invalidada.

Más adelante, este punto adquirirá una importancia fundamental. Las ideas discutidas en este libro van más allá de la ley de Newton, las teorías de Einstein e incluso de la naciente Teoría del Todo, pero también incluyen esos conceptos. No se trata de invalidarlos. No hay que elegir entre creer en aquellas teorías previamente validadas y aceptar las ideas de este libro. Dicho esto, estas ideas también han sido validadas. Se presentarán las evidencias para que los miembros de la comunidad científica de mente abierta puedan revisarlas a su satisfacción.

El proceso de validación no depende únicamente de la evidencia presentada, sino también de la perspectiva del observador. La observación científica se fundamenta generalmente en dos técnicas: la percepción directa y las inferencias basadas en datos. Por ejemplo, algunas teorías pueden validarse simplemente por lo que se puede ver y oír. Sin embargo, la visión humana opera en un rango limitado de longitudes de onda y el oído en un espectro restringido de frecuencias. Para fenómenos que exceden esas limitaciones, dependemos de herramientas como telescopios, rayos X y dispositivos infrasónicos. Estos instrumentos capturan datos que, posteriormente, interpretamos. En algunos casos, esta interpretación se basa en datos extremadamente sutiles, como la detección de planetas en la "Zona de Ricitos de Oro" de estrellas distantes. En esos casos, los científicos obtienen datos, los interpretan meticulosamente, extraen inferencias y luego las validan.

Una lección importante que debemos sacar de esto es que ***el proceso de validación científica no depende solo de los datos y la evidencia, sino también de un sistema de juicio que está dentro del observador. Cuando validas una teoría, en realidad estás interactuando con esa parte interna que decide qué es aceptable y qué no lo es.*** En la siguiente parte del capítulo, exploraremos la naturaleza de ese sistema interno, ya que es la base de las ideas que se discutirán más adelante en este libro.

La característica definitoria de la humanidad

El "experimento mental" de Edwin Schrödinger con un gato se ha vuelto extremadamente conocido. Ayudó a ilustrar el principio de *superposición* en la mecánica cuántica, donde las partículas pueden existir en múltiples estados al mismo tiempo y solo se resuelven en un único estado tras una observación externa. La observación y la validación, procesos que ocurren dentro del individuo, son los componentes fundamentales del pensamiento lógico y la creencia racional.

Ahora bien, ¿dónde ocurren estos procesos? ¿Qué dentro de nosotros es responsable de ejecutar estas funciones críticas? Funcionan dentro de tu ***intelecto***. Presta especial atención a esta palabra, porque es un bloque fundamental para las ideas que vendrán más adelante.

Entonces, ¿qué es el intelecto? **El intelecto es un aspecto de tu personalidad que se encarga de validar tus observaciones. Se manifiesta en forma de un "*pensamiento preciso y único*". Es discreto e involucra tu capacidad para pensar, ejercer la razón, la lógica y la comparación, discriminar entre lo que es aceptable y lo que no lo es, y analizar y sacar conclusiones**

a partir de datos. Es el mecanismo de pensamiento más poderoso dentro de ti, que permite la comparación, la toma de decisiones y la validación científica. Hacer el esfuerzo de entender verdaderamente la naturaleza del intelecto es esencial para perseguir y captar el infinito.

Para empezar, el diccionario ofrece un contexto útil para entender el intelecto y cómo podemos separarlo de términos similares que pueden confundirnos sobre su verdadera naturaleza.

Cuando hablamos de las habilidades mentales de una persona, la mayoría de la gente, incluso aquellos entre los 10 millones más raros del mundo, probablemente se referirán al intelecto como inteligencia o se considerarán inteligentes. La inteligencia es simplemente la recopilación y almacenamiento de datos. **El intelecto, por otro lado, se refiere a la *facultad* de razonar, pensar y entender objetivamente.**

La importancia de esta distinción se hace más clara si la consideramos en el mundo real. Ciertas medidas estándar del poder mental de un individuo, su cociente intelectual (CI) o su coeficiente emocional (CE), utilizan explícitamente la palabra *"inteligencia"* en sus nombres. Pero esto puede reducir estas cualidades a una puntuación o un juego de puntos. Oculta el significado del intelecto, la facultad que hace posible la inteligencia en primer lugar. ¿De qué sirve un CI o un CE alto si eres ignorante del mecanismo real detrás de tu inteligencia? Enfocarnos en esta distinción nos ayudará a entender uno de los principales obstáculos para capturar el infinito.

Más allá de la *inteligencia*, existen más palabras que las personas aplican de manera imprecisa cuando en realidad se están refiriendo al intelecto. La ***mente*** es una de esas palabras. Las personas pueden decir que alguien tiene una mente fuerte, una mente aguda, etc. Esto es impreciso y engañoso. Recuerda, el intelecto es la facultad humana para el razonamiento objetivo.

La mente, por otro lado, es un flujo de pensamientos que alberga todos tus deseos y emociones, tanto positivas como negativas. No se manifiesta como un solo pensamiento discreto, y esta es la distinción entre la mente y el intelecto.

El amor, el odio, la ira, los celos: estas cosas vienen como un flujo de pensamientos. El flujo puede ser controlado o incontrolado. En cualquier caso, siempre es un flujo en lugar de un solo pensamiento discreto. **Los deseos fluyen como corrientes de pensamiento hacia objetos o seres que emanan desde el interior de la mente de una persona.** Nuevamente, la distinción entre la mente y el intelecto será importante para entender las ideas en este libro, y cuando avancemos en el camino hacia la captura de la infinitud. *El intelecto piensa. La mente no puede pensar.* Recuerda esta distinción mientras avanzamos.

No se detiene ahí: hay muchos más términos confusos para el intelecto. Las personas se refieren al cerebro humano como intelecto. Sabemos que el cerebro es un órgano carnoso hecho de átomos gruesos: el cuántum de átomos es el mismo en alguien vivo y en un cuerpo recientemente fallecido. "El cerebro de Einstein": las personas utilizan este epíteto para describir a alguien con un intelecto fuerte. Como epíteto, puede tener sentido referirse a alguien como si tuviera el cerebro de Einstein.

También se habla de la palabra "*genio*". ¿Qué se necesita para que una persona sea considerada un genio? Un genio es alguien que posee gran inteligencia (datos e información) y *también* un intelecto fuerte. Es decir, una persona con acceso a una gran cantidad de datos *y* un intelecto poderoso que puede usar esa información de manera significativa y eficiente. Cuando ambas cualidades se combinan, esa persona se convierte en un genio. Sin embargo, el término "*genio*" no es intercambiable con "*intelecto*" en absoluto.

Volvamos al tema del coeficiente emocional (EQ), ya que este término es comúnmente utilizado en la cultura popular hoy en día. ¿Cómo debemos entender lo que significa este término? El término hace referencia a la capacidad de entender y responder a las emociones, tanto propias como ajenas. Sin embargo, el término "emocional" oculta el hecho de que el EQ también depende del intelecto. En ciencia, usamos datos para llegar a conclusiones y validarlas; con el EQ, las emociones son nuestros datos, y utilizamos nuestro intelecto para interpretarlas y actuar en consecuencia. Así que el EQ es realmente solo otra forma del intelecto, aunque muchas personas lo atribuyan a la mente.

Podrías estar pensando, si el intelecto es simplemente otro término para todas esas palabras mal entendidas que hemos explicado antes, ¿por qué estamos dedicando tanto tiempo a su definición?

Tenemos que hacerlo porque entender el intelecto es esencial para todo lo que viene después en este libro. Hasta que no reconozcamos completamente la distinción entre el intelecto y términos como inteligencia, mente, cerebro, genio, IQ y EQ, no seremos capaces de comprender a fondo qué es el intelecto y cómo podemos usarlo.

Reconozcamos que es absurdo usar las palabras inteligencia, mente o cualquier otra en lugar de la palabra intelecto. El uso de la palabra "**mente**" es particularmente absurdo porque, como veremos pronto, ¡esa palabra tiene un significado real y muy específico!

Todos, o al menos muchas de las personas que componen esos 10 millones de pensadores, usan su intelecto como fuente principal de vida. De hecho, toda la humanidad depende de su intelecto. Pero para la mayoría de las personas, este es una herramienta secundaria. Para todas las personas que piensan, su éxito o fracaso depende del uso de su intelecto. Por supuesto, no todas las personas usarán su intelecto de la misma manera; existe una gran gradación entre ellas. Esta gradación es proporcional a la fuerza de su intelecto. *Pero en su mayoría, las personas usan su intelecto todo el tiempo para ganarse la vida, y sin embargo, no son conscientes del verdadero significado de esta facultad.* Por eso, es más importante para ellas que para nadie más desarrollar una comprensión verdadera de la misma.

Ahora que tenemos una comprensión básica de lo que es (y lo que no es) el intelecto, comencemos a analizarlo junto con otras partes de nuestro ser interior. Para ayudarnos a entender la relación entre estas partes, consideremos la jerarquía relativa que existe entre las plantas, los animales y los seres humanos.

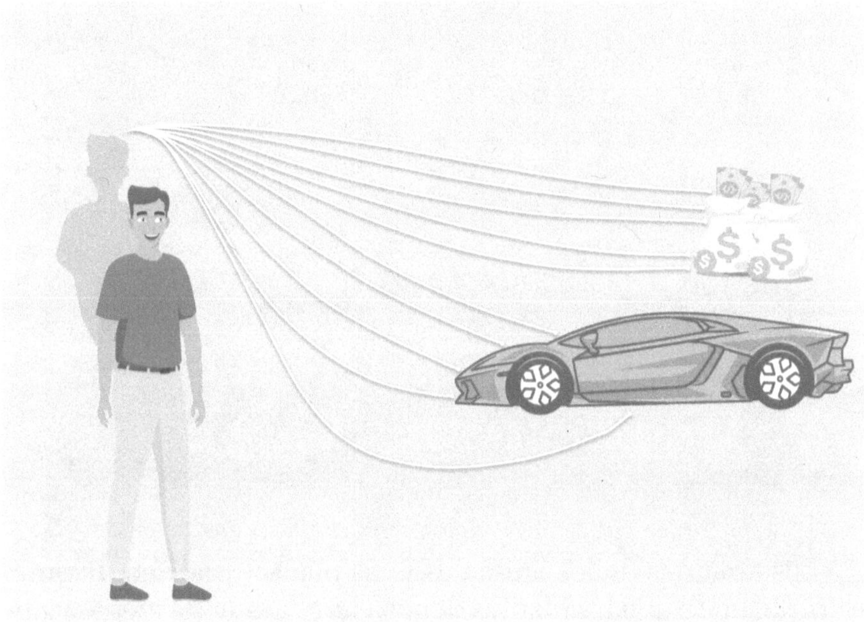

Cuando comparamos las plantas, los animales y los seres humanos, podemos observar que las plantas solo poseen un cuerpo físico; no tienen mente ni intelecto. A continuación, observamos que los animales tienen un cuerpo físico y una mente, pero carecen de intelecto. solo el ser humano posee un intelecto, además de un cuerpo físico y una mente.

Los amantes de los animales y las plantas podrían disputar esto, diciendo que las plantas tienen cierto grado de mente y que los animales pueden poseer algo de intelecto. Esto puede ser cierto, pero solo en una medida extremadamente limitada. Por ejemplo, puede haber algunas plantas excepcionales que tengan sentimientos muy débiles, como la planta sensible o ciertas plantas carnívoras, que muestran un poco de movimiento. Pero estas son claramente excepciones; en su mayoría, las plantas solo tienen un cuerpo físico. Luego, algunas personas podrían argumentar que muchos animales poseen intelecto. De nuevo, hasta cierto punto, es cierto. Pero es muy rudimentario. No tiene comparación con lo que incluso el ser humano más simple puede lograr.

Ahora bien, ¿cómo debemos entender el significado de **mente** aquí? Anteriormente, dijimos que la mente es un flujo o reservorio de pensamientos que consisten en deseos y sentimientos, mientras que el intelecto es la facultad de formar un solo pensamiento. ¿Cómo fluye este reservorio? En la mecánica de fluidos, existen términos para describir diferentes tipos de flujo, como los flujos laminares (o suaves) y los flujos turbulentos (o enredados). Una persona tranquila y serena puede tener un flujo laminar de pensamientos: un flujo constante de pensamientos dirigidos hacia un objeto. Sin embargo, a medida que aumentan los deseos o si la persona tiene una mente desordenada, el flujo puede volverse turbulento.

Pueden tener demasiados pensamientos o deseos, o sus pensamientos y/o deseos pueden entrar en conflicto. Esto hace que el flujo de pensamientos sea más errático. Pero, independientemente de si el flujo es laminar o turbulento, ambos flujos de pensamiento emanan de la mente.

Aparte de la mente y el intelecto, hay dos componentes adicionales de la personalidad de una persona que se representan aquí. Estos son la memoria y el ego, que son las partes más profundas de la mente. **La memoria alberga todas las experiencias pasadas en forma de pensamientos, mientras que el ego declara la identidad.** Otra forma de considerar el ego es como una declaración de recuerdos. Si una persona pierde todos sus recuerdos o los pierde temporalmente, podría decirse que el ego también se pierde temporalmente.

Juntas, estas cuatro componentes: la mente, el intelecto, la memoria y el ego, representan el "*cuerpo sutil*". Forman nuestro ser interior o personalidad interna y existen dentro de nosotros. El intelecto recoge inteligencia / información / datos de la memoria o de fuentes externas. El intelecto controla, regula y dirige la mente, y la mente dirige el cuerpo físico grueso para actuar. Este cuerpo sutil es la naturaleza superior de nuestra personalidad interna, un concepto que ampliaremos en los próximos capítulos.

Capítulo 3

Intelecto Ignorado y Mente Abandonada

Este libro trata sobre cómo capturar el infinito y explorar y derivar cómo surgió la creación, qué había antes del Big Bang, etc. Pero para abordar eso, primero debemos dedicar algo de tiempo a explorar la naturaleza y función del cuerpo sutil. Esto puede parecer un desvío, ¡pero ese es precisamente el problema! Demasiados pensadores realizan su trabajo sin reflexionar o comprender la verdadera naturaleza de la mente y el intelecto. Esto limita su trabajo y sus posibilidades de capturar realmente el infinito. *Por lo tanto, **debemos** tomarnos el tiempo necesario para explorar el cuerpo sutil (que también es un subconjunto de la creación) para comprender nuestro tema principal sobre el infinito, la creación y el Big Bang.*

Funciones clave del cuerpo sutil

Comencemos considerando cómo los deseos operan en nuestras mentes. ¿Qué impacto tienen los deseos, y su eliminación, en nuestro bienestar?

Observemos al individuo en la primera imagen. Los tres conjuntos de olas representan sus deseos, que existen en tres niveles: deseos físicos, deseos emocionales y deseos intelectuales. Estos se representan como olas porque los deseos de la mente no fluyen en líneas rectas, como lo hacen los pensamientos en el intelecto. Cada ola es un deseo específico; juntos, crean un flujo turbulento de muchos deseos simultáneos. Este estado es común a todos los seres humanos. Desde científicos de élite hasta personas comunes, todos experimentan muchos deseos simultáneos y superpuestos. Esta imagen representa el flujo de deseos en la mente de un individuo en un momento dado.

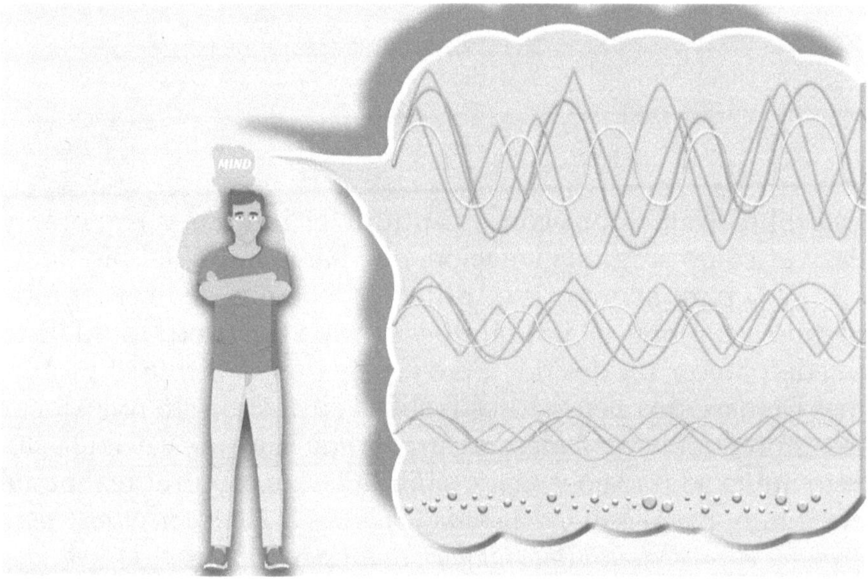

La vida, como es sabido, no es estática, sino dinámica. Experimentamos nuevos deseos constantemente. En la segunda imagen, el mismo individuo ha desarrollado tres nuevos deseos (representados por líneas blancas brillantes). ¿Qué significa esto para él? En resumen, estos nuevos deseos son una fuente de agitación. Observa la expresión del individuo en la primera imagen: es neutral porque está en equilibrio con sus deseos existentes. Pero sus nuevos deseos han interrumpido ese equilibrio porque quiere cumplirlos y no lo ha logrado. Estos nuevos deseos no cumplidos son la fuente de la agitación más reciente.

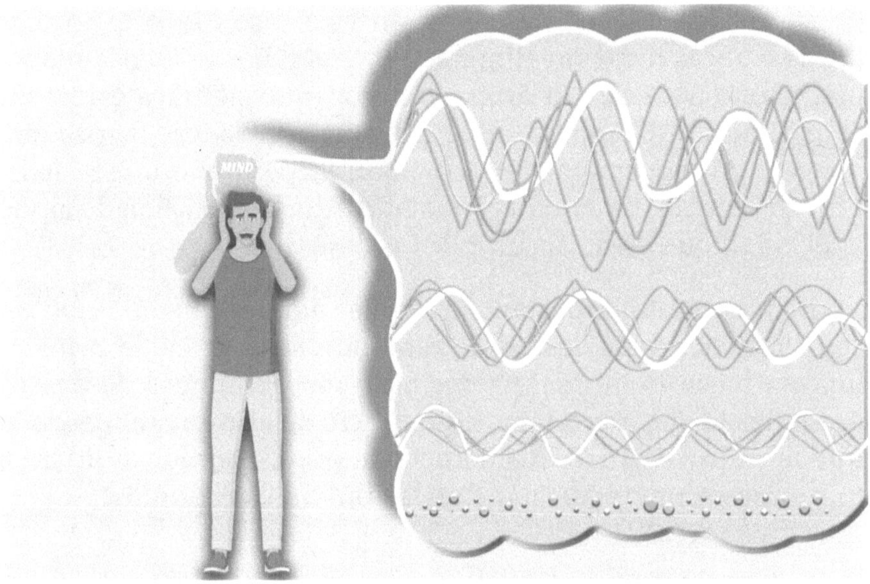

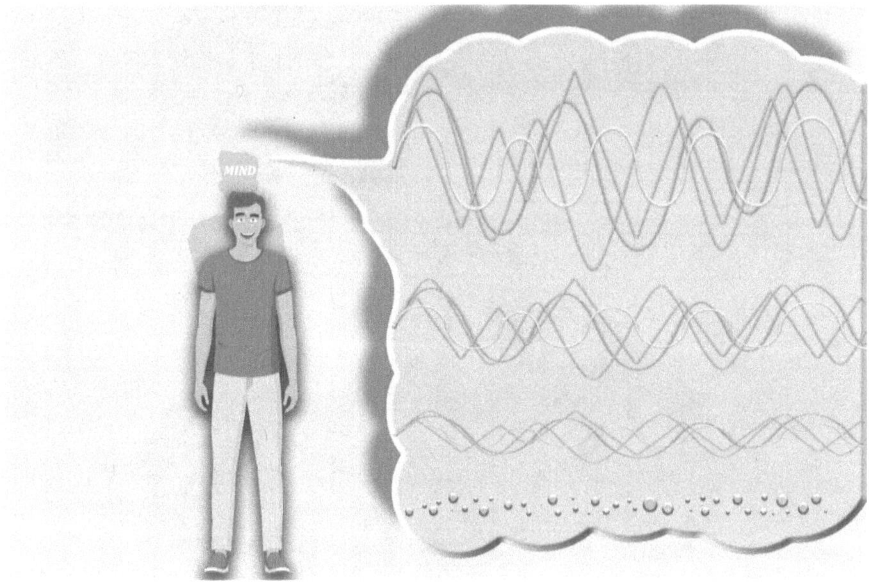

Es natural en el ser humano intentar cumplir nuestros deseos, y este individuo no es una excepción. Él utiliza sus capacidades físicas, emocionales e intelectuales para tratar de satisfacer sus nuevos deseos, y, en este caso, tiene éxito. Las líneas blancas han sido eliminadas y sus flujos de pensamiento han vuelto a su estado original. Pero, ¿qué significa esto para el individuo? Compara su expresión con la de la primera imagen. Anteriormente, estaba neutral, pero ahora está feliz. Probablemente hayas experimentado esto: la sensación de alivio y felicidad que viene al cumplir los deseos.

Pero el punto importante a señalar aquí es que no hubo un cambio neto en los deseos de este individuo desde la primera imagen hasta la última. Es decir, no fue el número de deseos presentes lo que importaba, **sino el acto de eliminar el deseo lo que le trajo felicidad**. Recuerda este punto, porque ayudará a tu comprensión de este tema en los próximos capítulos.

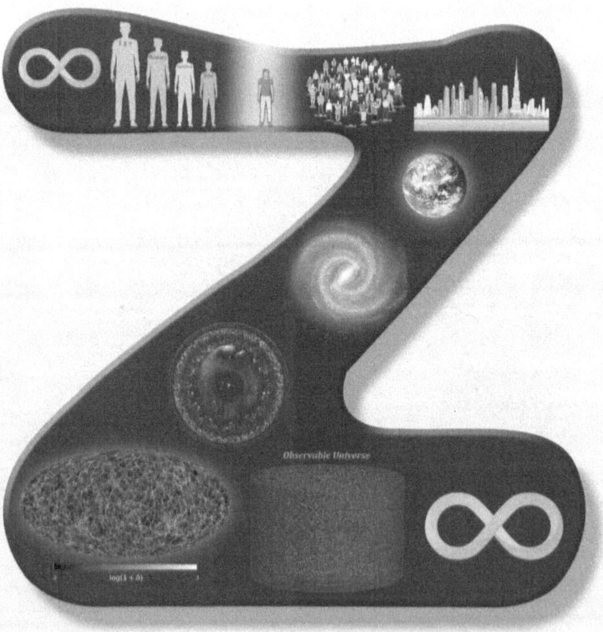

El siguiente tema importante a tratar mientras exploramos el cuerpo sutil es la relación sujeto-objeto. Esta es la relación que existe entre el observador y el objeto que está siendo observado. Puede que recuerdes del capítulo anterior que el intelecto es la facultad de observación y validación.

Observemos al individuo destacado en la imagen. Todo lo que está fuera de esa persona es un objeto relativo a él; puede ser observado y evaluado por su intelecto. Esto se extiende a otras personas, a otras entidades físicas, a la Tierra, la galaxia y al universo observable en su totalidad. En este caso, el individuo es el sujeto, y todo lo que está fuera de él representa un objeto. **Cuando un sujeto observa o entra en contacto con un objeto, se denomina una experiencia.** Esta es la naturaleza de la relación sujeto-objeto.

es importante reconocer que esta relación no solo se extiende hacia *afuera,* del individuo al objeto externo, sino que también puede extenderse hacia *adentro.* Recuerda la ilustración del cuerpo sutil del capítulo anterior: dentro del cuerpo físico se encuentran la mente, el intelecto, la memoria y el ego. Así que, si pensamos en la mente como un sujeto, el cuerpo físico grueso se convierte en un objeto. Además, cuando el intelecto es el sujeto, la mente puede convertirse en un objeto que se observa, evalúa y experimenta. Esta es una parte importante de reconocer la verdadera naturaleza del intelecto; puede observar y relacionarse con objetos tanto en el mundo externo como internamente. Así que, siempre que hablemos de observación y validación, debemos recordar definir a qué nos referimos: ¿cuál es el sujeto y cuál es el objeto?

Desatender el intelecto

A pesar de tener capacidades intelectuales variadas, muchos pensadores no reconocen o desconocen la verdadera naturaleza del intelecto como un componente del cuerpo sutil. Muchas personas equiparan el intelecto con la inteligencia, la mente, etc. Creen que simplemente *piensan,* sin reflexionar sobre aquello (el intelecto) que les *permite* pensar. Esto limita su capacidad para utilizar su intelecto en su máximo potencial. También puede impedirles captar el infinito y descifrar lo que hay más allá del Big Bang, a pesar de estar involucrados en los mismos campos que persiguen activamente.

Ser humano e ignorar la naturaleza del intelecto, e incluso negarse a pensar en ocasiones, es esencialmente reducirse al nivel de un microbio. Ahora bien, esto no es para acusar al lector de estar en ese nivel. Pero al negarse a aceptar el papel de la mente y el intelecto, al no reconocer que el intelecto juega un papel fundamental en la personalidad y al desconocer la existencia del cuerpo sutil, se está limitando el propio potencial y rebajándose al nivel de formas de vida inferiores. Incluso los animales poseen un cuerpo sutil, hasta cierto punto. Recordemos que los animales tienen una mente además de su cuerpo físico. Si una persona permanece ignorante del cuerpo sutil, es equivalente a estar al nivel de un animal. La ignorancia generalizada sobre el cuerpo sutil es una gran laguna en el conocimiento y la formación científica, y es el principal obstáculo que impide a las personas captar el infinito.

Algunos pueden creer que la contemplación del cuerpo sutil es irrelevante, que el pensamiento es pensamiento, la observación es observación y que cualquier discusión sobre el cuerpo sutil está fuera de lugar. Sin embargo, la realidad es que el cuerpo sutil *existe*. Negar lo que es claramente evidente es negar la realidad. Sería como ser la persona en la imagen, de pie ante una enorme calabaza y declarando que no existe. Es un absurdo. El intelecto es la herramienta de la que dependen y que utilizan a diario científicos, investigadores y pensadores para ganarse la vida. Negar su verdadera naturaleza les impide acceder a la capacidad real de esta poderosa facultad. Esto no es una crítica, sino una ilustración de un estado de cosas lamentable. La élite intelectual de la humanidad, los 10 millones de pensadores más excepcionales del mundo, en su mayoría ignoran la verdadera importancia del intelecto.

El reconocimiento abierto del papel del intelecto podría traer avances de gran alcance en las ciencias. Esto podría extenderse incluso a los campos de investigación más avanzados, como el estudio de los neutrinos, la materia oscura, la energía oscura, el infinito y la creación. Estos conceptos específicos se analizarán en mayor detalle en los capítulos sobre la creación y la conciencia, donde se explicará cómo las ideas contenidas en este libro pueden aplicarse a estos campos complejos y novedosos.

La única barrera para la validación experimental de muchos otros temas avanzados es la aplicación incompleta del intelecto.

Ahora bien, para el lector que desea dejar atrás estas limitaciones, este libro le permitirá hacerlo exactamente. A lo largo de su vida, ha invertido tanto tiempo y recursos en adquirir habilidades y posicionarse como el mejor en su campo. Al concentrarse en las lecciones contenidas en este libro, finalmente se pondrá en una posición mucho mejor para comprender e incluso captar el infinito y descifrar conceptos más allá del Big Bang. Pero es importante entender qué significa *concentración* en este contexto. Muchos definirán inmediatamente la concentración como enfoque. ¿Y qué significa enfoque? ¡Concentración!

Sin embargo, la concentración tiene un significado específico relacionado con el cuerpo sutil. Comprender esto le ayudará a relacionarse con ella de manera más profunda y a comprometerse con más significado.

La concentración exitosa depende de la interacción entre el intelecto, la mente y el cuerpo físico. Para concentrarse realmente en algo, primero debe haber un deseo intelectual por ese objeto en la mente. Cuando deseamos alcanzar un principio intelectual superior, podemos darle un nombre más elevado: lo llamamos un objetivo. Una vez que hemos establecido nuestro objetivo, podemos usar nuestro intelecto para lograrlo. ***La concentración es la capacidad del intelecto para guiar a la mente en su actividad***

presente, sin permitir que se deslice hacia experiencias pasadas o expectativas futuras, con el fin de alcanzar un objetivo claro. Es una colaboración entre la mente y el intelecto, orientada a mantenerse comprometido con una actividad en curso. Esta es la forma de concentración que debe aplicar incluso a este libro para obtener el máximo valor de sus enseñanzas.

Actualmente, la mayoría de los 10 millones de pensadores excepcionales no están comprometidos a utilizar su intelecto de la manera aquí descrita. En su búsqueda del infinito, muchos de ellos pueden quedar estancados, como si su intelecto se detuviera en un punto de su camino. No tienen acceso a una dirección, metodología o guía que les permita avanzar en su propósito de captar el infinito. A partir de aquí, este libro presentará lecciones sistemáticas para guiarlos en la búsqueda y comprensión del infinito y en el entendimiento del Big Bang.

Qué podemos esperar de este libro

Entonces, ¿en qué consistirán estas lecciones? El próximo capítulo profundizará en el tema de los objetivos y los analizará en detalle. Se centrará en el objetivo de captar el infinito, el propósito supremo que un ser humano puede plantearse. Comprenderá un análisis exhaustivo de la naturaleza de los objetivos humanos.

A continuación, discutiremos la lógica detrás de la captación del infinito. Este capítulo contendrá una descripción concisa de la razón por la cual esto debería ser un objetivo en primer lugar. Más adelante, entraremos en una explicación detallada sobre *cómo* se puede lograr, pero primero es importante tener una comprensión clara del fundamento detrás de ello; esto ayudará a organizar nuestras ideas a medida que avancemos.

Hablemos de la composición humana. Esto ubicará el cuerpo sutil, que ya ha sido introducido, en el contexto del cuerpo físico denso. Se presentará otro concepto: el cuerpo causal. En conjunto, estos capítulos ofrecen un análisis profundo de la relación entre los componentes de la composición humana y el papel que cada uno desempeña.

Después de analizar la composición humana, hablaremos sobre las cinco capas de la personalidad. Luego, exploraremos también los tres estados de la experiencia humana: el estado de vigilia, el estado de sueño y el estado de sueño profundo.

En este punto, estaremos preparados para hablar sobre la infinitud en sí misma. Estudiaremos en detalle la infinitud y la conciencia juntos. Cabe destacar que estos términos se definirán explícitamente en esta etapa. Como hemos visto, términos como *intelecto* y *mente, infinitud* y *conciencia* a menudo se usan de manera descuidada. Sin embargo, estos capítulos ofrecerán una definición matizada de estos conceptos fundamentales.

Luego, profundizaremos en el siguiente tema importante: la creación. Abordaremos el Big Bang, la materia oscura, la energía oscura y la creación en sí misma. El enfoque principal de esta sección será la pregunta de qué existía antes de la creación, es decir, antes del Big Bang. Esta cuestión es fundamental en el contexto de comprender la infinitud.

En este punto, estaremos *casi* listos para hablar sobre cómo capturar la infinitud. Pero antes, dedicaremos tiempo a discutir cómo volverse apto para perseguirla y capturarla. Si bien los escasos diez millones representan a los más capacitados entre nosotros, esto no significa que los demás estén excluidos. De hecho, *todos* los seres humanos tienen la capacidad de capturar la infinitud. Sin embargo, existe un umbral claro para lograrlo. Los criterios van más allá de la capacidad intelectual, abarcando también la preparación mental y física.

Estos criterios se analizarán en detalle en esos capítulos, pero, en resumen, es necesario contar con la capacidad intelectual adecuada, la pureza mental y la preparación física para poder perseguir la infinitud. Además, se debe estar dispuesto a comprometerse seriamente con este objetivo para alcanzarlo.

Suponiendo que alguien cumpla con los requisitos, el siguiente paso es prepararse para el intento. Los próximos capítulos abordarán el proceso para hacerlo, que incluye ciertos pasos preparatorios y algunas prácticas intermedias obligatorias, culminando en la comprensión de la infinitud.

Una vez comprendida la importancia de las prácticas preparatorias, pasaremos a la captura de la infinitud. ¿Qué significa capturar la infinitud? ¿Qué sucede cuando se logra? ¿Qué ocurre *después* de haberla alcanzado? Todo esto se abordará en detalle. Finalmente, haremos un resumen que sintetice todo lo presentado a lo largo de este libro. Es fundamental mantener la concentración en todo momento para extraer el máximo significado de esta experiencia y prepararse adecuadamente para capturar la infinitud.

Capítulo 4

Metas humanas

En el capítulo anterior, definimos las *metas* como los productos de los deseos que han sido dirigidos de manera clara. Estas metas se han elevado por encima de los flujos turbulentos del deseo en general, lo que permite que sean perseguidas y cumplidas mediante la aplicación del intelecto. Este proceso de definir las metas en la mente y utilizar el intelecto para alcanzarlas es la naturaleza de la concentración. En este capítulo, definiremos los diferentes tipos de metas humanas, discutiremos la relación entre ellas y describiremos sus limitaciones..

En nuestras necesidades, somos como las plantas y los animales

En el segundo capítulo, discutimos las diferencias fundamentales entre las plantas, los animales y los seres humanos. Recordemos que las plantas solo tienen un cuerpo físico, mientras que los animales tienen un cuerpo y una mente; y solo los seres humanos poseen un cuerpo, una mente y un intelecto. Sin embargo, existen ciertos rasgos comunes e instintivos que comparten las tres clases de seres vivos. Estos son sus *necesidades*.

La principal de estas características compartidas es la necesidad de comer, para subsistir. Desde las plantas carnívoras que atrapan y consumen insectos hasta las fotosintéticas que sobreviven de la luz y el carbono del aire, todas las plantas consumen alguna forma de combustible. De manera similar, desde los pequeños animales microbianos hasta los enormes carnívoros, los animales pasan la mayor parte de su tiempo despiertos buscando comida. Y los seres humanos, por supuesto, también deben comer o perecerán. Así que todas las plantas, los animales y los seres humanos deben alimentarse. Esta es la primera característica compartida entre estas tres clases de seres vivos.

La segunda característica común entre ellos es la necesidad de descanso. Las plantas tienen ciclos de descanso que ocurren a diario y estacionalmente. Incluso más que comer, los animales pasan la mayor parte de su tiempo durmiendo. Los seres humanos también duermen. De hecho, tanto en la infancia temprana como en la vejez, los humanos pasan casi todo su tiempo durmiendo: es una necesidad tan poderosa. Así que la necesidad de descansar o dormir es otra característica común entre estas tres formas de vida.

La tercera es la necesidad de reproducirse o crear descendencia. Las plantas, los animales y los seres humanos están constantemente produciendo crías. Todas las formas de vida comparten un impulso biológico para garantizar que su especie prospere. Las plantas producen innumerables semillas y han desarrollado formas ingeniosas de dispersarlas por doquier. Los animales se aparean y reproducen año tras año, y defenderán ferozmente a sus crías o incluso se sacrificarán para asegurar su supervivencia. Y los humanos también se reproducen constantemente, llenando el planeta con ocho mil millones de personas.

La cuarta característica común que se observa en toda vida vegetal, animal y humana es un sentido de inseguridad y la necesidad de buscar seguridad. Las plantas han desarrollado mecanismos de defensa para protegerse de las amenazas; los animales también experimentan miedo y han desarrollado respuestas de lucha o huida para protegerse. De manera similar, los humanos también experimentan miedo. Esta es una respuesta instintiva al mundo que nos rodea. El grado en que esto se manifiesta en los seres humanos tiene que ver con nuestro egoísmo relativo: cuanto más egoísta eres, mayor será el sentido de inseguridad y miedo.

Estas cuatro características: la necesidad de comer, descansar, reproducirse y buscar seguridad, son comunes a todas las formas de vida vegetal, animal y humana.

Las metas nos diferencian de otras formas de vida

Más allá de estas características compartidas, hay un atributo que nos distingue de las plantas y los animales: el intelecto. Esta es la característica extraordinaria y definitoria de los seres humanos. Nos permite idear metas y planificar sistemáticamente nuestro futuro. Las plantas y los animales no pueden establecer metas; solo los seres humanos pueden. Esto es lo que nos diferencia de otras formas de vida.

A lo largo de la vida, los seres humanos experimentan innumerables deseos—físicos, emocionales e intelectuales. Esto significa que tenemos innumerables oportunidades para idear metas y hacer planes. También tenemos la oportunidad de usar nuestro intelecto para ejecutar esos planes y alcanzar esas metas. **A pesar de la gran variedad de metas posibles, todas las metas humanas pueden clasificarse en una de las siguientes cuatro categorías.**

Metas de seguridad

La primera categoría incluye las metas relacionadas con la seguridad o la supervivencia. Existen ciertos recursos que un ser humano necesita para sobrevivir y sentirse seguro, los cuales ayudan a eliminar la sensación de inseguridad y miedo. Las metas relacionadas con satisfacer estas necesidades básicas caen en esta categoría. ¿Cuáles son estas necesidades básicas que deben ser cubiertas? Son la comida, la ropa, el refugio y la salud.

Ahora bien, la cantidad y/o calidad de la comida, ropa, refugio y salud que una persona necesita puede variar considerablemente de un individuo a otro, dependiendo de su estatus o situación en la vida. Sin embargo, las metas de supervivencia implican satisfacer estas cuatro necesidades básicas. Por ejemplo, una persona pobre puede sobrevivir con una comida al día, mientras que otras pueden necesitar tres comidas al día. Pero en ambos casos, la comida es esencial para la supervivencia. De manera similar, con la ropa, una persona pobre solo necesita lo que proteja su cuerpo de las temperaturas y condiciones adversas, mientras que otras pueden necesitar más. Pero en todos los casos, la ropa es una necesidad.

El refugio es la tercera necesidad, ya sea simplemente un lugar para protegerse de las inclemencias del tiempo o un hogar más elaborado para criar a la familia. No importa si se trata de una pequeña tienda de campaña o una villa, el objetivo de asegurar un refugio es común a todas las personas y representa la tercera de nuestras necesidades básicas. La cuarta de estas metas es la salud. Las personas más vulnerables pueden simplemente buscar evitar enfermedades graves y daños corporales, mientras que otras pueden intentar prevenir enfermedades y llevar un estilo de vida saludable. Por otro lado, las personas adineradas pueden establecer metas que incluyen tratamientos y terapias que están fuera del alcance de casi todos los demás. Pero, al igual que las tres anteriores, la salud también sigue siendo una necesidad para todos. En todo el mundo, las necesidades que implican estas necesidades básicas forman este primer tipo de meta humana: la meta de seguridad.

Cabe señalar que estas metas no se limitan solo a uno mismo. También pueden extenderse a las personas de las que uno se preocupa. Mientras que los más pobres pueden luchar por satisfacer sus necesidades inmediatas de comida, ropa, refugio y salud, las personas de clase media y los ricos pueden ser capaces de asegurar estas necesidades para ellos mismos y luego centrarse en asegurarlas para sus hijos o familiares. De la misma manera, después de satisfacer las necesidades actuales, uno puede buscar asegurar también las necesidades futuras, por ejemplo, a través de seguros de salud o planes de jubilación. Estos tipos de metas—asegurar las necesidades de los demás y asegurar las propias necesidades en el futuro—también son tipos de metas de seguridad.

Metas de confort

Una vez que alguien ha cubierto completamente sus metas de seguridad, puede pasar a otro tipo de metas: confort, lujo y entretenimiento. Estas son las cosas que los seres humanos desean más allá de la mera supervivencia. Al igual que las metas de necesidad, las metas de confort tienen gradaciones que varían de una persona a otra. Pero estas metas siempre están relacionadas con la mejora del estándar de vida. Las personas quieren viajar de clase económica a clase ejecutiva. De andar en scooter, quieren conducir un coche, y de un coche normal, buscan un coche de lujo. De un apartamento de una habitación, desean mudarse a una casa de tres habitaciones, y de ahí a una mansión. Cualquier meta que vaya más allá de la supervivencia básica entra en la categoría de confort, lujo y entretenimiento.

Dado que estas metas dependen primero de satisfacer las metas de seguridad, no son comunes a todas las personas. En cambio, están disponibles solo para aquellos que disfrutan de posiciones más privilegiadas en la sociedad.

Metas de riqueza invisible

La tercera categoría incluye metas relacionadas con ganar riqueza *invisible*. ¿Qué significa esto? Tiene que ver con recibir recompensas o buena fortuna aparentemente sin razón. Pero, ¿cómo puede existir esto, en un mundo en el que nada es gratis? Y más allá de eso, ¿cómo puede ser esto una meta?

Personas de todos los ámbitos de la vida te dirán que nada es gratis, y sin embargo, algunos ganan la lotería, logran una fortuna en los negocios o reciben alguna otra ganancia inesperada. Estas recompensas llegan a las personas que poseen riqueza invisible. Y la verdad es que existen *ciertas* acciones que puedes tomar en esta vida que te ayudarán a ganar esta riqueza. ¿Cómo podemos explicar las experiencias de los niños nacidos en familias ricas, poderosas e influyentes? ¿Qué hicieron esos niños para nacer en un entorno así? Los niños no tienen voz en qué familia nacen—al menos, no en *esta* vida. Pero si ese niño había acumulado riqueza invisible en una vida pasada, eso podría influir en su nacimiento en esta vida. Ahora bien, es posible que te estés preguntando por qué un libro que prometió seguir un enfoque sistemático y científico está introduciendo la premisa de la vida después de la muerte. Esta es una gran pregunta—demasiado grande para entrar en detalles aquí. Por ahora, simplemente sabes que la teoría de la reencarnación será discutida con más detalle en el capítulo sobre causalidad más adelante en este libro.

Sin embargo, debido a que los lectores de este libro son científicos y pensadores que no aceptarían nada ilógico, incluso de manera temporal, abordaremos brevemente el tema. La existencia de la vida después de la muerte se basa en la ley de conservación de la materia y la energía. La energía y la materia no pueden ser creadas ni destruidas, solo pueden transformarse de una forma a otra. La relación entre estas leyes y los deseos humanos es la clave para entender el fenómeno de la vida después de la muerte.

Los deseos son una forma de energía que se manifiesta como flujos de pensamiento. Nuevamente, los pensamientos se tratarán a fondo en el capítulo sobre causalidad. Por ahora, baste decir que los pensamientos y los deseos son corrientes de energía. Ahora, hemos discutido cómo una persona alberga incontables deseos a lo largo de su existencia. ¿Qué ocurre con toda esa energía mental cuando una persona muere? Entendemos que, al morir, un cuerpo es enterrado o incinerado, devolviendo la materia gruesa a la materia gruesa. Esto está en conformidad con la ley de conservación de la materia. De manera similar, la ley de conservación de la energía impide que esas energías mentales acumuladas, expresadas como pensamientos y deseos, desaparezcan en la nada. El intelecto debe aceptar que esos pensamientos se conservan de alguna manera. Esta es una de las indicaciones de que podría existir vida después de la muerte.

Ahora debemos preguntarnos si alguna vez hemos visto alguna evidencia que respalde la existencia de este fenómeno. Una posible prueba puede encontrarse en los comportamientos que los bebés a veces exhiben mientras duermen. Incluso los bebés más pequeños pueden ser observados sonriendo mientras duermen. El bebé está durmiendo, por lo que sabemos que no hay una causa inmediata para esa sonrisa, más allá de un sueño. Los sueños no son más que experiencias pasadas que se agitan en la mente, por lo que se puede inferir que esta expresión de felicidad del bebé es una manifestación de algún incidente pasado. Sin embargo, los bebés no son lo suficientemente maduros como para registrar experiencias de su vida actual, por lo que esta sonrisa debe provenir de un sueño basado en experiencias de una vida pasada. Esta es la primera indicación de que podría haber vida después de la muerte, y antes del nacimiento.

Una segunda indicación puede observarse cuando el bebé tiene tres o cuatro años. A esta edad, los niños comienzan a exhibir inclinaciones, talentos y preferencias específicas. ¿De dónde provienen, de repente? Ya muestran una cierta naturaleza antes de desarrollar su intelecto. Esto es particularmente evidente con los niños prodigio: músicos, jugadores de ajedrez, genios de las matemáticas, etc. ¿De dónde surgieron estos talentos? De la misma manera que la energía del pensamiento no puede desaparecer en el aire al morir, tampoco surge de la nada al nacer. Esta es otra indicación de que podría haber vida después de la muerte. Pero, nuevamente, este tema se discutirá con más detalle en el capítulo sobre causalidad.

Ahora, volvamos al objetivo de ganar riqueza invisible. La suma acumulada de las acciones realizadas en vidas pasadas, y en los períodos anteriores de la vida actual, genera riqueza invisible, la cual puede manifestarse como recompensas en el presente. Por lo tanto, realizar acciones que puedan generar riqueza invisible, ya sea en esta vida o en la siguiente, es el tercer objetivo.

Defectos en estos tres objetivos

Estos son los primeros tres objetivos humanos: los objetivos de seguridad, confort y riqueza invisible. Aunque estos objetivos puedan estar enfocados en resultados específicos, **el motivo subyacente detrás de ellos es el mismo. Los seres humanos siempre quieren ser un poco más felices de lo que son en este momento. Las tres categorías de objetivos contribuyen a aumentar nuestra felicidad. Sin embargo, la felicidad no siempre resulta inmediatamente de la persecución o incluso de la consecución de estos objetivos. Esto se debe a que llevan defectos inherentes.** Exploremos la naturaleza de estos defectos.

Primero, la búsqueda de objetivos en estas tres categorías siempre está mezclada con una cierta medida de ***dolor y tristeza***. Luchamos por alcanzar nuestros objetivos y nos esforzamos por preservar lo que hemos logrado. Así que, incluso cuando logramos lo que nos proponemos, seguimos experimentando dolor y tristeza. **Segundo**, siempre hay un elemento de ***insatisfacción*** inherente en estas tres categorías de objetivos. ¿Qué sucede cuando un hombre pobre se vuelve un poco más rico? ¿Está satisfecho? No, quiere obtener más *riquezas*. Como discutimos anteriormente, puede haber gradaciones en lo que da una sensación de seguridad o confort. Esto se debe a que la insatisfacción es inherente en estos tres tipos de objetivos. La insatisfacción está siempre presente; incluso la persona más rica del mundo todavía quiere ser un poco más rica.

Un **tercer** defecto inherente es el sentido de esclavitud y ***apego*** que se forma entre nosotros y los objetos que nos ayudan a satisfacer nuestros objetivos. Esto tiene su raíz en el egoísmo, en el amor egoísta que sentimos hacia los objetos que adquirimos. Al igual que con nuestros estándares de seguridad y confort, existen gradaciones en el egoísmo entre las personas. Pero el egoísmo en sí es inevitable en la mayoría de los seres humanos. Un mayor egoísmo crea un mayor apego y, por lo tanto, más miseria; menos egoísmo, entonces, conduce a menos miseria. Pero, en ambos casos, algún grado de miseria y dolor resulta del apego que se desarrolla entre nosotros y las cosas que conseguimos.

Cuarto objetivo—Capturar la INFINITUD

Ahora, más allá de estos tres objetivos, hay un cuarto: el objetivo de capturar la INFINITUD. Este es el objetivo supremo al que cualquier ser humano puede aspirar a alcanzar, y todos los seres humanos están persiguiendo indirectamente este cuarto objetivo a lo largo de sus vidas. Sin embargo, antes de abordar este objetivo, recordemos brevemente un tema clave que proporcionará un contexto importante para el resto de esta discusión.

¿Qué es la naturaleza de un solo deseo? ***Un deseo es una corriente constante y continua de pensamientos que emana de la mente hacia un objeto o un ser.***

Ahora bien, ¿cómo se forman los objetivos? Se forman mediante el intelecto, que nos ayuda a cumplir nuestros deseos. El intelecto es necesario para convertir y consolidar nuestros deseos en objetivos.

Para capturar la infinita, se requiere un intelecto fuerte y acceso a una mayor inteligencia que los demás objetivos. Uno debe poseer un conocimiento general de la causalidad y un deseo de indagar más a fondo en los orígenes del mundo y otros misterios de la vida para realmente desear perseguir y capturar la infinita.

Dicho esto, pasemos a una discusión sobre este cuarto objetivo: capturar la infinita.

Meta de capturar la infinitud

Muy pocas personas se dedican a la búsqueda de la infinitud porque se necesita un intelecto fuerte y una gran cantidad de inteligencia para siquiera establecer esta meta, y mucho más para lograrla. Tan rara como es la búsqueda de la meta de la comodidad, esta cuarta meta humana es aún más rara; solo la persiguen los pocos 10 millones.

En el siguiente capítulo, discutiremos la lógica detrás de capturar la infinitud, y más adelante veremos cómo llevar a cabo esta tarea. Mientras tanto, centrémonos en los beneficios que provienen de aplicarse seriamente a esta rara cuarta meta. Esto nos ayudará a comprender su importancia en relación con las otras tres metas.

El primer beneficio que obtendrás de la búsqueda de esta meta es la libertad de la ignorancia sobre lo que es la infinitud. Incluso si eres conocedor de todos los aspectos del universo observable, aún existen muchos puntos de ignorancia que nadie ha podido iluminar. Estos puntos incluyen cosas como lo que causó el Big Bang, la creación, la causalidad, la materia oscura, la energía oscura y otros descubrimientos recientes que aún no han sido explicados. Estos serán eliminados de manera sistemática, paso a paso, a medida que persigas la meta de capturar la infinitud.

El segundo beneficio de seguir esta meta es la libertad de todas las dudas. Esto fluye del primer beneficio, porque la ignorancia es el terreno fértil para la cuestionación y la duda. A medida que persigas la infinitud y comiences a perder tu ignorancia, esas preguntas y dudas también se disiparán. Esto no ocurrirá de manera instantánea, sino que sucederá durante la búsqueda de tu estudio.

Las dudas tienden a llevar a malentendidos y conceptos erróneos. Esto se debe a que tendemos a llenar los vacíos en nuestra comprensión con patrones de pensamiento basados en la información que ya hemos recopilado. Tales conceptos erróneos son causados por las dudas, y las dudas son causadas por la ignorancia. Con un estudio metódico mientras persigues la infinitud, estos conceptos erróneos serán eliminados de manera sistemática.

Un tercer beneficio es la reducción del sufrimiento involucrado en la búsqueda de tus objetivos. Este es un beneficio algo indirecto, pero se vuelve más directo cuanto más tiempo persigas el objetivo de capturar la infinitud. Debido a que es un objetivo noble, uno debe ser relativamente desinteresado para siquiera intentarlo. Así, intentar este objetivo es una indicación de que eres una persona comparativamente desinteresada. Esto significa que, desde el principio, estarás menos afectado por el sufrimiento que proviene de los defectos inherentes de los tres primeros objetivos humanos. En este aspecto, este beneficio es inicialmente un resultado indirecto de perseguir la infinitud. Sin embargo, con el tiempo, el beneficio se vuelve más directo. Esto es porque, a medida que continúas persiguiendo un objetivo desinteresado, tu conocimiento se expande y te vuelves más sabio. A medida que te vuelves más sabio, los efectos de esos defectos inherentes seguirán disminuyendo. Aún te verás afectado por ellos, pero comparado con los demás, estarás mucho mejor.

Por un lado, serás afectado por estos defectos con mucha menos frecuencia. También los experimentarás de forma menos intensa y te recuperarás de ellos mucho más rápidamente. Además, a medida que te vuelvas menos egoísta, experimentarás menos miedo; esto significa que te volverás más valiente. ¿Qué significa perder el miedo y ganar coraje? Cuando tienes miedo, tu mente proyecta múltiples efectos adversos imaginarios y dedica esfuerzo a examinar cada uno de ellos. Esto lleva a un sufrimiento mental innecesario. Las causas sí tienen efectos tangibles, pero una mente miedosa y egoísta proyecta efectos adicionales imaginarios y sufre por cada uno de ellos. Aumentar el coraje, junto con el conocimiento, reduce este tipo de sufrimiento. Incluso si aún tienes algunos miedos, serás capaz de enfrentarlos porque la fuerza de tu intelecto será capaz de confrontarlos y entenderlos.

Un cuarto beneficio es la mayor eficiencia de tu intelecto. La búsqueda de la infinitud aumentará la fuerza de tu intelecto. Serás capaz de concentrarte mejor, podrás dirigir tu intelecto para que se enfoque solo en la actividad presente y no permitirás que tu mente se deslice hacia el pasado o se adelante hacia el futuro. Al hacerlo, harás un uso más eficaz de tu tiempo y serás más feliz en tu trabajo.

Antes de pasar a hablar sobre la lógica detrás de capturar la infinitud en el próximo capítulo, vale la pena señalar que perseguir este objetivo no significa que no persigas los otros tres objetivos. Esos simplemente se convierten en objetivos secundarios. Aún puedes involucrarte en ellos, pero tu éxito o fracaso al lograrlos no tendrá un impacto adverso en tu vida cotidiana. Debido a los beneficios que conlleva la búsqueda de este objetivo, serás relativamente libre del dolor, la esclavitud, el sufrimiento y la insatisfacción general que involucra perseguir los otros objetivos. Ten en cuenta que no tienes que esperar hasta después de haber capturado la infinitud para disfrutar de estos beneficios; más bien, los obtienes durante la propia búsqueda. Así, tu compromiso con el objetivo de capturar la infinitud no solo sirve a tu búsqueda de ese objetivo, sino también a los otros objetivos.

Con eso dicho, pasemos a discutir la lógica detrás de capturar la infinitud. Aunque aún no estamos listos para discutir realmente la naturaleza de la infinitud o los métodos para perseguirla y capturarla, será beneficioso al menos cubrir la lógica detrás de ella. Como alguien que piensa, ya estás preparado para entender esto, aunque aún queda mucho más por explorar sobre este tema.

Capítulo 5

Lógica detrás de capturar la infinitud

Para entender la lógica detrás de capturar la infinitud, será útil primero verla en el contexto de las otras tres categorías de metas humanas. Recordemos cuáles eran esas metas: la meta de la seguridad (alimento, ropa, refugio y salud); la meta de la comodidad, el lujo y el entretenimiento; y la meta de la riqueza invisible. Estas metas son el producto de nuestros deseos. Y aunque los deseos humanos son innumerables, todas las metas humanas caen en una de estas tres categorías junto con la cuarta meta: capturar la infinitud. Llamarla "cuarta meta" es algo impreciso, porque en realidad es la meta más noble de todas y debería ser la principal. Sin embargo, solo las personas más raras intentan siquiera perseguirla, y mucho menos lograrla.

Mientras que las tres primeras categorías contienen defectos inherentes, la cuarta no tiene ninguno de estos. Al contrario, incluye una serie de beneficios inherentes. Estos son: la libertad de la ignorancia sobre la naturaleza de la infinitud, la libertad de todas las dudas, una reducción del sufrimiento que proviene de los defectos inherentes a las otras metas, y un aumento en la eficiencia de tu intelecto y tus acciones. Y finalmente, capturarás la infinitud. Esto representa el beneficio culminante y es el logro supremo de esta noble meta.

Mientras que los capítulos posteriores discutirán la estrategia real para alcanzar esta meta, en este capítulo nos centraremos en la lógica detrás de ella. Esto ayudará a establecer una comprensión común del verdadero propósito de este esfuerzo.

Pero antes, una breve digresión. En el capítulo anterior, tocamos el tema de la reencarnación en relación con la riqueza invisible. Esto puede hacer que algunos lectores se pregunten si esto implica el concepto de karma. En resumen, sí: este libro invoca los conceptos de karma y reencarnación, además de las prácticas de yoga y meditación. Sin embargo, estas palabras han sido altamente comercializadas, particularmente en Occidente, lo que ha disminuido algo de su significado. El lector debe tener cuidado de no dejar que las ideas preconcebidas sobre estos términos se infiltren en su comprensión de ellos. En su lugar, simplemente sigue lo que se presenta en este libro.

De hecho, el lector debe tratar de evitar dejarse llevar por pensamientos paralelos sobre cualquier tema, ya sea yoga, karma o cualquiera de los temas científicos tratados aquí. Debido a que los lectores probablemente tengan un intelecto por encima del promedio, probablemente tendrán ideas y opiniones sobre muchos de los temas que se tratan aquí. Puede ser tentador comenzar a incorporar el conocimiento existente sobre un tema dado cada vez que se mencione. Esta es una tendencia natural, pero debe evitarse durante estas lecciones, ya que interrumpirá la presentación sistemática del libro. Para aprovechar al máximo esta experiencia, trata de frenar el impulso de recurrir a tu conocimiento previo.

Con esta advertencia fuera del camino, estamos listos para continuar con nuestra discusión sobre la lógica detrás de capturar la infinitud.

La fórmula de la felicidad

Hemos establecido que la mente es la sede de los deseos humanos y que un deseo equivale al flujo de pensamiento hacia un objeto. Ese objeto podría ser una idea, un objeto físico o un ser vivo, como otra persona. También hemos establecido que los deseos pueden fluir de manera constante y laminar, o de forma enredada y turbulenta. Debido a que entretenemos muchos deseos simultáneamente, pero solo tenemos tanto tiempo para cumplirlos, nuestros pensamientos generalmente van de un lado a otro.

Los flujos de pensamiento son los bloques de construcción de todo el cuerpo sutil. Hasta ahora hemos hablado de cómo funcionan en la mente y el intelecto, pero también operan en la memoria y el ego. Esto se discutirá en detalle en los capítulos posteriores. Juntos, los cuatro componentes del cuerpo sutil usan los flujos de pensamiento para impulsar al cuerpo físico (o grosso) a actuar. Nuevamente, la composición del cuerpo grosso se discutirá en los capítulos futuros.

Ahora, como discutimos en el capítulo anterior, ¿por qué los seres humanos quieren alcanzar metas? Es un intento de lograr la felicidad. Independientemente de la meta o categoría de meta, el deseo subyacente inherente a todas las metas es el deseo de volverse más felices, incluso *un poco más* felices que ahora. Pero, ¿cómo podemos saber cuán felices somos realmente? ¿Existe alguna forma de cuantificar esto? La felicidad y el deseo pueden parecer demasiado abstractos para cuantificarlos. Sin embargo, hemos establecido que cada meta representa el intento de cumplir un deseo. Sabiendo esto, ¿es posible idear una fórmula para medir la felicidad de una persona?

Como vimos en el tercer capítulo, nos volvemos un poco más felices cada vez que cumplimos un deseo (incluso teniendo en cuenta los defectos inherentes de nuestras metas). Así que podemos proponer lo siguiente: *en un punto de referencia dado en nuestra vida,* ***nuestra felicidad se puede medir dividiendo el número de deseos que hemos cumplido por el número total de deseos que hemos tenido.*** Expresado como una fórmula, obtenemos lo siguiente:

$$\%\ \textit{de Felicidad} = \frac{\textit{(Número Total de Deseos Satisfechos}}{\textit{Número Total de Deseos Entretenidos)}} \times 100$$

Exploramos cómo funciona esta fórmula.

Primero, ¿cómo se comportan el numerador y el denominador en esta fórmula? Para cualquier ser humano, el denominador aquí es dinámico. Sube y baja continuamente a medida que entretenemos nuevos deseos y olvidamos los antiguos e incumplidos. El numerador, por otro lado, solo aumenta. A medida que cumplimos nuestros objetivos, este número sigue creciendo. La mayoría de las personas intentan aumentar su felicidad incrementando el numerador, es decir, logrando más y más objetivos y satisfaciendo más y más deseos. Pero, ¿realmente funciona esto?

El problema con este enfoque es que, incluso cuando se cumplen los deseos, nacen nuevos deseos. Después de todo, los seres humanos siempre quieren ser más felices de lo que son ahora. Incluso al aumentar el numerador, también podrías estar aumentando el denominador, lo que puede resultar en que tu felicidad se estanque o incluso disminuya, a pesar de haber satisfecho algunos objetivos.

¿Hay una mejor manera? Los matemáticos que lean esto quizás ya hayan considerado una alternativa: atacar el denominador. Dado que el numerador permanece fijo, al reducir el número de deseos entretenidos, uno puede aumentar efectivamente su felicidad general sin cumplir nuevos deseos. Más adelante en este libro, discutiremos métodos específicos para reducir los deseos que no impliquen dolor, sacrificio, gasto de recursos ni nada que cause sufrimiento. Por supuesto, nuevos deseos seguirán surgiendo, porque los flujos de pensamiento que corresponden a los deseos no siempre se pueden gestionar. Así que, incluso con un esfuerzo concertado por reducir el denominador, nuevos deseos seguirán apareciendo y sumándose al denominador, haciéndolo constantemente dinámico.

Este estado de cosas puede ser cierto para la mayoría de las personas que están centradas exclusivamente en lograr los primeros tres tipos de metas. Pero, ¿qué pasa con la cuarta meta—capturar lo infinito? Las metas en las primeras tres categorías son más turbulentas, lo que hace que el denominador sea constantemente dinámico. Sin embargo, debido a que la cuarta meta es una meta sutil y noble, en el momento en que se establece como la principal meta en la vida de alguien, tiene el efecto de estabilizar el denominador. Establecer esta meta compone la mente, transformándola en una constante dinámica. Aunque el número de deseos que se entretienen aún pueda cambiar, tendrás más control sobre ellos y ya no sufrirás de agitación mientras te esfuerzas por perseguir lo infinito. **En resumen, mientras capturar lo infinito sea tu meta principal, tu personalidad se convertirá en una constante dinámica y estable.**

Para ilustrar este punto, examinemos un caso hipotético utilizando la fórmula de la felicidad.

Estudio de caso sobre la felicidad

Imagina que actualmente entretienes 1,000 deseos. Esto incluye deseos que ya has cumplido y aquellos que aún no has cumplido. También imagina que, según tus recursos financieros y otros, y según tu capacidad, has cumplido 600 deseos hasta este punto de tu vida. Usando la fórmula de la felicidad, podemos determinar que tu nivel de felicidad es del 60 por ciento.

Deseas aumentar tu felicidad. Recuerda que hay dos formas en las que puedes lograrlo: aumentando el numerador y disminuyendo el denominador. Supongamos que te enfocas en lo segundo. Al hacer un esfuerzo cuidadoso para aplicar ciertas prácticas (que se discutirán en capítulos posteriores), logras eliminar 300 deseos del denominador. Ahora solo entretienes un total de 700 deseos.

Al mismo tiempo, usaste una parte de tus recursos para cumplir 50 de tus deseos restantes. Ahora has cumplido 650 deseos, de un total de 700 deseos que entretienes. ¡Tu nivel de felicidad ha subido a casi el 93 por ciento!

Supongamos que sigues con tus esfuerzos y eliminas 25 deseos más, mientras también cumples otros 20. Con 670 deseos cumplidos, de un total de 675, tu nivel de felicidad ahora está por encima del 99 por ciento, ¡un estado extremadamente alto de refinamiento humano! Pero imagina que vas más allá y cumples otros cuatro deseos. Esto deja un solo deseo incumplido, y tu felicidad en un 99.9 por ciento.

¿Cuál es ese único deseo no cumplido? Es el deseo que corresponde al objetivo de capturar lo infinito.

Imagina tu estado mental en este punto. Cuando entretienes muchos deseos, tu flujo de pensamientos está enredado y es turbulento; cuando los reduces a solo cinco deseos incumplidos, logras un estado extremadamente alto de refinamiento humano, y tu estado mental se vuelve más compuesto. Con un solo deseo restante—y siendo ese deseo el más noble de todos—tu estado mental se volverá más enfocado y compuesto que nunca.

¿En qué te enfocarás? Recuerda que los deseos son flujos de pensamiento que van hacia un solo objeto. Con capturar lo infinito como tu único deseo restante, tus pensamientos fluirán de manera suave, exclusiva y continua en una línea directa hacia este deseo.

Ahora bien, ¿cuánto durará esto? ¿Qué se necesitará para resolver este objetivo? Sin otros deseos en los que enfocarse, tu mente estará completamente centrada en este único deseo desde el momento en que te despiertes hasta el momento en que te vayas a dormir. Gracias a nuestra fórmula, sabemos que el resultado neto cambia cuando el numerador aumenta o el denominador disminuye. ¿Qué entrará en juego aquí? Mantén esta pregunta en mente mientras exploramos brevemente el método que utilizarás para enfocar tu atención en este único deseo restante.

Cómo capturar lo infinito

Sin otros deseos en tu mente, te sentarás todo el día con tu flujo de pensamientos fluyendo directamente hacia este único deseo. Este es el estado que se enseña en la práctica de la meditación. La meditación se discutirá en detalle más adelante en este libro, pero es necesario mencionarla ahora para describir la lógica detrás de capturar lo infinito.

En el contexto de este ejemplo, tu meditación consistirá en sentarte con un solo flujo de pensamiento hacia un único objeto: capturar lo infinito (considera lo infinito como un objeto tangible por ahora). **La meditación, en este caso, es la capacidad de dirigir la mente hacia un solo flujo de pensamiento dirigido a lo infinito, excluyendo todos los demás, bajo la observación continua del intelecto.**

Tómate un momento para considerar cómo esa definición de meditación encaja con tu concepto actual de la práctica.

Es común que la práctica de la meditación se enfoque en limpiar la mente, distanciándose temporalmente del deseo. Pero, en tu propia experiencia, ¿cuánto tiempo puedes realmente mantener ese estado? Típicamente, no más de unos segundos o unos pocos minutos.

Esto se debe a que la mayoría de las personas que practican meditación aún entretienen muchos deseos. Esto hace que sea muy difícil distanciarse de la turbulencia del flujo de pensamientos y concentrarse exclusivamente en un solo objeto. Las prácticas de meditación modernas, muchas de las cuales son negocios, pasan por alto este hecho. Por eso, muchas personas que se acercan a la meditación experimentan resultados mediocres y eventualmente la abandonan, lo que lleva a muchos que comienzan buscando *meditación* a terminar buscando *medicación*.

Pero, ¿qué sucede cuando una persona que practica meditación tiene solo un deseo restante: el deseo de capturar lo infinito?

Con solo un deseo restante, serás capaz de dirigir y sostener tu flujo de pensamiento en un solo torrente hacia él. Esto te permitirá practicar la meditación durante períodos prolongados de tiempo. Cuando tus deseos se reducen a lo mínimo, te conviertes esencialmente en *meditativo*; no necesitas hacer un esfuerzo para meditar, porque no tienes otros deseos que distraigan tu flujo de pensamiento. Luego, pasas tus días dirigiendo tu flujo de pensamiento en un torrente ininterrumpido hacia tu único deseo restante.

Cuando se prueba la resistencia a la tracción de varillas o alambres maleables, los investigadores aplican una fuerza constante a ambos extremos del objeto y comienzan a estirarlo. A medida que esto sucede, el diámetro en el centro se atenaza gradualmente, hasta que el material alcanza su punto de ruptura y se rompe.

Esta misma lógica puede aplicarse a la mente de una persona en busca de lo infinito. Durante tu meditación, tu flujo de pensamiento se estirará a medida que se dirija hacia lo infinito. Si este esfuerzo es ininterrumpido y sostenido durante el tiempo suficiente, eventualmente alcanzará su límite y se romperá.

En este momento, tu flujo de pensamiento cesa—y, al hacerlo, elimina todos los deseos, *dejando efectivamente el denominador en nuestra ecuación en cero.*

Volviendo a nuestro ejemplo anterior, ahora experimentarás 674 deseos (cumplidos) divididos por 0 (habiendo agotado tu último deseo), lo que dará como resultado ***felicidad infinita***. En matemáticas, dividir un número por 0 tiende al *infinito*, un resultado indefinido. Esta es otra forma de describir el infinito, que se alcanza cuando todos tus deseos han sido reducidos a cero. Serás catapultado a una cantidad indefinida de felicidad, y tu personalidad alcanzará un estado de infinito. ¡Más fácil decirlo que hacerlo! Esta es la lógica detrás de capturar el infinito.

Preparándose para capturar el infinito

Si parece que avanzamos rápidamente a través del tema central de este libro, ten en cuenta que el propósito de este capítulo fue únicamente derivar la lógica detrás de capturar el infinito. El resto de este libro está dedicado a presentar lecciones profundas que te prepararán para intentar realmente perseguir y capturar el infinito. Pero, para contextualizar esas lecciones, era necesario presentar la lógica detrás de este noble y raro objetivo.

La clave aquí es que tu capacidad para capturar el infinito depende de tu habilidad para eliminar todos los demás deseos, además de ese único deseo.

Hasta que capturar el infinito sea tu único deseo, tus intentos por alcanzarlo fracasarán. El tiempo que te tomará llegar a ese estado depende de cuántos deseos tengas actualmente y de qué tan efectivamente seas capaz de cumplirlos y eliminarlos.

Una vez más, el principal obstáculo aquí es el número de deseos que actualmente tienes, y la velocidad con la que eres capaz de reducir tus deseos no cumplidos. El resultado está completamente en tus manos. Depende de tu compromiso para fortalecer tu intelecto y controlar tu mente mediante métodos sistemáticos y un esfuerzo sostenido y consistente. En los próximos capítulos, se te presentarán métodos que te permitirán eliminar y cumplir tus deseos de manera sistemática e inteligente. Esto te ayudará a acercarte a ese estado en el que capturar el infinito es tu único deseo. Allí, estarás a un paso de reducir tu deseo a cero y finalmente capturar el infinito.

Además de cubrir estos métodos específicos, los capítulos futuros también discutirán algunas de las preguntas que probablemente ya están dando vueltas en tu cabeza: preguntas relacionadas con la creación del universo, los misterios previos al Big Bang, el significado de capturar el infinito y qué ocurre después de que esto haya sucedido.

Por ejemplo, hemos establecido que todo el cuerpo sutil, mente, intelecto, memoria y ego, está compuesto por corrientes de pensamiento. Cuando la corriente de pensamiento se rompe, ¿qué le sucede al cuerpo sutil? ¿Pierdes tu ego? ¿Pierdes tu individualidad? ¿Serás más vivo que nunca o morirás? ¿Escaparás del ciclo de nacimiento y muerte? Estas preguntas se abordarán en detalle.

También dedicaremos algo de tiempo a discutir las ramificaciones científicas de capturar el infinito. ¿Qué significa esto para nuestra comprensión del Big Bang, el universo, el multiverso, los universos paralelos, la singularidad, la conciencia, la causalidad y la creación? ¿Y cómo se relacionan estos conceptos con el infinito mismo? Todos estos conceptos interrelacionados se abordarán en detalle también.

Aunque este libro no está destinado a ser un texto religioso, también debe notarse que, basado en la naturaleza del infinito, si existe algo como Dios, entonces Dios debe ser infinito. Y dado que no puede haber más de un infinito, una vez que uno se convierte en uno con el infinito, esencialmente se ha convertido en uno con ese Dios infinito.

Como aún no hemos entrado en detalles, es natural que te preguntes si realmente es posible capturar el infinito. ¿Puede un ser humano realmente tener cero deseos? ¿Es posible eliminar todo pensamiento? Recuerda que el propósito de este capítulo fue solo introducirte en la lógica detrás de capturar el infinito, no demostrar cómo se hace. Por ahora, solo intenta aceptar que la premisa es posible y que, una vez que hayas logrado eliminar todos los pensamientos, serás catapultado al infinito.

En el próximo capítulo, comenzaremos la presentación sistemática de la información, los métodos y la lógica que te permitirán perseguir este noble objetivo. Cada capítulo es una parte esencial de tu preparación, y como tal, requiere tu atención plena. Si asumes ese compromiso, te estarás preparando para lograr lo más raro que puedas imaginar.

Capítulo 6

Composición Humana: Cuerpo Físico grueso

A medida que comenzamos nuestro estudio sistemático de la naturaleza de la infinidad y cómo se puede capturar, comenzaremos con negaciones en lugar de afirmaciones. Al analizar lo que no es infinito y continuar a través de una serie de negaciones, desarrollaremos gradualmente una comprensión más clara de lo que es la infinidad. El primer tema que cubriremos en esta parte de nuestro estudio es la composición humana.

La composición humana comprende 11 divisiones, que se subdividen y explican brevemente a continuación.

La primera división contiene las tres clases del cuerpo: el cuerpo grueso, del cual ya hemos tocado brevemente y que será el enfoque de este capítulo; **el cuerpo sutil,** que hemos discutido en algunos detalles pero que cubriremos con mayor profundidad en los próximos tres capítulos; y el cuerpo causal, sobre el cual dedicaremos dos capítulos. **Juntos, estos tres cuerpos representan el aspecto material de la composición humana.**

La segunda división de la composición humana contiene las cinco clases de función. Estas son las cinco capas

funcionales de la personalidad humana, que se discutirán en detalle en capítulos posteriores. Finalmente, **la tercera división de la composición humana contiene tres estados de experiencias humanas entre los cuales alternamos a lo largo de nuestras vidas.** Estos son el estado de vigilia, el estado de sueño y el estado de sueño profundo, y se cubrirán después de los capítulos sobre las capas de personalidad.

Al definir y explorar de manera exhaustiva y sistemática cada uno de estos factores, sentaremos las bases para una comprensión profunda de la composición humana desde diversas dimensiones.

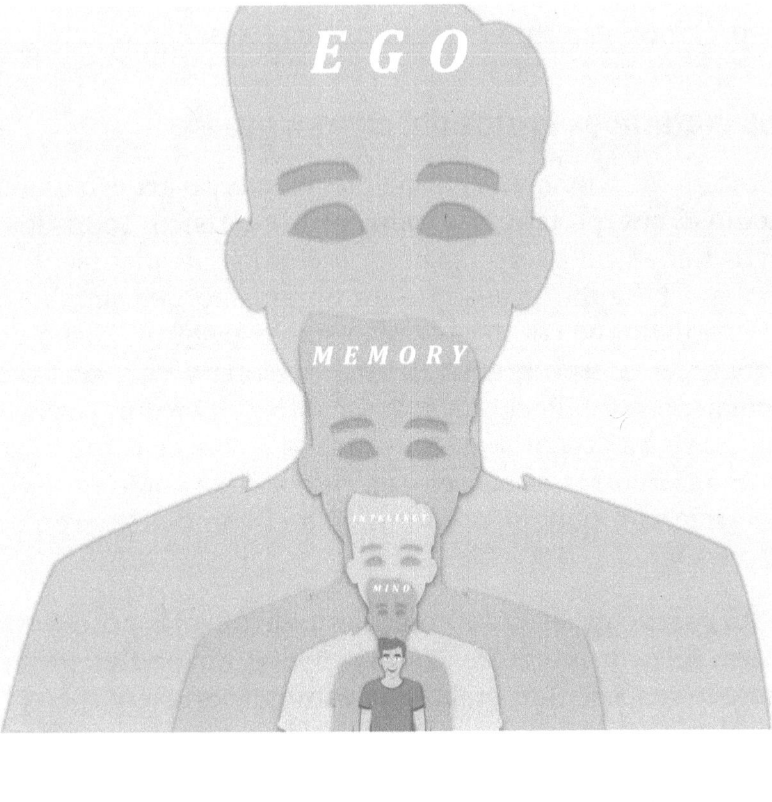

Analizando el cuerpo grueso

Nuestro estudio de las tres clases del cuerpo humano comienza con un análisis del cuerpo grueso. **Este análisis se llevará a cabo en cuatro etapas. Primero estudiaremos su material bruto, luego sus componentes específicos, su función y, finalmente, su naturaleza.** Imagina que estuvieras estudiando el motor de un coche: ¿cómo se desarrollaría ese proceso? Primero tomarías en cuenta sus materiales básicos, luego comenzarías a reconocer sus componentes más finos. Esto te llevaría a desarrollar una comprensión de su función, una comprensión que culminaría en una apreciación de su motor. Adoptaremos este mismo proceso incremental en nuestro estudio actual y lo aplicaremos en los próximos capítulos a las otras dos clases.

Los materiales brutos del cuerpo grueso

Como se mencionó anteriormente, **el cuerpo grueso es simplemente el cuerpo tangible, perceptible y físico**. Todos los seres vivos tienen un cuerpo grueso, incluidas las plantas y los animales. El cuerpo grueso de un organismo determinado es lo que lo distingue como ese organismo específico. Dicho de otra manera, el cuerpo grueso de una persona viva y una persona recientemente fallecida son los mismos; pero una vez que el cuerpo se ha descompuesto, ya no se reconoce como el cuerpo grueso. Mientras el cuerpo sea reconocible como el de un ser determinado, podemos referirnos a él como el cuerpo grueso de ese ser.

El cuerpo grueso está compuesto de materia gruesa: átomos observables y medibles. Estos son los materiales brutos del cuerpo grueso. Sin embargo, estudiar este cuerpo a nivel atómico y subatómico requeriría más espacio del que podemos dedicar aquí. Para los fines de nuestro objetivo principal, nos enfocaremos en los estados de la materia de los que está compuesto el cuerpo grueso. Esto nos proporcionará suficiente matiz para comprender la premisa sin desviar la atención del propósito más amplio del libro.

El cuerpo grueso humano, entonces, está compuesto por una combinación de los diferentes estados de la materia. Desde una edad temprana, se nos enseña que existen tres estados fundamentales de la materia: gas, líquido y sólido. Sin embargo, en realidad, hay cinco estados fundamentales de la materia, y estos cinco estados se combinan para formar el cuerpo grueso. Vamos a explorar cada uno de estos cinco estados en el contexto de la composición humana.

El primer estado de la materia es el estado gaseoso, también conocido como aire. El aire es esencial para sustentar la vida humana y forma parte del cuerpo grueso. Tras la muerte, el aire va saliendo gradualmente del cuerpo. Sin embargo, durante la vida y también durante el período inmediatamente posterior a la muerte, cuando el cuerpo grueso aún es reconocible, el aire representa uno de los materiales básicos de la composición humana.

El segundo estado de la materia es el estado líquido, también conocido como agua. Aproximadamente el 60 por ciento del cuerpo humano está compuesto por agua. Al igual que el aire, el agua también abandona gradualmente el cuerpo después de la muerte. Sin embargo, mientras el cuerpo grueso siga siendo reconocible, el agua es una parte clave de su composición.

El tercer estado de la materia es el estado sólido. Los componentes estructurales del cuerpo grueso consisten en materia en estado sólido: la carne, los huesos y otros órganos. Este estado corresponde al elemento clásico de la tierra, y estos componentes estructurales regresan a la tierra después de la muerte y la descomposición.

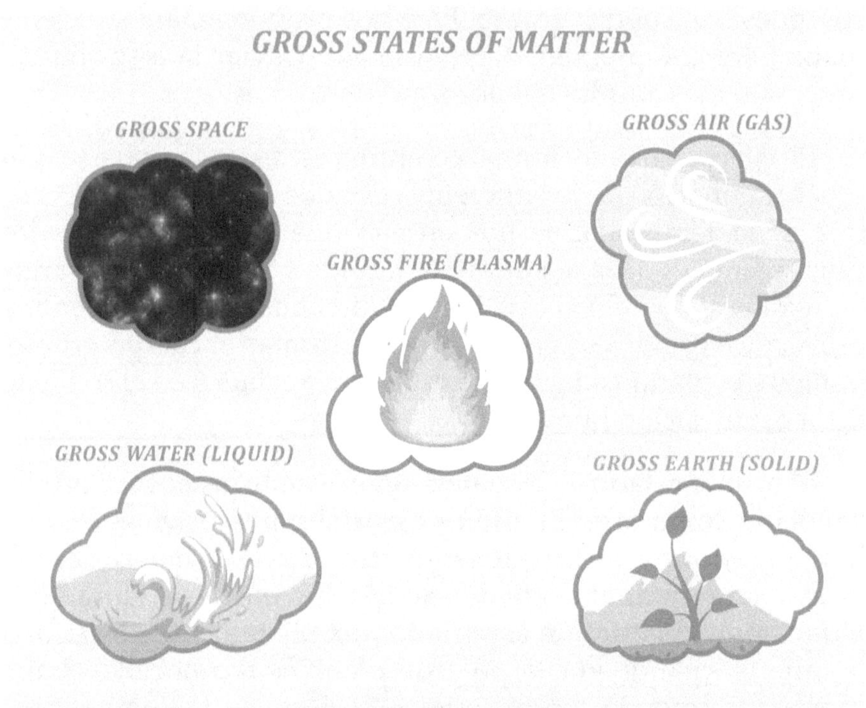

Dos estados adicionales de la materia contribuyen a la composición del cuerpo grueso. El primero de estos, **el cuarto estado de la materia, es el plasma, también conocido como fuego**. Podemos ver que este estado de la materia forma parte del cuerpo grueso por el hecho de que el cuerpo humano mantiene una temperatura de aproximadamente 98 grados Fahrenheit durante la vida, y que, después de la muerte, esta temperatura desaparece.

El quinto y último estado de la materia que compone el cuerpo grueso es el espacio. En el pasado, los científicos consideraban el concepto de éter como un medio que permitiría el paso de la luz, ya que todo lo que viaja requiere un medio. Este concepto ha sido superado por el concepto de espacio. En vida, el cuerpo grueso ocupa espacio; después de la descomposición, no lo hace. Esto indica que el espacio pertenece al cuerpo grueso mientras este aún pueda ser reconocido. El espacio se discutirá más a fondo en los capítulos posteriores de este libro. Por ahora, el lector debe notar que el ***espacio no solo es materia, sino un estado fundamental y distinto de la materia.***

Más allá de estos cinco estados, los científicos han identificado más de 20 estados intermedios y / o extremos de la materia, y es probable que descubran más. Pero estos *cinco estados primarios, espacio, gas (aire), plasma (fuego), líquido (agua) y sólido (tierra), son los estados fundamentales de la materia.* Cada uno forma una parte del cuerpo grueso humano. Volveremos a estos cinco estados de la materia más adelante, al tratar sobre la creación y el Big Bang, cuando serán fundamentales para nuestra comprensión de estos temas avanzados.

Los componentes del cuerpo grueso

Ahora que hemos establecido los materiales básicos del cuerpo humano, podemos extender nuestro estudio a los componentes del cuerpo. Estos componentes son las partes anatómicas distintas del cuerpo. Una vez más, estos componentes específicos son demasiado numerosos para discutirlos y analizarlos en este libro. Los lectores interesados pueden desear estudiar la anatomía humana de manera independiente. Para nuestros fines aquí, simplemente mencionaremos y exploraremos brevemente algunos de los sistemas fisiológicos primarios del cuerpo, específicamente aquellos que están involucrados en la contribución activa a la experiencia de la vida.

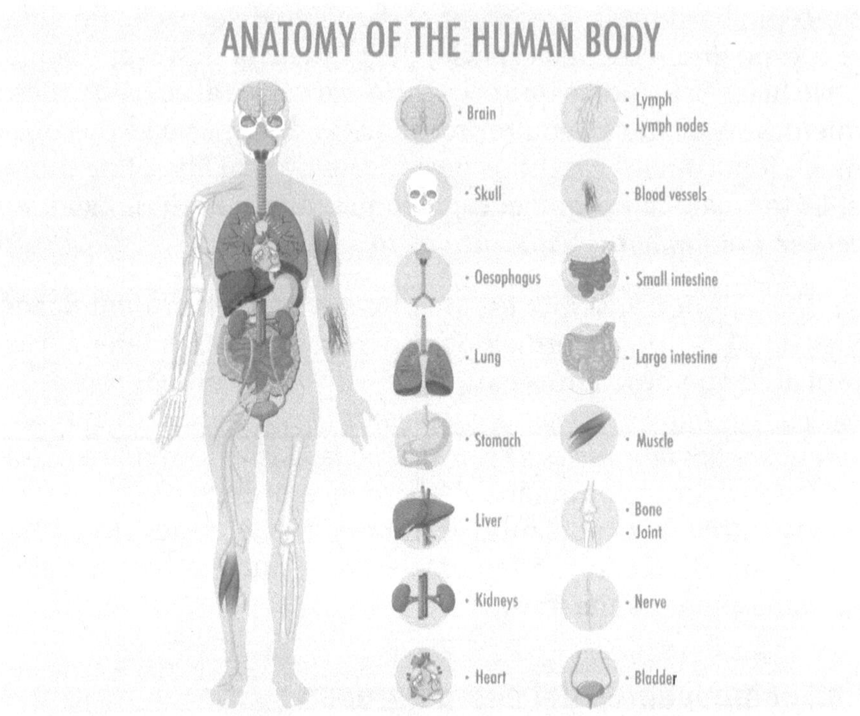

¿Qué significa que un sistema contribuya activamente a la experiencia de la vida? Estos son los sistemas que nos permiten percibir estímulos provenientes del mundo exterior, reaccionar internamente a ellos y ejecutar alguna respuesta externa. Los órganos principales del cuerpo involucrados en estos procesos se enumeran a continuación.

El primero de estos son los órganos gruesos asociados con la percepción: los ojos (*vista*), los oídos (*oído*), la piel (*tacto*), la lengua (*gusto*) y la nariz (*olfato*). **A continuación están los órganos y estructuras asociados con la realización de acciones:** la boca (*habla*), las manos (*manipulación*), las piernas (*locomoción*), los órganos excretores (*excreción*) y los órganos reproductivos (*reproducción*).

Luego están los numerosos órganos involuntarios y sistemas corporales que sostienen la vida sin nuestra intervención. Estos incluyen los órganos *respiratorios,* como los pulmones, la tráquea, los bronquios y los alvéolos; los órganos excretores internos, como el hígado, los riñones y la vejiga; los órganos *digestivos,* como el esófago, el estómago y los intestinos; los órganos *circulatorios,* como el corazón y los vasos sanguíneos; y los órganos del sistema *nervioso,* como el cerebro y los nervios. Cada uno de estos órganos y sistemas contribuye de manera distinta al funcionamiento saludable y sostenido del cuerpo grueso humano.

Como vimos con los materiales básicos del cuerpo grueso, cada uno de estos sistemas está presente tanto en los cuerpos vivos como en los recién fallecidos. *Aunque pueda parecer extraño seguir mencionando la muerte de esta manera, la razón se volverá más clara en los capítulos posteriores sobre el cuerpo sutil.*

La función del cuerpo grueso

Ahora que tenemos una comprensión de los componentes del cuerpo grueso, estamos listos para explorar su función. **En pocas palabras, la función del cuerpo grueso es servir como una unidad de alojamiento para el cuerpo sutil, permitiéndole actuar en este mundo.**

Dado que cada cuerpo sutil es específico de un cuerpo grueso particular, el tipo de cuerpo grueso que uno adquiere al nacer afecta el alcance de las acciones disponibles para el cuerpo sutil. Debido a que el nacimiento de una persona está determinado por las acciones realizadas en vidas pasadas, se puede decir que **la capacidad del cuerpo grueso para llevar a cabo su función es el producto de las acciones de vidas pasadas**.

Recuerda el principio de la riqueza invisible que se discutió en el capítulo sobre los objetivos humanos. La riqueza invisible acumulada en vidas pasadas determina el nacimiento en esta vida, incluido el cuerpo grueso que uno adquiere. Esto afecta todo, desde el tipo de cuerpo, la genética y la salud física, hasta el entorno del nacimiento. Una persona puede nacer en un entorno pobre que perjudique su cuerpo grueso, o en un entorno rico que lo nutra. La forma del cuerpo grueso es el resultado acumulado tanto de las acciones positivas como de las negativas realizadas en el pasado.

Ahora bien, ¿qué tiene esto que ver con la función del cuerpo grueso? Considera cómo el cuerpo grueso afecta las acciones disponibles para una persona. En términos generales, una persona nacida con un cuerpo grueso débil en un entorno empobrecido tomará acciones muy diferentes en la vida que una persona nacida con un cuerpo grueso fuerte en un entorno privilegiado y cómodo. Por supuesto, las acciones de una persona no están predeterminadas, y las personas constantemente toman acciones que se desvían de lo que uno podría esperar. Aun así, la forma que toma el cuerpo grueso de una persona tiene una influencia significativa en la manera en que funciona.

Este mismo principio también se puede extender hacia el futuro. Mientras que tus acciones pasadas determinan la forma de tu cuerpo grueso en esta vida, tus acciones en esta vida afectarán su forma en la próxima vida. Por lo tanto, esta función existe en un continuo, afectada por las acciones pasadas y produciendo efectos en las futuras.

En principio, esto sigue la misma lógica que las fuerzas resultantes positivas y negativas que estudiamos en física. Este tema se retomará con más detalle en los capítulos sobre la causalidad, pero es útil mencionarlo ahora porque describe adecuadamente la relación entre la forma de nuestro cuerpo grueso y las acciones que tomamos.

Antes de pasar a la naturaleza del cuerpo grueso, observemos un último punto sobre su función. No solo permite que el cuerpo sutil actúe, sino que también le permite experimentar placer y dolor. Así como la forma que asume tu cuerpo grueso está determinada por tus acciones pasadas y presentes, el placer y el dolor que experimentas también están determinados por tus acciones. **En otras palabras, la función del cuerpo grueso es servir como el medio para que tu cuerpo sutil ejerza sus acciones y experimente las consecuencias de ellas.**

La naturaleza del cuerpo grueso

Habiendo establecido los materiales, componentes y función del cuerpo grueso, ahora estamos listos para explorar su naturaleza, que consta de cuatro aspectos principales.

El primer aspecto de la naturaleza del cuerpo grueso es la modificación cíclica. A lo largo del ciclo de vida de una persona, su cuerpo grueso pasa por seis modificaciones distintas.

La primera de estas modificaciones es la transición de la existencia potencial al crecimiento en el útero, uno de los fenómenos más complejos y maravillosos de todo el universo observable.

La segunda modificación es el nacimiento, la transición de la vida dentro del útero a la vida en el mundo.

La tercera modificación es el crecimiento temprano, el período de crecimiento relativamente rápido desde la infancia hasta los aproximadamente 20 años, cuando el cuerpo adquiere su forma adulta.

La cuarta modificación es el crecimiento maduro, el período durante el cual el crecimiento externo se estanca, pero el cuerpo sigue envejeciendo y madurando.

La quinta modificación es la degeneración física, el período durante el cual el cuerpo comienza a ralentizarse, y sus sistemas comienzan a debilitarse y fallar. Este proceso continúa hasta la sexta modificación, la modificación final e inevitable que aguarda a todo ser humano: la muerte. Después de esto, el ciclo de modificaciones comienza nuevamente, y así sucesivamente. **Este ciclo de modificaciones representa la primera naturaleza del cuerpo grueso.**

Estas modificaciones se desarrollan de manera constante y continua, con una fluyendo sin problemas hacia la siguiente. Cada día, innumerables cambios ocurren dentro del cuerpo. Las células mueren y nacen, y mientras tanto, el cuerpo avanza de una modificación a la siguiente en un estado de cambio continuo. **Esta es la segunda naturaleza del cuerpo grueso: el cambio continuo.**

La tercera naturaleza del cuerpo grueso es que su existencia es finita. La esperanza de vida promedio mundial actual es algo más de 72 años; la persona más longeva que haya vivido alcanzó poco más de 122 años. Por supuesto, el cuerpo puede expirar en cualquier momento, incluso antes de nacer. Pero es una certeza que la muerte *llegará* a cada cuerpo grueso, lo que hace que este atributo sea una de sus naturalezas fundamentales.

La cuarta naturaleza del cuerpo grueso es que es tangible y perceptible, tanto para uno mismo como para los demás. Después de todo, está compuesto de materia gruesa, que es inherentemente tangible y perceptible. Por lo tanto, es una naturaleza fundamental del cuerpo grueso.

Esto concluye nuestro panorama general del cuerpo grueso y establece el inicio de nuestro estudio del cuerpo sutil, que comenzará en el próximo capítulo. Como parte de ese estudio, primero tomaremos un momento para definir claramente los términos "*grueso*" y "*sutil*" en relación uno con el otro. El término "*sutil*" se ha utilizado ampliamente hasta ahora, pero no ha sido definido completamente. El término "grueso" y "sutil" se explicará en el próximo capítulo.

Capítulo 7

Composición Humana: Cuerpo Sutil - Parte 1

El capítulo anterior introdujo el concepto de que la composición humana consiste en 11 factores distribuidos en tres categorías: cuerpo, personalidad y estados de experiencia. Dentro de la primera categoría, existen tres clases de cuerpo: el cuerpo grueso, el cuerpo sutil y el cuerpo causal. También realizamos un breve estudio del cuerpo grueso. Ahora, estamos listos para pasar al cuerpo sutil.

Primero, tomemos un momento para explicar adecuadamente los términos *"grueso"* y *"sutil"*. Estos términos son relativos, existiendo dentro de una jerarquía de sutileza que identifica la naturaleza de un objeto según su relación con otro. ¿Cómo se determina esto? Examinemos esa pregunta antes de continuar con la discusión más amplia..

La jerarquía de la sutileza

Según la jerarquía de la sutileza, el Objeto A es más sutil que el Objeto B solo cuando A controla a B y también permea a B. Estos dos factores—control y permeabilidad—determinan el orden de la sutileza.

Por ejemplo, podemos decir que la mente es más sutil que el cuerpo grueso porque la mente controla el cuerpo grueso (dirigiéndolo a actuar) y lo permea (existiendo dentro de él y más allá).

De los dos criterios, el concepto de control es más fácil de entender. La mente controla el cuerpo grueso, y no al revés. ¿Puede un cuerpo muerto actuar? No. Por lo tanto, la acción requiere la dirección de la mente.

El concepto de permeabilidad es un poco más complicado. Se puede entender preguntándose si un objeto puede o no ir a donde va otro objeto. Por ejemplo, dondequiera que vaya el cuerpo grueso, la mente va también; pero dondequiera que vaya la mente, el cuerpo grueso no siempre puede seguir. Cuando piensas en el sol, tu cuerpo no puede ir físicamente allí con él. Así que podemos ver que la mente permea el cuerpo grueso, pero el cuerpo grueso no permea la mente. Por lo tanto, como hemos visto que la mente tanto controla como permea el cuerpo grueso, podemos decir que es más sutil que el cuerpo grueso.

De manera similar, el intelecto es más sutil que la mente, ya que el intelecto controla la mente y la permea. Dondequiera que vaya la mente, el intelecto también puede ir; sin embargo, el poder único del intelecto es que, siempre que la mente se quede atascada, el intelecto puede atravesarla y abrir nuevas avenidas de pensamiento. Por lo tanto, se puede decir que el intelecto es más sutil que la mente. Esto también implica que la mente es más gruesa que el intelecto. Esta es la naturaleza de la jerarquía de sutileza, en la que los términos *"grueso"* y *"sutil"* son relativos.

¿Cómo llegamos a los términos cuerpo grueso y cuerpo sutil? En pocas palabras, llamamos cuerpo grueso «*grueso*" porque no es más sutil que nada. Llamamos cuerpo sutil *"sutil"* porque pervade y controla por completo el cuerpo grueso. Aunque existen gradaciones de sutileza y grosor dentro del cuerpo sutil, en su conjunto es más sutil que el cuerpo grueso.

En adelante, el lector debe entender que los términos "*grueso*" y "*sutil*" invocan los conceptos de control y permeabilidad. Este conocimiento será importante mientras realizamos nuestro análisis del cuerpo sutil.

Cuerpo sutil y materia sutil

Consideraremos el cuerpo sutil en las mismas cuatro etapas que utilizamos durante nuestro análisis del cuerpo grueso. ¿Cuál es la materia prima del cuerpo sutil? ¿Cuáles son sus componentes? ¿Cuál es su función? Y, por último, ¿cuál es la naturaleza del cuerpo sutil?

Hasta ahora, cuando nos hemos referido al cuerpo sutil, nos hemos centrado en cuatro componentes distintos: mente, intelecto, memoria y ego. En realidad, existen 16 componentes adicionales, lo que da un total de 20 componentes dentro del cuerpo sutil. Al igual que con los cuatro componentes que ya hemos discutido, el bloque fundamental de estos otros 16 componentes es el pensamiento. El *pensamiento* es la materia prima del cuerpo sutil. En el próximo capítulo, identificaremos cada uno de estos componentes; aquí, nos concentraremos en desarrollar una comprensión clara de qué es exactamente esta materia prima.

Explorar la naturaleza de la materia sutil

Una vez más, **el pensamiento es la materia prima del cuerpo sutil**. Pero esa afirmación no es suficiente, porque plantea la pregunta: ¿De qué están hechos los pensamientos?

En el capítulo anterior, concluimos que el cuerpo grueso está hecho de materia gruesa. También identificamos los cinco estados fundamentales de la materia gruesa: espacio, fuego, aire, agua y tierra.

Así como el cuerpo físico está compuesto de materia física, ***el cuerpo sutil está compuesto de materia sutil***. Dado que sabemos que los pensamientos son los bloques de construcción del cuerpo sutil, podemos extender esta afirmación para revelar que **los pensamientos están compuestos de materia sutil**. Entonces, ¿qué es la materia sutil?

Hablaremos extensamente sobre esta ***materia sutil*** en los capítulos sobre la creación, donde exploraremos sus orígenes. Pero definiremos brevemente este término complejo ahora, ya que es necesario para comprender su composición.

Así como las personas terminan con una gran variedad de cuerpos físicos a partir de los mismos bloques de construcción, también terminan con diversos cuerpos sutiles basados en la misma materia prima: la materia sutil. La mente y el intelecto de cada individuo son únicos porque (al igual que el cuerpo físico) son el resultado acumulativo de las acciones pasadas de cada persona.

Para hacer una comparación, al caminar por una ciudad, encontrarás todo tipo de edificios, desde casas modestas hasta grandes apartamentos y rascacielos. Estos edificios difieren en apariencia y propósito, pero todos están hechos de ladrillo, cemento, vidrio y acero: los mismos materiales básicos de construcción. Sus diferencias surgen de muchas fuentes: sus planos, su propósito, la habilidad del constructor y la disponibilidad de materiales. En otras palabras, cada edificio es el resultado acumulativo de todas las decisiones tomadas en su planificación, lo que determina su forma final y única.

Lo mismo ocurre con la formación de los cuerpos grueso y sutil. Ya vimos cómo esto afecta al cuerpo físico. En cuanto al cuerpo sutil, las acciones pasadas de una persona afectan su temperamento mental, la fuerza de su intelecto y cada uno de los demás componentes del cuerpo sutil. Y todos estos componentes están compuestos de materia sutil.

Revelando la naturaleza de la materia sutil

Pasemos a la definición de materia sutil. Esta será descrita con mucho más detalle cuando lleguemos al tema del Big Bang y la creación.

Primero, invoquemos una lección del campo de la mecánica cuántica. Aquellos que han estudiado el tema probablemente estén familiarizados con el principio de exclusión de Pauli, el cual sostiene que no dos electrones pueden ocupar el mismo estado cuántico simultáneamente. Es decir, dentro de los átomos, los electrones se organizan en orbitales distintos que les impiden ocupar el mismo lugar al mismo tiempo. La materia gruesa que constituye un solo electrón ocupa un espacio propio, excluyendo cualquier otra materia gruesa.

Para traducir esto a un ejemplo más tangible, si alguien está sentado en una silla, otra persona no puede venir y sentarse en la misma silla, ni atravesar a la persona ni ocupar el mismo espacio de ninguna manera. Esto, en esencia, describe el principio de exclusión de Pauli. Ahora, veamos cómo este concepto es relevante para la materia sutil.

Recuerda que la materia gruesa está compuesta por combinaciones de cinco estados fundamentales de la materia: espacio, fuego, aire, agua y tierra. **La materia sutil, por otro lado, está compuesta por combinaciones de *los cinco estados puros de la materia*.** Ahora bien, ¿qué se entiende por estados puros de la materia? Miremos un ejemplo para ayudar a desentrañar este punto.

Primero, consideremos un estado común de la materia gruesa, como el agua. Ahora, pensemos en *esta agua en su estado puro de materia.* Para que esta agua exista verdaderamente en su estado puro, debe consistir únicamente en líquido, excluyendo por completo los otros cuatro estados de la materia. No debe contener tierra, aire, fuego ni espacio.

El agua, en su estado grueso, generalmente incluye cierta cantidad de los otros cuatro estados de la materia. Toda agua gruesa tiene alguna temperatura, es decir, cierto fuego; algunas trazas de minerales, es decir, algo de tierra. También contiene algo de aire, y lo más problemático de todo, *toda agua gruesa contiene necesariamente algo de espacio.*

Entonces, ¿cómo es posible que la materia (*agua*) exista en un estado puro? ¿Cómo pueden excluirse por completo los demás estados de la materia?

La respuesta es que **el estado puro de cualquier forma de materia *solo puede existir en el pensamiento*.** Dicho de otro modo, el pensamiento es el único entorno en el que se pueden excluir todos los demás estados de la materia, dejando únicamente un tipo de materia en su estado puro.

Es importante señalar que esto no significa que simplemente hayas "imaginado" agua pura, como si eso fuera suficiente para purificar un estado de la materia. En cambio, los estados puros de cada tipo de materia solo pueden existir en forma de pensamiento. *Cuando los cinco estados fundamentales puros de la materia se combinan, toman la forma de pensamientos.*

Un ejemplo puede ayudar a aclarar este punto. Piensa en un objeto tangible, como un coche, por ejemplo. Al pensar en él, no has creado un "estado puro de coche", porque tal cosa no existe. Un coche es un objeto complejo compuesto por diversas cantidades de los cinco estados gruesos de la materia;

no puede alcanzar mágicamente un estado puro propio solo por convertirse en un pensamiento. No obstante, estás pensando en un coche, entonces, ¿qué es ese pensamiento?

La respuesta es que es una combinación de los estados puros de las cinco formas de materia, que existen en forma de pensamiento y se han combinado para crear la idea de un coche. Del mismo modo que un coche físico está hecho de una combinación de materia gruesa, el pensamiento de un coche está hecho de una combinación de materia pura o, mejor dicho, materia *sutil*.

Como prueba adicional, volvamos al ejemplo del estado puro del agua. ¿Qué sucede si intentas eliminar el estado puro del agua de ese pensamiento? No quedará ningún pensamiento. La idea del agua desaparecerá. Esto corrobora la idea de que los pensamientos están compuestos de materia sutil.

Al cerrar esta sección, recuerda el principio de exclusión de Pauli, que contribuye a la estabilidad de la materia gruesa. Este principio falla a nivel de la materia sutil porque múltiples estados puros de la materia pueden combinarse para formar un solo pensamiento. Y, sin embargo, no crea inestabilidad, porque es parte de su naturaleza.

Materia, pensamiento y conciencia

Entonces, los pensamientos están compuestos de materia sutil y combinaciones de estados puros de la materia. Pero esta explicación parece introducir una nueva complicación: **si el cuerpo sutil está compuesto de pensamientos, y los pensamientos están compuestos de materia, ¿cómo puede ser el cuerpo sutil también consciente?** Para responder a esta pregunta, debemos una vez más recurrir a ideas que serán tratadas más a fondo más adelante en este libro. Un capítulo posterior estará dedicado a la conciencia (y su relación con el Big Bang, la creación y la infinitud), pero es necesario dar algo de atención a este tema ahora para comprender mejor el cuerpo sutil.

Ya sea materia gruesa o sutil, toda la materia obedece ciertas reglas fundamentales. Una de estas es que la materia es intrínsecamente inerte e insensible. Un objeto inerte es algo que no puede ser consciente por sí mismo, y tal objeto tampoco puede generar conciencia. Y, sin embargo, el cuerpo sutil *posee* conciencia. ¿Cómo ocurre esto?

El cuerpo sutil es sensible. Sin embargo, la materia es intrínsecamente inerte, y por lo tanto *no debería* ser sensible; no importa si es materia gruesa o sutil, la materia no debería poseer ni producir conciencia.

Aunque los pensamientos, la materia sutil y el cuerpo sutil son materiales por naturaleza, toman prestada su conciencia de lo que se conoce como el *principio de la conciencia infinita.*

La materia sutil está inmersa en el medio de la conciencia infinita, lo que permite que el cuerpo sutil se vuelva sensible. Este principio es demasiado complejo y, por lo tanto, se discutirá en un capítulo posterior. Por ahora, simplemente postulamos la existencia de una conciencia infinita, omnipresente, de la cual la materia toma prestada la conciencia y obtiene la sensibilidad.

Si la materia es intrínsecamente inerte y no puede ser sensible ni generar conciencia por sí misma, entonces también debe ser el caso que la conciencia es y debe ser no material por naturaleza. Ampliamos sobre la naturaleza de la conciencia más adelante cuando demostraremos que es eterna, homogénea, omnipresente, independiente, no dualista e infinita.

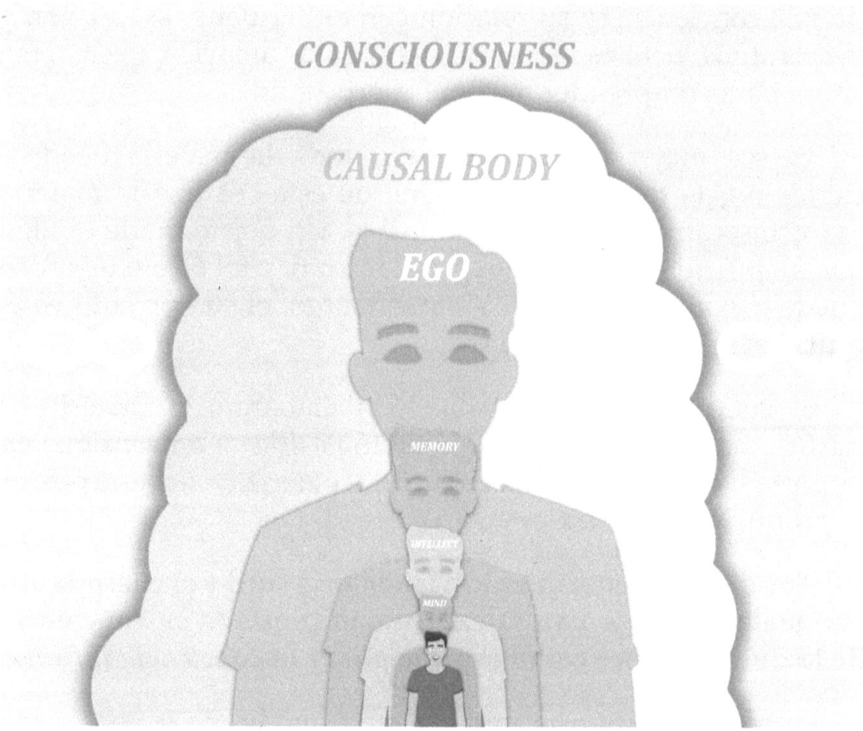

Nuestra breve introducción a este punto complejo sin duda ha dejado muchas preguntas sobre cómo se 'toma prestada' la conciencia. Por ejemplo, ¿por qué no *todos* los objetos inertes toman prestada la conciencia y se vuelven sensibles? Madera, arena, metales: ¿por qué no actúan como 'Transformers' y se vuelven conscientes como los seres humanos? Esta es una pregunta válida que responderemos a su debido tiempo.

Esta discusión nos ha alejado un poco de nuestro análisis de las materias primas del cuerpo sutil. Para recapitular, los pensamientos son los bloques de construcción del cuerpo sutil; la materia sutil es la materia prima del pensamiento y está compuesta por combinaciones de estados puros de la materia. La materia sutil toma prestada la conciencia de un medio infinito y omnipresente de conciencia.

Antes de concluir este capítulo y pasar a discutir los componentes del cuerpo sutil, tomemos un momento para examinar algunos puntos finales sobre la naturaleza del pensamiento y la concentración. Esto ayudará a refinar aún más nuestra comprensión de la materia prima del cuerpo sutil.

La velocidad del pensamiento

Recordemos el primer capítulo, donde tocamos por primera vez el hecho de que nada puede viajar más rápido que la velocidad de la luz, aunque, en nuestro universo en expansión, el espacio puede *parecer* viajar más rápido que la luz.

Sin embargo, sabiendo lo que sabemos sobre la naturaleza del pensamiento, ¿no se puede decir que el pensamiento puede viajar más rápido que la luz y el espacio?

En el momento en que piensas en el sol, tus pensamientos pueden llegar a él; en el momento en que piensas en alguna galaxia distante, ¡tus pensamientos pueden viajar hasta allí! Considera los últimos descubrimientos del JWST, revelando secretos en lo que se llama el borde del universo. En el momento en que se descubren estas cosas, nuestros pensamientos pueden ir allí instantáneamente. No importa dónde estemos, en nanosegundos nuestros pensamientos pueden recorrer las distancias más vastas que podamos imaginar en el universo observable.

Esto parece sugerir una paradoja: después de todo, el pensamiento está hecho de materia y, sin embargo, es capaz de viajar más rápido que la velocidad de la luz. Esto parece dar pie a nuevos experimentos mentales, como los que exploran la superposición o el entrelazamiento cuántico. Estas preguntas examinan el rompecabezas de cómo la materia se comporta bajo diferentes estados de observación, comportándose como una partícula cuando se observa, pero como ondas cuando no.

Esto invoca la interconvertibilidad de la materia y la energía, lo que señala otro aspecto de la naturaleza del pensamiento. Al igual que la materia se convierte en energía para generar electricidad para tu hogar, la materia sutil se convierte en energía de pensamiento durante el proceso de pensar. Dado que la mente está constantemente girando con incontables deseos, que están compuestos de pensamientos, uno está continuamente quemando materia sutil para generar la energía de pensamiento necesaria para manejar esta carga.

Esto significa que la forma en que generas y asignas energía de pensamiento es muy importante. Específicamente, es importante evitar desperdiciar energía de pensamiento en actividades inútiles, como preocuparse excesivamente por lo desconocido o reflexionar sobre eventos pasados o cosas que están más allá de tu control.

Quemar materia sutil en energía de pensamiento inútil es como dejar todas las luces encendidas en tu casa las 24 horas del día: es un desperdicio. Todos queremos ahorrar dinero en el mundo material y, sin embargo, estamos cómodos desperdiciando el equivalente en términos de recursos sutiles al entretenernos con ansiedades sobre el resultado de eventos futuros, es decir, generando incontables pensamientos. En el futuro, uno experimentará solo un único efecto de las causas acumuladas que lo llevaron hasta allí. Sin embargo, esa persona imaginará incontables resultados imaginarios, lo que es un simple desperdicio de energía.

Si tan solo pudiéramos ahorrar toda esa energía mental desperdiciada y usarla en nuestras actividades actuales en lugar de eso, es decir, *concentrarnos* verdaderamente, podríamos ser mucho más deliberados y eficientes en nuestras acciones. Recuerda que la concentración es la capacidad del intelecto para mantener la mente comprometida en su actividad presente, sin permitir que genere pensamientos sobre el pasado o el futuro.

Mantén en mente estas dos últimas observaciones: a pesar de ser materia, el pensamiento puede viajar más rápido que la velocidad de la luz; y la energía de pensamiento puede desperdiciarse a través de preocupaciones, emociones y ansiedades innecesarias. Estas ideas aportarán matices valiosos a este concepto y serán útiles a medida que avancemos a la siguiente etapa de nuestro análisis del cuerpo sutil.

Capítulo 8

Composición Humana: Cuerpo Sutil - Parte II

Después de haber discutido la materia prima del cuerpo sutil, estamos listos para continuar con nuestro análisis de sus 20 componentes. Sin embargo, por conveniencia, vamos a hacer una pequeña desviación del enfoque analítico de cuatro partes que ya hemos propuesto. Esto se debe a que desarrollar los detalles de los 20 componentes sería engorroso y confuso. En su lugar, a medida que identifiquemos cada componente del cuerpo sutil, también describiremos su función. Esto será más ordenado y eficiente, y nos ayudará a continuar con nuestra discusión sobre la naturaleza del cuerpo sutil en el siguiente capítulo.

Comparábamos el cuerpo grueso con una unidad de vivienda que alberga al cuerpo sutil anteriormente. Los componentes del cuerpo sutil, entonces, pueden compararse con los sofisticados equipos de una casa moderna. Si el cuerpo grueso es equivalente a ladrillos y concreto, los componentes del cuerpo sutil representan los electrodomésticos y aparatos electrónicos que permiten una vida funcional y eficiente dentro de él.

Los 20 componentes del cuerpo sutil se dividen en cuatro categorías de cinco componentes cada una. Estas categorías están definidas por las funciones de sus componentes. Esta es otra razón por la que debemos discutir la función de cada componente a medida que lo introducimos y definimos. Dicho esto, comencemos nuestro análisis de los componentes del cuerpo sutil, empezando con la primera categoría: los cinco centros de poder de percepción.

Los cinco centros de poder de percepción

Los cinco centros de poder de percepción, también conocidos como los cinco centros de poder de conocimiento, permiten a los seres humanos registrar estímulos sensoriales que provienen del mundo exterior. Cuando hablamos del cuerpo grueso, mencionamos los cinco órganos sensoriales: los oídos, la piel, los ojos, la lengua y la nariz. Estos son parte del cuerpo grueso, lo que significa que están presentes tanto en un cuerpo vivo como en uno muerto. Sin embargo, este último no posee la capacidad de percepción; por lo tanto, el poder de la percepción sensorial es algo que existe por separado de los órganos sensoriales que lo habilitan.

Estos componentes son intermediarios dentro del cuerpo sutil que permiten la coordinación entre el órgano sensorial grueso y la mente, una coordinación que toma la forma de pensamiento. De esta manera, los centros de poder de percepción actúan como puentes entre la mente y los órganos sensoriales gruesos.

¿Por qué llamamos a estos componentes centros de poder tanto de percepción como de conocimiento? Es porque la información sensorial que entra en estos centros se convierte en los datos crudos que nuestra mente e intelecto usan para construir inteligencia y tomar decisiones. Toda percepción sensorial que ingresa en nuestros órganos sensoriales gruesos fluye a través de los centros de poder de percepción hacia la mente y el intelecto. Todos estos estímulos representan nueva información para que la mente y el intelecto la utilicen, por eso la percepción y el conocimiento se combinan en ellos.

Los poderes de la percepción pueden entenderse como los equivalentes sutiles de sus contrapartes gruesas. El poder perceptivo del oído, por ejemplo, puede llamarse el oído sutil, a diferencia del oído grueso, el órgano real que recibe los estímulos auditivos. De manera similar, tenemos la piel sutil, el ojo sutil, la lengua sutil y la nariz sutil.

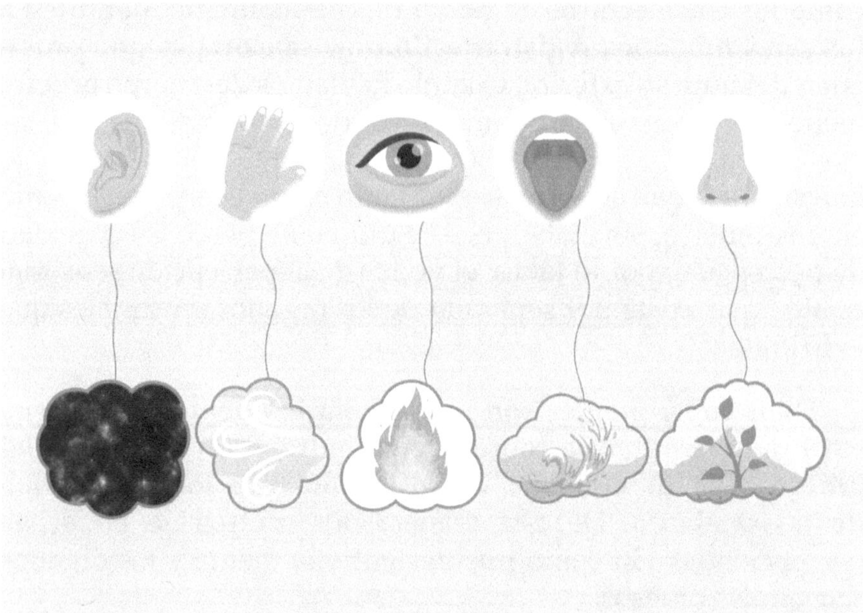

La fuerza de estos centros de poder varía de una persona a otra. Como ejemplo extremo, miremos al personaje principal de *La identidad Bourne*, quien ha recibido un entrenamiento especial que ha agudizado todos sus sentidos. Contrasta esto con algo que tal vez hayas experimentado en tu propia vida. ¿Alguna vez te has acercado a uno de tus amigos y te has puesto justo frente a él, incluso hablándole directamente, y aún así le ha tomado unos momentos registrarte? Así que, existen gradaciones cuando se trata del poder de estos componentes sutiles perceptivos.

También debe señalarse que cada uno de estos centros de poder está confinado a su propia facultad. No pueden intercambiarse. Por ejemplo, el ojo sutil no puede reemplazar ni cumplir con la función del oído sutil, o viceversa. Cada uno está exclusivamente diseñado para el desempeño de su función específica. Esta es una limitación importante a tener en cuenta al contemplar la función de estos componentes.

Antes de continuar con la discusión de la siguiente categoría de componentes sutiles, tómate un momento para observar la imagen. Presenta los cinco órganos sensoriales de los cinco centros de poder de percepción, junto con los cinco estados de la materia. Cada uno de estos centros de poder está asociado con uno de los estados de la materia. Específicamente, cada centro de poder se empareja con el estado más refinado de la materia que es capaz de percibir. ¿Qué significa esto? Vamos a entrar en los detalles de cada componente.

Comenzaremos con el espacio. No se puede sentir, ver, saborear o oler el espacio, pero sí se puede oír. Por lo tanto, el espacio es uno de los estados más refinados de la materia, y el oído está asociado con él porque es el único sentido capaz de percibirlo.

A continuación, el aire o gas. El aire no se puede ver, saborear ni oler, pero sí se puede sentir y oír. Por lo tanto, la piel está asociada con el aire, porque el centro de poder del tacto es capaz de percibirlo.

Siguiendo esta misma lógica, los ojos están asociados con el fuego, o plasma, porque el fuego puede verse, sentirse y oírse, pero no saborearse ni olerse. La lengua está asociada con el agua o líquido, porque el agua se puede saborear, ver, sentir y oír, pero no oler. Y, finalmente, la nariz está asociada con la tierra o materia sólida, porque, aunque la materia sólida puede percibirse por todos los sentidos, es el único estado de la materia que se puede percibir por el olfato.

Esta información será especialmente relevante cuando lleguemos al capítulo sobre el Big Bang y la creación. Por ahora, simplemente toma nota de este punto sobre las relaciones entre los estados de la materia y los componentes sensoriales sutiles.

Los cinco centros de poder de la acción

Cuando los órganos sensoriales gruesos reciben estímulos externos, los pasan a través de los centros de poder de la percepción para ser procesados por la mente y el intelecto. Una vez que los estímulos han sido procesados y el intelecto ha determinado una respuesta apropiada, se desencadena una acción para llevar a cabo la respuesta en el mundo físico. **Estas respuestas son ejecutadas por los cinco centros de poder de la acción, que permiten la manifestación física de los pensamientos. Estos son la siguiente categoría de componentes del cuerpo sutil.**

Estos componentes corresponden a los órganos y estructuras gruesas asociadas con la acción, que se describieron en el capítulo sobre el cuerpo grueso: el habla, la manipulación, la locomoción, la excreción y la reproducción.

De estos, el más poderoso es el centro de poder del habla. De hecho, después del intelecto, el habla es el órgano sutil más poderoso del cuerpo. ¿Por qué? La capacidad humana para hablar y comunicarse es responsable de todo el progreso y aprendizaje que nuestra especie ha experimentado. El habla es duradera. Hay un dicho en Tamil que se traduce aproximadamente como: *"La cicatriz en tu piel causada por una quemadura desaparecerá con el tiempo, pero cuando quemas a tus semejantes con palabras hirientes, esas cicatrices nunca sanarán."* Este sentimiento indica el poder del habla.

El siguiente centro de poder es la manipulación. En el cuerpo grueso, este se centra en las manos. Permite la capacidad humana para construir, crear y manipular la materia física. Después está el centro de poder de la locomoción, centrado en las piernas. Nos permite movernos, viajar y correr hacia o desde el peligro.

A continuación, está el centro de poder de la evacuación, centrado en los órganos y sistemas excretores que permiten la eliminación de desechos corporales, una función esencial de la actividad humana saludable. Y finalmente, el centro de poder de la reproducción, centrado en los órganos reproductivos. Es responsable de la capacidad humana para crear progenie, un poder crítico, sin el cual nuestra especie dejaría de existir.

Al igual que los cinco centros de poder de la percepción, estos cinco centros de poder de la acción están centrados en órganos físicos gruesos. No son los órganos en sí mismos, sino sus contrapartes sutiles que les permiten interactuar con el mundo.

Con esto, estamos listos para pasar a la siguiente categoría de componentes sutiles: los cinco centros de poder de la función fisiológica.

Los cinco centros de poder de la función fisiológica

Los cinco centros de poder de la función fisiológica son responsables de habilitar los procesos internos que sustentan una vida saludable. Aseguran que los órganos físicos de percepción, los órganos físicos de acción y todo el cuerpo físico estén saludables y nutridos para que permanezcan en buen estado.

El primero de estos centros de poder de la función fisiológica es el sistema respiratorio, que permite la inhalación y exhalación. Potencia la capacidad humana de tomar aire a través de la nariz y la boca, dirigiéndolo a través de la tráquea y los bronquios hasta los pulmones, desde donde el oxígeno pasa al torrente sanguíneo. Al igual que con todos los demás centros de poder, este centro de poder no es idéntico a estas estructuras físicas, sino que es una versión sutil de ellas que habilita su función compleja.

A continuación está el centro de poder del sistema digestivo. Permite que los alimentos se descompongan en recursos utilizables y se hagan disponibles para todo el cuerpo como combustible nutritivo. Este proceso comienza con la masticación y continúa con la digestión y la extracción de nutrientes. También implica la separación de desechos y toxinas de los nutrientes utilizables. Está estrechamente relacionado con el centro de poder de la excreción, del que hablaremos momentáneamente. De hecho, todos los centros de poder de la función fisiológica están estrechamente interrelacionados, dirigiendo el paso de la materia física de un sistema a otro para garantizar la salud sostenida del cuerpo.

El tercer centro de poder es el del sistema circulatorio, que permite la circulación de nutrientes vitales a través de todo el cuerpo físico. También transporta material de desecho al sistema excretor para ser eliminado. El centro de poder del sistema excretor, a su vez, permite la separación de todos los desechos materiales del cuerpo de los otros sistemas fisiológicos a través de los órganos de excreción.

Finalmente, hay un último sistema fisiológico que a menudo se pasa por alto, pero que es, sin embargo, extremadamente importante. Este es el sistema de apagado de emergencia del cuerpo. Está gobernado por el centro de poder de reversión. Para entender el propósito y la función de este centro de poder, tomemos el principio de desnaturalización. Muchas sustancias, cuando se calientan durante un período de tiempo, se licúan. Por ejemplo, un metal que se calienta lo suficiente a altas temperaturas se fundirá. Otras sustancias, como los huevos y ciertas proteínas, se desnaturalizan y se vuelven sólidas cuando se calientan. Este es el principio de desnaturalización, e indica cómo ciertas sustancias pueden comportarse de manera diferente bajo las mismas circunstancias.

En el cuerpo humano, un principio similar es válido. Cuando el cuerpo recibe alimentos, por ejemplo, el proceso digestivo es normal. Pero cuando ingiere toxinas o ciertos tipos de alimentos, como alimentos poco cocidos o contaminados, ese proceso no funciona correctamente. En tales casos, el centro de poder de reversión interviene y dirige al cuerpo físico a expulsar la sustancia inapropiada. En este caso, eso sería a través del vómito.

Este centro de poder también funciona de otras maneras. Por ejemplo, si entra polvo o arena en los ojos, inmediatamente produce lágrimas para eliminarlo. Si un objeto extraño entra en la nariz, se secreta moco en un intento de eliminarlo, y puede desencadenarse la respuesta de estornudo. Este centro de poder no está activo todo el tiempo, como los otros cuatro; solo actúa en una situación de emergencia. Por eso también se le conoce como el centro de poder de apagado de emergencia.

Este centro de poder cumple una función crítica en el momento de la muerte. Después de la muerte, todos los sistemas fisiológicos se ralentizan y luego se detienen por completo. Este proceso es facilitado por el centro de poder de reversión, que ayuda a extraer el cuerpo sutil del cuerpo físico.

Esta afirmación se respaldará con pruebas adicionales cuando tratemos los temas de la reencarnación y la causalidad. Por ahora, sigamos con los últimos cinco componentes del cuerpo sutil.

Los últimos cinco componentes: La personalidad interior

Los últimos cinco componentes del cuerpo sutil conforman lo que hemos referido previamente como el cuerpo sutil, es decir, la mente, el intelecto, la memoria y el ego. Este grupo se conoce más precisamente como la personalidad interior. Mientras que hasta ahora hemos referido al intelecto como una entidad única, en realidad existen dos tipos de intelecto: el grueso y el sutil, lo que explica que haya cinco componentes en esta categoría. De la misma manera que el intelecto es más sutil que la mente, dentro del intelecto hay una porción que es más sutil que otra. Discutiremos esta distinción en un momento; primero, comencemos con el 16° componente del cuerpo sutil: la mente.

Los 15 centros de poder son el puente hacia la mente

A lo largo de este libro, ya hemos explorado la función de la mente. En resumen, es el centro de todos los deseos, emociones, dilemas, confusiones y malentendidos, los cuales se manifiestan en forma de pensamientos.

La mente es la puerta de acceso a la personalidad interna. Los 15 centros de poder que hemos abordado en este capítulo funcionan como un puente entre el cuerpo físico (que recibe estímulos del mundo exterior y ejecuta acciones físicas) y la personalidad interna (que tiene la facultad de analizar esos estímulos y guiar las respuestas físicas ante ellos).

¿Cómo funciona esto? Empecemos con los cinco centros de poder de la percepción. Los estímulos externos llegan a los órganos sensoriales físicos y atraviesan el centro de poder sensorial correspondiente antes de llegar a la mente. Así, los centros de poder de la percepción sirven de puente entre los estímulos y la mente.

Una vez que los estímulos han sido registrados en la mente y el intelecto ha determinado qué hacer al respecto, pasa esas decisiones de vuelta a través de la mente hacia los cinco centros de poder de acción. De este modo, los centros de poder de acción son el puente entre la mente y las acciones realizadas por el cuerpo físico.

Finalmente, para que el cuerpo siga funcionando correctamente, la mente también coordina con los sistemas fisiológicos a través de los centros de poder de función fisiológica. Así, estos centros de poder forman el puente entre la mente y un cuerpo saludable y funcional.

Tomados en conjunto, la mente funciona como un intermediario entre la personalidad interior y los centros de poder del cuerpo sutil.

Intelecto grueso e intelecto sutil

Después de la mente viene el intelecto, o más bien, los intelectos, ya que en realidad existen dos tipos. Estos son el intelecto grueso y el intelecto sutil. En ambos casos, el intelecto habilita la misma facultad: la capacidad de formar pensamientos discretos, razonar, juzgar, discriminar, validar, etc. Exploremos la distinción entre los dos tipos de intelecto, junto con los resultados en el mundo real para las personas con diferentes fortalezas intelectuales.

¿Qué distingue al intelecto grueso del intelecto sutil? **El intelecto grueso es la capacidad de formar pensamientos que se ocupan del universo observable.** Cualquier pensamiento que tenga que ver con el universo observable es realizado por el intelecto grueso. Esto incluye todo el análisis objetivo y toda la experimentación científica.

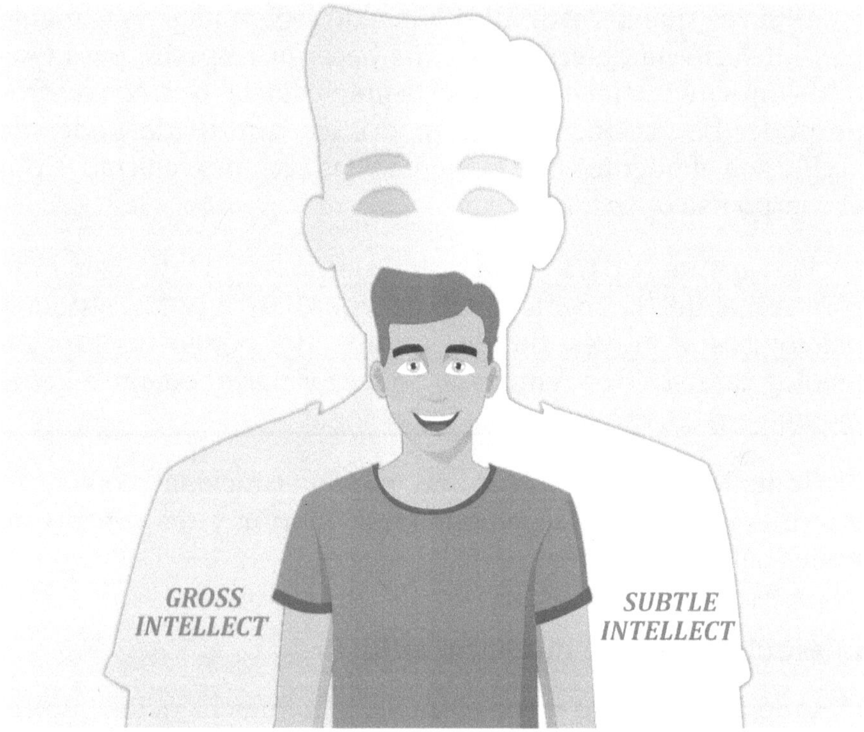

El intelecto sutil, por otro lado, es la capacidad de formar pensamientos que van más allá del universo observable. Estos son pensamientos que consideran la existencia de algo más allá del universo, la posibilidad de la infinitud y la posibilidad de *captar* la infinitud. Esos raros 10 millones de pensadores dedicados a la búsqueda de captar la infinitud utilizan su intelecto sutil cuando entretienen estos pensamientos, más allá del universo observable.

Todo intelecto es la facultad de formar pensamientos discretos y únicos. En el caso del intelecto sutil, este pensamiento único está enfocado en la infinitud, en distinguir la infinitud del universo observable. Puede haber personas que tienen un intelecto grueso fuerte y, sin embargo, no pueden proyectar la posibilidad de captar la infinitud. Se dice que tal persona tiene un intelecto sutil débil. Por otro lado, cualquier persona que sea capaz de contemplar la infinitud, y tratar de capturarla, se dice que tiene un intelecto sutil fuerte.

Ahora, para entender mejor la función del intelecto, hagamos un paso atrás de los conceptos de grueso y sutil y consideremos el intelecto como un solo componente. El lector notará que el intelecto no opera en el vacío; requiere entradas en forma de datos/información para inferir y decidir. Entonces, la función del intelecto depende no solo de su fuerza, sino también de las entradas que están disponibles para él.

Recuerde la distinción que hicimos entre intelecto e inteligencia: la última se refiere a un conjunto de datos/información. También indicamos que un genio es una persona con un intelecto fuerte y un alto grado de inteligencia. En el pasado, era más difícil acceder y adquirir información, por lo que los genios eran más raros. Ahora, con Internet y otros recursos modernos que han hecho la información disponible, obtener inteligencia es mucho más fácil, y ser un genio es más común. En esencia, uno solo necesita poseer un intelecto fuerte en esta era para convertirse en un genio.

¿Cuáles son los resultados de otras combinaciones de fuerza de intelecto y grado de inteligencia? ¿Cómo funciona el intelecto bajo esas circunstancias? Veamos algunos ejemplos para entender.

Miremos a una persona con un intelecto fuerte pero que, por cualquier razón, carece de los recursos para adquirir mucha inteligencia. Esta persona aún tomará buenas decisiones, aunque pueda tardar más en hacerlo porque adquirir los datos necesarios llevará más tiempo. Pero los resultados aún serán positivos.

Ahora, miremos a una persona con un intelecto débil pero que, debido a los recursos que tiene a su disposición, tiene una inteligencia fuerte y muchos datos. Esta persona también tomará buenas decisiones, aunque será más un resultado de la inteligencia que del intelecto. No obstante, esta combinación también produce resultados positivos.

Ahora hablemos de la categoría de personas que tienen un intelecto negligente. Estas personas pueden tener naturalezas perezosas, animales o altamente inertes. Para estas personas, no importa el grado de inteligencia con el que se les presente: el resultado siempre será negativo. Un intelecto negligente siempre produce malos resultados.

Finalmente, existe una rara cuarta categoría: individuos con un intelecto fuerte, pero con acceso a la *inteligencia equivocada.* Esta combinación también producirá malos resultados. Esto generalmente ocurre cuando una persona confía en que otros le den buena inteligencia, pero recibe el tipo incorrecto. En tales casos, no importa cuán fuerte sea el intelecto de una persona. Se podría tener el intelecto más fuerte del mundo y, sin embargo, tomar malas decisiones.

Todo esto demuestra que, aunque la función del intelecto es permitir el pensamiento discreto, el resultado también depende (en cierta medida) de la inteligencia disponible.

La memoria

El siguiente componente del cuerpo sutil es la memoria, que graba y almacena todas las experiencias de una persona. **La memoria humana guarda la experiencia de todas las cinco percepciones, todas las acciones y todos los pensamientos y sentimientos, en resumen, todo.**

Sin embargo, esto no significa que podamos recordar todo lo que está almacenado en nuestra memoria. A pesar de tener una capacidad lo suficientemente grande para almacenar todas las experiencias, nuestra capacidad para recuperar recuerdos específicos depende de cómo se almacenan esas memorias.

Miremos cómo diferentes personas organizan sus armarios. Algunas personas tienen armarios muy desordenados, con ropa tirada por todas partes. Sería muy difícil encontrar algo en un armario así. El armario de otra persona puede ser más ordenado. Este armario puede contener exactamente la misma ropa que el de la otra persona, pero será más fácil encontrar cosas. Finalmente, considera a una tercera persona que lleva un estilo de vida minimalista. Ese armario también será ordenado debido a la menor cantidad de cosas en él. Será aún más fácil encontrar las cosas ya que habrá menos cosas que buscar.

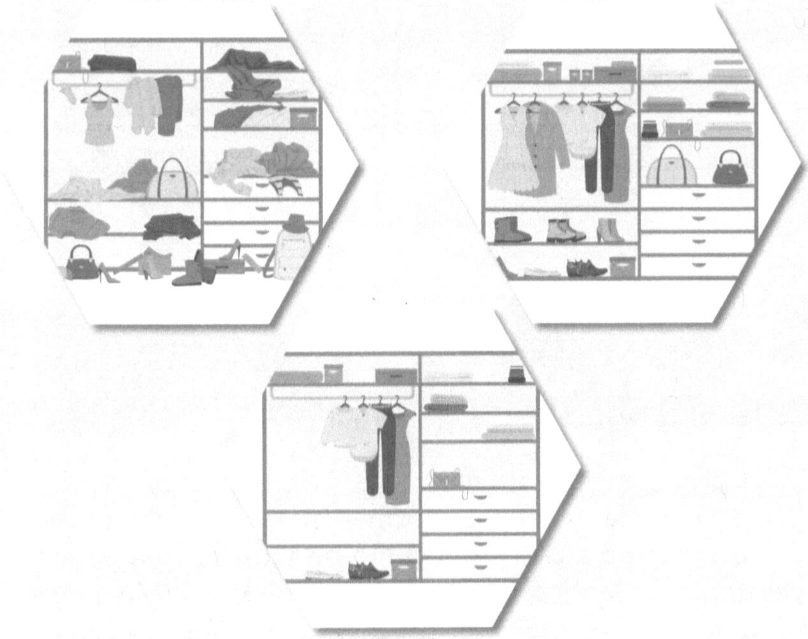

Ampliando el ejemplo, la forma en que alguien organiza su armario refleja su enfoque general hacia la vida. Las personas con un enfoque más caótico pueden simplemente tirar las cosas en sus armarios sin mucha preocupación por dónde caen. Otras personas pueden llevar un estilo de vida más estandarizado; estas son las personas más propensas a almacenar las cosas de manera ordenada. Luego, algunas personas pueden adoptar un enfoque minimalista y buscar poseer pocas cosas. Sus armarios no solo estarían ordenados, sino también relativamente vacíos.

Debido a que la memoria es la experiencia de la vida registrada en la mente, la forma en que se almacenan los recuerdos tiende a reflejar el estilo de vida de una persona. Si vives una vida caótica, tus recuerdos se almacenarán de manera desordenada y pueden ser difíciles de acceder. Si vives una vida estandarizada, tus recuerdos se almacenarán de manera ordenada y serán más fácilmente accesibles. Y si simplificas completamente tu vida, tu memoria no solo será ordenada, sino también relativamente despejada, lo que significa que tendrás una memoria excepcionalmente clara. Cuando entremos en la función de la memoria en un momento, volveremos a este concepto de accesibilidad.

Antes, discutimos el concepto de reencarnación: el proceso por el cual el cuerpo sutil pasa de un cuerpo grueso a otro después de la muerte y antes del nacimiento. Debido a que la memoria es un componente del cuerpo sutil, participa en esta transición. Entonces, uno puede preguntarse, ¿por qué no pueden acceder a sus recuerdos de vidas pasadas? ¿No están contenidos en la memoria? Esta es una pregunta válida y la exploraremos ahora.

Primero, en lugar de indagar en tus vidas pasadas, exploremos más bien un recuerdo reciente, tan reciente como el día anterior. ¿Cuánto de esa experiencia recuerdas? ¿Qué porcentaje de tus experiencias y sensaciones recuerdas? Estos recuerdos *están* registrados; sabemos que esto es cierto porque a menudo recordamos de repente algo que pensábamos que habíamos olvidado. Pero aún así, es difícil acceder a los recuerdos que formamos hace menos de 24 horas.

A continuación, considera la enorme cantidad de recuerdos de vidas pasadas que estarían contenidos en tu memoria actual. Cuando lleguemos al análisis del cuerpo causal, discutiremos cómo todos poseemos vidas pasadas infinitas. Pero olvida la infinitud, imagina que tuviste mil millones de vidas pasadas, o incluso mil, o cien. ¿Puedes imaginarte intentar recordar tantas vidas de experiencias? Esos tantos cónyuges, esos tantos hijos, cada persona y cosa y sensación y experiencia que todas esas vidas contenían?

La memoria tiene sistemas que nos ayudan a olvidar: el equivalente a purgas y desfragmentación. Así como en esta vida, tiendes a recordar solo los eventos más significativos, cuando morimos y renacemos, tendemos a retener acceso solo a los eventos más significativos de vidas pasadas también. Este proceso atenúa los recuerdos con el tiempo; todos siguen almacenados y aún contribuyen a la fuerza resultante acumulada que nos moldea al nacer, pero nuestra capacidad de acceder a ellos disminuye. **Debido a que la memoria contribuye a las fuerzas resultantes que modelan nuestros cuerpos sutil y grueso en cada nueva vida, es deseable poseer una buena memoria para que podamos tener una mejor visión de los factores que determinan la naturaleza de nuestra existencia**. Por eso es valioso tener un estilo de vida ordenado, para mejorar nuestro acceso a nuestros recuerdos. Mejor aún es un estilo de vida minimalista, que facilita aún más el acceso a los recuerdos.

Al concluir esta discusión sobre la memoria, recuerda algunas de las indicaciones de que mantenemos cierto acceso a los recuerdos de vidas pasadas. Observamos cómo los bebés recién nacidos a veces sonríen mientras duermen. Esto se debe a que los sueños son iteraciones de experiencias de vida, las cuales el bebé es demasiado joven para haber formado en esta vida. Esto indica que los recién nacidos retienen alguna parte de su memoria de vidas pasadas.

También mencionamos a los niños prodigio, niños muy pequeños que muestran habilidades sobrenaturales en música, matemáticas, ajedrez, espiritualidad o cualquier otro campo que son demasiado jóvenes para haber aprendido en esta vida. Tal habilidad prodigiosa probablemente resulte de recuerdos de vidas pasadas que se expresan con suficiente fuerza como para trasladarse a esta vida e influir en la experiencia del niño. Tales indicios contribuyen a nuestra comprensión de la función de la memoria, uno de los componentes principales de la personalidad interna.

El ego

El último componente de la personalidad interna y de todo el cuerpo sutil es el ego. **El ego no es más que un pensamiento que reconoce que el cuerpo sutil y el cuerpo físico que posees actualmente eres *tú*. La función del ego es proporcionar un punto de referencia constante mientras el individuo atraviesa la vida. Establece a uno como sujeto y todo lo que está fuera de eso como objeto.**

Aunque el término *ego* tiene una connotación algo negativa en su uso común (lo que explicaremos en un momento), en su forma fundamental el ego es benigno e inevitable. Simplemente existe para confirmar que una combinación dada de cuerpo físico y cuerpo sutil es ese individuo dado.

El ego puede empezar a volverse demasiado pronunciado cuando comienza a superponerse con la memoria. Considera lo que significa cuando decimos que alguien es egotista o que tiene un gran ego. Generalmente significa que le dan demasiada importancia a las cosas que han logrado y han comenzado a identificar su *ser* con sus experiencias pasadas. Su declaración de sí mismo se ha vinculado con su memoria.

Ahora, nuestras experiencias son factuales. Sucedieron, y el hecho de que hayan sucedido no puede ser borrado. Existen en la memoria, independientemente de si podemos recordarlas o no. El ego también es factual, en el sentido de que su existencia es inevitable. Esas dos premisas deben mantenerse separadas. Cuando una persona comienza a confundarlas, es cuando el ego se vuelve excesivamente pronunciado, más allá del alcance de su función normal. Cabe señalar que esto no solo toma la forma de alardear sobre lo grande que uno es o las cosas que ha logrado, que es la comprensión común del término *egotista*. Los egos inferiores, poseídos por aquellos con complejos de inferioridad, también pueden ser dañinos, tanto para uno mismo como para los demás. El ego es peligroso siempre que esté excesivamente pronunciado; la dirección de la desviación no importa.

Esto concluye nuestra discusión sobre los 20 componentes del cuerpo sutil, junto con sus respectivas funciones. En su conjunto, la función de estos 20 componentes es dirigir las acciones del cuerpo físico en el mundo material. Nos permiten responder a estímulos, realizar transacciones y experimentar todo el placer y dolor que el mundo tiene para ofrecer.

Concluiremos los datos sobre el cuerpo sutil en el próximo capítulo, que tratará sobre su naturaleza. Luego, pasaremos a explorar el cuerpo causal, un concepto que solo hemos mencionado pero que aún no hemos profundizado.

Capítulo 9

Composición Humana: Cuerpo Sutil Parte III

Habiendo discutido los materiales, componentes y funciones del cuerpo sutil, ahora completemos nuestro análisis describiendo su naturaleza. Esta naturaleza corresponde aproximadamente a las cuatro características principales de la naturaleza del cuerpo físico, pero con algunas diferencias fundamentales.

La naturaleza del cuerpo sutil

La primera característica del cuerpo sutil es que, al igual que el cuerpo físico, el cuerpo sutil cambia continuamente. Sin embargo, su tasa de cambio es mucho más lenta. Los cambios en el cuerpo sutil generalmente son dirigidos por su fuerza controladora: el intelecto, que determina qué cambios deben realizarse y cómo llevarlos a cabo. A veces, la mente puede actuar por sí sola, llevando a cabo cambios basados en sus caprichos y fantasías. El intelecto reconoce estos cambios cuando ocurren, y dependiendo de su fuerza, puede o no tomar medidas para anular los cambios de la mente.

Un intelecto razonablemente fuerte será capaz de anular la mente. Un intelecto más débil notará los cambios de la mente, pero permanecerá como un observador. Por ejemplo, la mente de una persona puede dirigirla a tomar acciones que conduzcan a resultados no saludables. El intelecto sabe que estos comportamientos son insalubres y sabe cuáles serían mejores. Sin embargo, si el intelecto no es lo suficientemente fuerte, no intervendrá, y la persona no hará nada sobre su estilo de vida poco saludable. Un intelecto más poderoso será capaz de superar la mente y, en este ejemplo, puede dirigir al cuerpo a comenzar a hacer ejercicio o seguir una mejor dieta. En otras palabras, dirigirá nuevos cambios para anular los cambios de la mente.

Los cambios del cuerpo sutil se desarrollan a lo largo de largos períodos de tiempo. Extendiendo nuestro ejemplo, una persona no puede ponerse en forma de la noche a la mañana; su cuerpo físico necesita tiempo para cambiar, por lo que el cuerpo sutil debe dirigir ese cambio durante un período más largo. Incluso después de que el cuerpo físico haya completado su cambio, el cuerpo sutil debe seguir manteniendo el nuevo estado del cuerpo físico. Por lo tanto, los cambios del cuerpo sutil son necesariamente de mayor duración que los del cuerpo físico. Así que, un aspecto de la naturaleza del cuerpo sutil es que está sujeto a un cambio que ocurre lentamente.

El siguiente aspecto del cuerpo sutil es su duración limitada. Previamente, establecimos que cada cuerpo físico tiene una esperanza de vida máxima de aproximadamente 120 años. Para la mayoría, esta esperanza de vida es mucho más corta. El cuerpo sutil permanece unido al cuerpo físico durante toda esta vida, pero después de la muerte de este, pasa a la búsqueda de un nuevo cuerpo físico.

¿Cómo podemos decir entonces que el cuerpo sutil tiene una duración de vida? La respuesta es que la duración de vida del cuerpo sutil se extiende desde el Big Bang hasta el Big Crunch o el Big Rip, la disolución total del universo. Estos temas se discutirán en detalle cuando lleguemos finalmente al tema del Big Bang y la creación.

El cuerpo sutil se manifestó por primera vez en el momento del Big Bang, y sus ciclos de renacimiento continuarán hasta que el universo se disuelva. Dado que el universo tiene 13.8 mil millones de años, esa es la edad actual del cuerpo sutil. ¿Cuánto más durará? Muchos más miles de millones de años, potencialmente el tiempo que le tome al universo alcanzar el punto de disolución total. En ese momento, el cuerpo sutil también se disolverá.

Te preguntarás cómo es posible que el cuerpo sutil sea tan antiguo cuando los seres humanos no existieron hasta muy recientemente. El fósil más antiguo perteneciente al género *Homo* data de aproximadamente 2.75 millones de años, y el fósil más antiguo de *Homo sapiens* tiene solo unos 300,000 años. Pero esto solo toma en cuenta el registro fósil de nuestro planeta. Las formas de vida habitadas por el cuerpo sutil pueden haber estado presentes mucho antes en otras partes del universo observable.

De todos modos, el Big Bang ocurrió hace 13.8 mil millones de años, y los cuerpos físicos capaces de unirse con los cuerpos sutiles no aparecieron hasta más tarde. Entonces, ¿qué estaba haciendo el cuerpo sutil hasta que aparecieron los cuerpos físicos? Cuando lleguemos al capítulo sobre la creación, exploraremos el concepto de un universo sutil que emerge de un Big Bang sutil, y discutiremos cómo el cuerpo sutil se comporta en relación con esos conceptos. Pero eso es un tema para más adelante.

En resumen, sin embargo, tomó tiempo que surgieran las circunstancias óptimas para que el cuerpo sutil y el cuerpo físico se unieran. Intenta hacer una comparación con cocinar arroz. Cuando pones el arroz y el agua en la olla, no pasa nada. solo después de que se haya aplicado el nivel adecuado de calor durante el tiempo adecuado es cuando el arroz se cocina correctamente. De manera similar, le tomó al universo miles de millones de años producir las circunstancias óptimas para unir el cuerpo sutil con el cuerpo físico en los seres humanos. Pero el cuerpo sutil existió mucho antes de eso. Continuará existiendo, viajando de un cuerpo físico a otro, hasta la disolución total del universo.

El último aspecto del cuerpo sutil tiene que ver con la perceptibilidad. Mientras que la naturaleza del cuerpo físico es la perceptibilidad, la naturaleza del cuerpo sutil es la imperceptibilidad.

El cuerpo físico es perceptible tanto para nosotros como para los demás. El cuerpo sutil, en cambio, no es perceptible para los demás. solo es perceptible para nosotros mismos. Registramos y experimentamos nuestros pensamientos, sensaciones y emociones, pero los pensamientos, sensaciones y emociones de los demás permanecen inaccesibles para nosotros. Es como si el cuerpo sutil estuviera protegido por una contraseña altamente cifrada, y solo hay una persona capaz de desbloquearla.

Desatención del cuerpo sutil

Esto completa nuestro análisis del cuerpo sutil, abarcando sus materiales, componentes, función y naturaleza. Y sin embargo, a pesar de la accesibilidad de esta información, muchas personas siguen ignorando su complejidad. ¿Recuerdas la imagen de la persona que está frente a esa enorme calabaza y niega su existencia? Así es la situación del cuerpo sutil para la mayoría de las personas, incluso para los pocos 10 millones que están comprometidos en la búsqueda de la infinita.

En el mejor de los casos, las personas reconocerán la mente y podrán contemplar algunas nociones del intelecto, la memoria y el ego flotando dentro de ella. Pero se negarán a comprender, o incluso a reconocer, la existencia de los 20 componentes del cuerpo sutil, por no hablar de su función y naturaleza. Como discutimos en el segundo capítulo de este libro, demasiadas personas confunden términos que, en realidad, se refieren a conceptos distintos y no reconocen sus definiciones y funciones reales. Estos componentes esenciales del cuerpo sutil tampoco se estudian ni se enseñan en psicología ni en psiquiatría.

Aunque estos componentes sutiles están vinculados con ideas de reencarnación y estados puros de materia, no es necesario creer en esas cosas para reconocer la configuración del cuerpo sutil. Por supuesto, *substanciaremos* esas ideas más adelante en este libro; pero por ahora, la definición fundamental del cuerpo sutil no requiere tal entendimiento.

Lo lamentable es que el cuerpo sutil ni siquiera es tan difícil de entender. Los temas complejos relacionados con el cuerpo físico ya se enseñan en escuelas y universidades de todo el mundo. Los científicos, investigadores y profesionales médicos están logrando avances asombrosos mientras exploran cada vez más a fondo el cuerpo físico. Entonces, ¿por qué se debería descuidar completamente el cuerpo sutil, cuando el otro es tan ampliamente aceptado y explorado?

No es que las personas no sean capaces de aprender. Los estudiantes de secundaria estudian trigonometría compleja, álgebra, cálculo, e incluso los fundamentos de la física cuántica. Si pueden entender estos temas, también debería ser fácil para ellos entender los componentes, la función y la naturaleza del cuerpo sutil. Pero la mayoría de las personas no estudian estos temas. Incluso si el 10 por ciento de los raros 10 millones de intelectos tuviera conciencia de estos temas, sería un número elevado.

Por lo tanto, a medida que avanzas en este libro y continúas enriqueciendo tu comprensión del cuerpo sutil, reconoce que estás adquiriendo una comprensión que es extremadamente poderosa y rara. Como tal, considera tu responsabilidad transmitir esta información a otros, particularmente a la generación más joven que tendrá más tiempo para aprender y aplicar esta comprensión en sus propias vidas y trabajos.

A las personas les encanta hacer cosas que les permitan aumentar su inteligencia y aumentar su capacidad. Leen libros de autoayuda y asisten a conferencias, seminarios y conferencias orientadas al crecimiento personal y profesional. Las personas estudian manejo del estrés, manejo del tiempo, manejo de relaciones, etc.

En realidad, todas estas cosas se reducen a que el intelecto maneje la mente y la mente maneje el cuerpo. Por lo tanto, una comprensión clara de la relación entre el cuerpo sutil y el cuerpo físico, y específicamente, la relación entre el intelecto, la mente y el cuerpo físico, sería un activo invaluable para cualquier forma de ocupación humana.

Como discutimos en el capítulo anterior, el acceso a la información, a una buena inteligencia, es solo la mitad de la ecuación. También se requiere un intelecto fuerte. ¿Cómo se fortalece el intelecto? De la misma manera que se fortalece un músculo: alimentándolo y empujando los límites de su fuerza existente.

Se alimenta la mente con una dieta constante de buena inteligencia, pero se debe empujar el intelecto a sus límites para aumentar su fuerza. El intelecto también puede compararse con un cuchillo. Si un cuchillo no se usa durante mucho tiempo, se oxida y se embota, y ya no corta bien. De manera similar, el intelecto debe usarse regularmente para evitar que la mente se haga cargo. Al mismo tiempo, así como los cuchillos se embotan con el uso, el intelecto también se embota cuando repite de manera acrítica las mismas acciones una y otra vez. Puede caer en una rutina. Los cuchillos deben afilarse periódicamente para restaurar su filo. De manera similar, el intelecto debe afilarse poniéndolo a prueba con nuevos pensamientos y nuevas actividades. Esto no solo lo mantendrá en buen estado de funcionamiento, sino que también aumentará su fuerza con el tiempo.

Esto concluye el análisis del cuerpo sutil y nos coloca en una posición para avanzar en nuestro estudio de la composición humana hacia el tercer y último cuerpo, el cuerpo causal, al que dedicaremos nuestra atención en los próximos dos capítulos.

Capítulo 10

Composición Humana: Cuerpo Causal

Parte I – Fundamentos y Análisis de Cuatro Factores

En el capítulo anterior, proporcionamos algunos fundamentos sobre la sutileza antes de comenzar nuestro análisis del cuerpo sutil. En este capítulo, tomaremos el mismo enfoque. Antes de adentrarnos en nuestro análisis de cuatro factores del cuerpo causal, establezcamos algunos conceptos fundamentales. Este tema no será tratado en detalle hasta los capítulos posteriores que lo aborden explícitamente, pero algunos antecedentes serán valiosos para comprender este concepto complejo que aún no ha sido bien definido.

Fundamentos de la causalidad

Comencemos este tema planteando algunas preguntas sobre la existencia de la materia gruesa y sutil en varios puntos relativos al Big Bang. Recordarás de los capítulos anteriores que el cuerpo grueso tiene una vida útil fija que se extiende hasta un máximo de aproximadamente 120 años y que el cuerpo sutil tiene una vida útil fija que dura durante toda la existencia del universo.

Dicho esto, nos queda preguntarnos: ¿De dónde vino toda esa materia gruesa y sutil? Toda la materia gruesa que compone la totalidad del universo observable y no observable, y toda la materia sutil que compone los cuerpos sutiles de todos los seres, ¿dónde estaba antes del Big Bang, y qué les sucederá después de él?

Desglosémoslo en dos preguntas específicas. Primero, ¿cuál era el estado de toda la materia gruesa y sutil, incluidos los cuerpos gruesos y sutiles, antes del Big Bang?

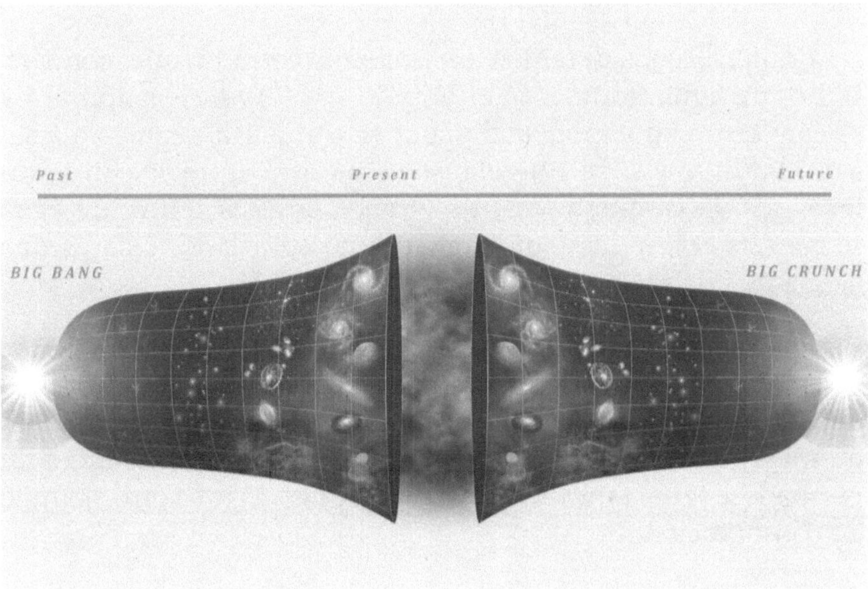

Y en segundo lugar, ¿cuál será el estado de toda la materia gruesa y sutil, incluidos todos los cuerpos gruesos y sutiles, después de la disolución total del universo—el Big Crunch o el Big Rip?

Al responder estas preguntas y realizar un análisis de nuestras respuestas, podremos entender mejor la causalidad y el cuerpo causal.

Conservación y el universo

Para responder a estas preguntas, podemos volver a una lección básica de nivel de secundaria: las leyes de conservación de la materia y la energía. Estas leyes sostienen que la materia y la energía no pueden ser creadas ni destruidas, solo transformadas. Repasemos brevemente algunos ejemplos, que pueden parecer simples pero ayudarán a establecer una base para nuestra comprensión.

Primero, consideremos un sistema cerrado que contiene 100 cc de agua líquida. Si el líquido se hierve, se evaporará y se convertirá en vapor; si el vapor se condensa, regresará a ser agua líquida; y si se congela, se convertirá en hielo. En todos los casos, la cantidad total de átomos en esos 100 cc de agua se conservará, independientemente de su estado. Esta es una forma de ilustrar el principio de conservación.

Piensa en la química de la secundaria y en las lecciones sobre el balance de ecuaciones químicas. Las ecuaciones químicas deben estar balanceadas porque, en todas las reacciones químicas, la cantidad total de todas las sustancias involucradas permanece igual tanto antes como después. Este es otro ejemplo de conservación.

Lo mismo ocurre con la comida que todos los seres vivos consumen. Independientemente de la forma, toda la vida toma alguna forma de combustible, la convierte en componentes utilizables y no utilizables, excreta los desechos y utiliza los componentes nutritivos como energía. De esta manera, la materia y la energía consumidas por los seres vivos se conservan.

Para pensarlo de una manera ligeramente diferente, considera a un joyero creando una joya de oro. A pesar de crear un objeto completamente nuevo, no está creando el oro en sí. Simplemente ha transformado el material en una nueva forma mientras conserva toda la sustancia original. Al mismo tiempo, su forma original como lingote de oro ha sido destruida.

Lo mismo podría decirse de las plantas y los árboles. Incluso las secuoyas más altas comienzan como pequeñas semillas que contienen el potencial de convertirse en un árbol. Una vez que la semilla brota y se convierte en árbol, la semilla es destruida, pero el árbol es creado.

Volvamos ahora a la materia gruesa y sutil del universo. Estas cosas no pueden surgir de la nada. Eso iría en contra de las leyes de conservación de la materia y la energía. El Big Bang no pudo haber "explotado" de la nada. *Algo* que lo precedió contenía la materia que compone nuestro universo o el potencial para convertirse en esa materia. Por lo tanto, debemos concluir que, antes del Big Bang, todo el universo existía en alguna forma no manifiesta. Esta forma no manifiesta o potencial es lo que la gente se refiere cuando invoca los términos *singularidad o universo potencial.*

Por definición, esta singularidad habría incluido todo lo que ahora existe en el universo presente. Toda la materia gruesa y sutil habría estado presente en una forma no manifiesta, una forma potencial, esencialmente. Este es un estado de no información o, más bien, un estado en el que toda la información está presente pero altamente codificada. En cualquier caso, estas son las condiciones que precedieron inmediatamente al Big Bang.

En ese sentido, el término *creación* (que hemos usado varias veces ahora y que se tratará en detalle más adelante) es un tanto inapropiado, porque nada puede ser creado y nada será destruido. Todo el universo solo existirá siempre en una forma potencial o en la forma manifiesta que ocupa ahora. Este ciclo continuará eternamente. Una vez que nuestro universo presente llegue a su momento de disolución, retomará su forma no manifiesta, solo para manifestarse nuevamente en algún punto posterior.

Podemos imaginar una ecuación con "creación", manifestación y expansión en un lado, y disolución, falta de manifestación y contracción en el otro. Universalidad y singularidad. Nada se crea ni se destruye mientras el estado del universo cicla entre uno y otro; el universo y su contenido solo se transforman de formas potenciales a manifestadas y de vuelta, de manera continua y perpetua.

Conservación y composición humana

Dado que el propósito de este capítulo es introducir el concepto del cuerpo causal como parte de la composición humana, hagamos un acercamiento desde la escala del universo a la escala del cuerpo individual. Basándonos en el análisis anterior, podemos inferir que, antes del Big Bang, nuestros propios cuerpos grueso y sutil ya debían haber existido en forma de semilla.

Esa forma de semilla representa la causa de tus cuerpos grueso y sutil actuales. **Por lo tanto, la forma de semilla de tu individualidad total puede referirse como el *cuerpo causal*. La materia de tus cuerpos grueso y sutil en sus formas potenciales puede denominarse *materia causal*.**

El cuerpo causal es una entidad que lleva los cuerpos grueso y sutil en su forma potencial durante el período entre la disolución universal (el Big Crunch o Big Rip) y la creación universal (el Big Bang).

Antes de continuar, ten en cuenta que los temas de causalidad y creación serán tratados ampliamente en los próximos capítulos. Sin embargo, la discusión actual debe incluir al menos algo de información sobre estos temas complejos. Estamos pasando por alto algunos temas importantes intencionalmente para evitar sobrecargarnos. Cada tema será tratado en su totalidad a su debido tiempo.

Ahora, continuemos con el cuerpo causal. Establecimos anteriormente que el cuerpo sutil es más sutil que el cuerpo grueso porque lo controla y lo impregna. Dado que el cuerpo causal contiene el potencial para manifestar tanto el cuerpo grueso como el sutil, se puede decir que también controla e impregna esos cuerpos, por lo que el cuerpo causal es más sutil que el cuerpo sutil.

Este cuerpo causal, y el estado de semilla de la existencia que representa, ha escapado hasta ahora al estudio de la comunidad científica. Los investigadores se han centrado en analizar la creación del universo, específicamente la materia gruesa del universo, tanto las formas observables como las no observables. Su estudio los ha llevado al descubrimiento del reino cuántico, que contiene quarks, leptones y fermiones: el nuevo modelo estándar de la física de partículas.

Sin embargo, su investigación no ha ido más allá del estudio de las partículas. Nunca ha habido un intento significativo de desentrañar el origen y la naturaleza del universo en el contexto de la sutileza y la causalidad. Las explicaciones del universo generalmente dependen de un estudio y análisis objetivo y externo. Muchos se niegan incluso a considerar la idea de que podría haber otra forma de abordar estos misterios.

Lo mismo ocurre con el estudio del cuerpo y la mente. Tal estudio generalmente se limita al análisis anatómico. Incluso las exploraciones de la mente y el intelecto realizadas por neurocientíficos y psicólogos se centran en la conciencia como un fenómeno generado por el órgano grueso del cerebro.

Se ha logrado un progreso significativo en el estudio científico de la materia gruesa y el cuerpo grueso, pero el estudio de la materia sutil y el cuerpo sutil está en ruinas. Con esencialmente ningún entendimiento de estas cosas, la comunidad científica en general no está en condiciones de comprender los conceptos de materia causal y el cuerpo causal, y mucho menos estudiarlos de manera productiva.

Con esta introducción, hemos establecido una base sólida para avanzar en nuestro análisis del cuerpo causal, la última fase de nuestro análisis de la composición humana y un componente clave para nuestra comprensión de la infinitud y cómo capturarla.

Análisis de cuatro factores del cuerpo causal

Con esta base establecida, realizar nuestro análisis de cuatro factores del cuerpo causal será mucho más sencillo. De hecho, al basarnos en las lecciones que hemos aprendido a lo largo de nuestro estudio de los cuerpos grueso y sutil, este análisis será rápido e intuitivo.

Comenzamos, como siempre, con los materiales básicos. Hemos establecido que el cuerpo grueso está compuesto por materia gruesa y que el cuerpo sutil está compuesto por materia sutil—combinaciones de los cinco estados fundamentales de la materia pura. Dado que el potencial para el cuerpo grueso y el cuerpo sutil se encuentra contenido dentro del cuerpo causal, también podemos concluir que **el potencial para la materia gruesa y la materia sutil también están contenidos dentro del cuerpo causal. Aquí, existen como materia causal—es decir, como materia gruesa y sutil en su forma potencial de semilla.**

La materia causal es la forma más sutil de la materia. Más allá de ella se encuentra el reino de la no-materia o la conciencia. Los próximos capítulos sobre la conciencia incluyen una derivación hermosa que ilumina la relación entre la materia y la conciencia—pero ese es un tema que abordaremos más adelante. Por ahora, simplemente entiende que la materia causal es la materia prima del cuerpo causal.

A continuación, ¿cuáles son los componentes del cuerpo causal? solo hay dos: el cuerpo grueso y el cuerpo sutil en sus formas de semilla. Así como una semilla contiene el potencial de un árbol, y por lo tanto está compuesta de esa forma potencial, el cuerpo causal contiene el potencial de los cuerpos grueso y sutil como sus componentes.

Ahora definamos la función del cuerpo causal. **La función principal del cuerpo causal es servir como almacén para el cuerpo grueso y el cuerpo sutil en el período entre la disolución y la manifestación universal.** En el momento del Big Crunch o el Big Rip, el cuerpo causal recibe los cuerpos grueso y sutil, y los libera nuevamente en el momento del Big Bang. Una consecuencia de esta función es que el cuerpo causal sirve para sostener la interconvertibilidad de la materia y la energía, ya que posibilita el ciclo infinito de manifestación y no manifestación de los cuerpos grueso y sutil.

Finalmente, cerraremos esta discusión con la naturaleza del cuerpo causal. Su naturaleza está dividida en los mismos segmentos que los cuerpos grueso y sutil. Tocaremos cada uno de ellos en su turno, comenzando con la perceptibilidad.

Recordemos que el cuerpo grueso es perceptible tanto para uno mismo como para los demás, mientras que el cuerpo sutil solo es perceptible para uno mismo. **La naturaleza del cuerpo causal es que no es perceptible en absoluto—ni siquiera para uno mismo.** Volveremos a este aspecto del cuerpo causal al principio del próximo capítulo porque tiene un significado especial en el contexto de la siguiente fase de nuestra discusión más amplia.

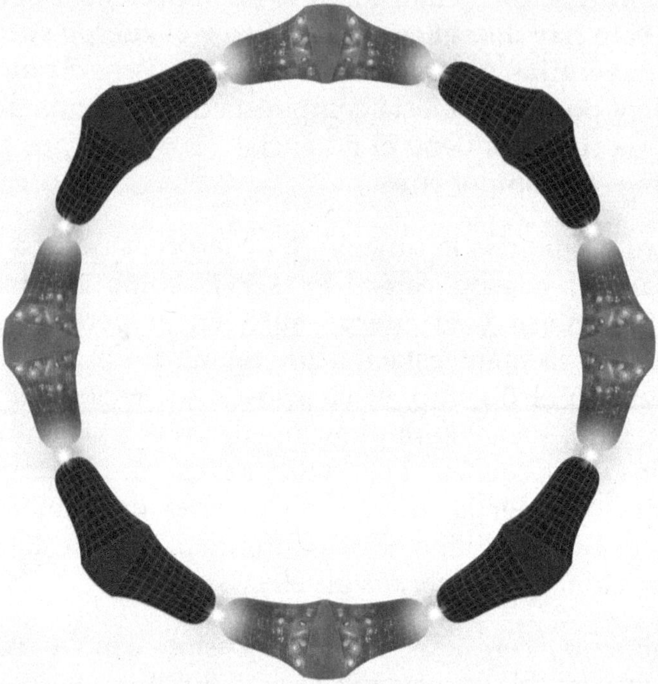

El siguiente aspecto de la naturaleza del cuerpo causal es su esperanza de vida. **La esperanza de vida del cuerpo causal es sin comienzo: es esencialmente infinita.** ¿Qué significa esto? Echa un vistazo a la imagen, que representa el ciclo de manifestación y no manifestación del universo. Un Big Bang es seguido por un período de expansión, atenuación, disolución y no manifestación, llevando al siguiente Big Bang. El mismo ciclo se representa en la imagen como un ciclo sin comienzo, esencialmente infinito. Cabe destacar que usamos el término *sin comienzo*, en lugar de *sin fin*. Esto plantea la pregunta: ¿puede este ciclo continuo de nacimiento y muerte terminar? Y, si es así, ¿cuándo?

En resumen, el ciclo termina cuando se captura la infinitud. El cuerpo causal se extingue en este momento, y el ciclo de nacimiento y muerte llega a su fin. Este concepto se desarrollará con mayor detalle en los capítulos posteriores.

Este punto revive nuestra conversación sobre la lógica de capturar la infinitud. Recuerda que, en conversaciones previas, discutimos que el sufrimiento es inherente a la vida, ya que las primeras tres categorías de metas humanas contienen defectos inherentes que causan dolor y sufrimiento incluso cuando se logra alcanzarlas. Esta misma experiencia es lo que nos espera a cada uno de nosotros en cada ciclo de vida, y en cada nueva manifestación de cada nuevo universo. Esto abarca billones de ciclos de vida, extendiéndose tanto hacia el pasado como hacia el futuro, marcados por un dolor y sufrimiento constantes. **Este ciclo de cambio y renacimiento es otro aspecto de la naturaleza del cuerpo causal.**

Capturar la infinitud es la única manera de escapar de este ciclo.

Capítulo 11

Composición Humana: Cuerpo Causal Parte II – Análisis Adicional

En este capítulo, continuaremos nuestro análisis del cuerpo causal un poco más, revelando algunos aspectos adicionales de su naturaleza. Estos tendrán una importancia especial a medida que gradualmente volvamos nuestra discusión hacia la búsqueda y captura de la infinitud.

Para empezar, recordemos un aspecto del cuerpo causal que mencionamos en el capítulo anterior: su imperceptibilidad general. A diferencia de los cuerpos grueso y sutiles, que son perceptibles hasta cierto punto, el cuerpo causal es totalmente imperceptible, incluso para uno mismo.

Comparamos el cuerpo causal con una semilla que eventualmente realiza su potencial y se convierte en un árbol. Ahora, imagina al árbol preguntándose dónde está su semilla. Por supuesto, la semilla no está presente ahora; ha liberado su potencial y se ha convertido en el árbol. La semilla ya no puede ser identificada porque su fase en el ciclo de vida del árbol ha terminado. En otras palabras, el árbol es la semilla en su forma actual.

Where is the seed
of my tree?
Oh Oh, I am the seed
in the form of tree

Where is
my Causal Body?
Oh oh, the Causal Body
now already manifested
as the Gross and
Subtle Body

De la misma manera, no es posible para un ser humano localizar el cuerpo causal. ¿Por qué? Para siquiera plantear esta pregunta, uno debe usar su intelecto, lo que significa que debe poseer un cuerpo sutil y un cuerpo grueso. Si los posees, significa que tu cuerpo causal ya ha descargado su potencial y ya no existe en ningún lugar. *El cuerpo grueso y sutil actual es el cuerpo causal manifestado.*

Esta falta inherente de perceptibilidad es un aspecto importante de la naturaleza del cuerpo causal, y nos llevará a varios aspectos adicionales que todos tienen una importancia similar.

Ignorancia, infinito y el cuerpo causal

A medida que pasemos el resto de este capítulo explorando varios aspectos del cuerpo causal, nos centraremos en el tema de la ignorancia, específicamente en lo que se refiere al conocimiento del infinito.

Para comenzar, recuerde nuestra discusión sobre las relaciones sujeto-objeto en un capítulo anterior. Cada individuo es un sujeto dentro de un universo de objetos. El sujeto puede percibir estos objetos, estudiarlos y adquirir conocimiento basado en su experiencia. El cuerpo grueso recibe las percepciones sensoriales, y las diversas partes del cuerpo sutil las analizan y responden a ellas. Es solo cuando un sujeto y un objeto interactúan que se puede adquirir conocimiento. Este estado depende de poseer tanto cuerpos grueso como sutiles.

En el momento en que estos cuerpos regresan a sus condiciones no manifestadas, es decir, al cuerpo causal, entran en un estado de total ignorancia. Esto se debe a que no hay posibilidad de una relación sujeto-objeto en ese estado. Los cuerpos groso y sutil existen solo como potencial; no son capaces de ejercer ninguna de sus funciones normales, por lo que se vuelven totalmente ignorantes.

Este estado de total ignorancia necesariamente incluye una total ignorancia del infinito. El lado opuesto de esto es que, **una vez que se ha adquirido el conocimiento del infinito, la posibilidad de la ignorancia total se destruye**. Ahora bien, ¿qué significa esto en el contexto del cuerpo causal? ¿Y qué significa esto en el contexto de capturar el infinito?

Capturar el infinito es el fin del cuerpo causal

En resumen, esto significa que **el fin de la ignorancia del infinito es igual al fin del cuerpo causal**. Hasta que eso ocurra, su vida útil es un ciclo continuo de nacimiento y muerte. Sin embargo, una vez que esto suceda, uno se libera de este ciclo y se fusiona con el infinito.

Retrocedamos un momento para reflexionar sobre lo que esto significa para el cuerpo causal. Parte de su naturaleza es el estado de ignorancia total. Esto implica que **el cuerpo causal también es indescriptible e indefinible. Es un estado de no definición y sin información, lo que también se conoce como *singularidad*.**

¿Por qué es imposible definir este estado? Es porque no podemos afirmar que el cuerpo causal exista o no exista. Es un estado de ignorancia total, sobre el cual no se puede decir nada. Un ejemplo ayudará a ilustrar este punto.

El estado de ignorancia a menudo se compara con la oscuridad. Una habitación oscura puede contener cualquier cantidad de objetos, pero, debido a que no hay fuente de luz, esos objetos no pueden ser percibidos. En el momento en que se introduce la luz, la oscuridad desaparece en la nada. La oscuridad ha sido efectivamente destruida.

Ahora bien, por lo general, cualquier sustancia que se destruye deja algún remanente. Sin embargo, la oscuridad desaparece en la nada. Así, no se puede probar que la oscuridad sea una sustancia positiva. Esto podría llevarnos a describir la oscuridad como una sustancia o entidad que no existe.

Y, sin embargo, la oscuridad *sí* existe. Al estar en esa habitación oscura, sabes que hay objetos a tu alrededor y, sin embargo, no puedes verlos debido a la oscuridad. Por lo tanto, la oscuridad debe existir, porque puedes experimentarla y porque impide que experimentes otros objetos.

El cuerpo causal es como la oscuridad. Existe y, al mismo tiempo, no existe; por lo tanto, no se puede decir si existe *o* no.

Ahora hemos comparado el cuerpo causal tanto con la ignorancia como con la oscuridad; continuemos con estas analogías un poco más. Considera una cueva completamente oscura que no ha sido explorada durante millones de años. Ha estado completamente oscura todo ese tiempo. Sin embargo, en el momento en que introduces una pequeña chispa de luz, la oscuridad desaparece instantáneamente. De igual manera, en **el momento en que uno obtiene el conocimiento del infinito, es decir, *captura el infinito*, su ignorancia se destruye instantáneamente, sin importar cuántos trillones de años o ciclos de nacimiento y muerte hayan experimentado antes de eso.**

El origen de la ignorancia

Hemos establecido que la causa del cuerpo grosso y el cuerpo sutil es el cuerpo causal. La siguiente pregunta es: ¿cuál es la causa del cuerpo causal? Sin embargo, también hemos establecido que el cuerpo causal existe en el espacio entre lo no manifestado y lo manifestado, un ciclo continuo que no tiene comienzo.

Entonces, ¿cómo puede algo originarse en un ciclo? Esta es otra cuestión compleja que se tratará durante los capítulos sobre el Big Bang, la creación y la conciencia, pero una analogía simple ayudará a aclarar este punto de manera ligera.

Consideremos el siguiente escenario. Es el crepúsculo, y un padre y su hijo están caminando de regreso a casa desde el cine. La película que vieron presentaba serpientes. Más adelante, hay una cuerda gruesa enrollada al lado de la carretera. Debido a que es crepúsculo, el niño solo puede percibir el contorno de la forma, y la percibe como una serpiente.

Ahora bien, no es irrazonable que él crea que vio una serpiente. En poca luz, una serpiente y una cuerda serían muy similares en apariencia. Pero el error en sí no es el propósito de este ejemplo. En cambio, consideremos por qué creyó que vio una serpiente. *Fue porque la cuerda estaba allí.* **Si la cuerda no hubiera estado**

allí, no habría expresado su ignorancia sobre lo que era; por lo tanto, solo fue porque la cuerda estaba allí que pudo ser ignorante sobre su naturaleza. Por lo tanto, podemos concluir que es en la naturaleza de las cosas no solo contener la capacidad de ser entendidas como lo que son, sino también la capacidad de *no* ser entendidas como lo que son.

Ahora que hemos introducido el principio de la ignorancia, tomemos un momento para conectarlo con una idea que ya hemos discutido.

En un capítulo anterior, tocamos el concepto de la conciencia infinita, que otorga conciencia a nuestros cuerpos sutiles. Para que esta conciencia infinita sea verdaderamente infinita, debe ser también omnipresente. Además, basándonos en el ejemplo de la cuerda/serpiente, si la conciencia infinita existe, entonces la posibilidad de no entender también debe existir dentro de ella.

Tres conclusiones se derivan de estos puntos. **La posibilidad de no entender la conciencia infinita debe ser tan omnipresente como *su existencia*; la posibilidad de no entender la infinitud debe ser tan omnipresente como *su existencia*; y, finalmente, debe existir también un estado de ignorancia que sea *tan omnipresente* como la infinitud.**

¿Se puede encontrar el cuerpo causal?

Volvamos a nuestra conversación sobre el análisis del cuerpo causal. Sabemos que una parte de la naturaleza del cuerpo causal es su imperceptibilidad. Sin embargo, como pensadores profundos y curiosos, es natural preguntarse si todavía es posible encontrar alguna huella del cuerpo causal en este mundo. Pero, ¿hay alguna forma en que esto realmente pueda hacerse?

Una posibilidad teórica es que podríamos obtener un atisbo de él a través de una mayor exploración sobre los orígenes del universo. A medida que recursos como el JWST profundizan más y más en la historia de nuestro universo, es tentador imaginar que sus descubrimientos puedan revelar alguna huella de causalidad. Pero, ¿podemos usar nuestras herramientas para mirar *más allá* del Big Bang? ¿Mirar directamente hacia la singularidad? Esto no es posible, y no seremos capaces de vislumbrar el cuerpo causal de esta manera.

Otra alternativa sería estar presentes como testigos en la disolución del universo y observar la transición de los cuerpos grueso y sutil de vuelta al cuerpo causal. Esto tampoco es viable, porque se necesitarán miles de millones de años más para que ocurra esta disolución, y los cuerpos sutil y grueso también serán disueltos en ese momento. Nadie quedará vivo para observar y almacenar ese conocimiento.

Una tercera posibilidad que algunos lectores podrían considerar sería rasgar un agujero en el universo o incluso destruirlo por completo para acelerar el momento de la disolución y aprender esos secretos ahora mismo. Este es el tipo de cosa que solo ocurre en las películas. No solo es imposible, sino que, por las mismas razones que en el segundo escenario, no podríamos aprender nada de ello, ya que no quedarán observadores.

Aunque estas tres posibilidades no sean viables, en realidad existe una manera en que podemos vislumbrar cómo podría ser el estado del cuerpo causal. No es el cuerpo mismo, sino la aproximación más cercana de él en este universo manifiesto.

Primero, recordemos qué es el cuerpo causal. Es el estado en el que los cuerpos grueso y sutil se han vuelto totalmente no manifestados y son totalmente imperceptibles, incluso para uno mismo. **De esta manera, la experiencia del sueño profundo refleja el estado del cuerpo causal.** Durante el sueño profundo y sin sueños, uno pierde todo sentido del cuerpo grueso y sutil. El sueño profundo no se puede reconocer mientras está sucediendo; uno solo puede darse cuenta de que estuvo en sueño profundo después de despertar y regresar a sus cuerpos grueso y sutil. Por lo tanto, la experiencia del sueño profundo nos da el mejor entendimiento del cuerpo causal. Discutiremos la experiencia del sueño profundo con más detalle en los capítulos sobre las tres clases de experiencia.

El universo causal

A medida que nuestro análisis del cuerpo causal llega a su fin, tomemos un momento para alejarnos del cuerpo causal individual y hacer una apreciación más amplia del estado causal. Esta será una lección útil para los capítulos posteriores que tratan sobre la creación.

Primero demos un paso atrás y consideremos el cuerpo físico. Así como el cuerpo físico individual está hecho de materia gruesa, toda la totalidad del universo tangible también consiste en materia gruesa.

Ahora bien, ¿qué pasa con el cuerpo sutil? Tú, el lector, tienes un cuerpo sutil, al igual que todos los seres vivos de este planeta, sin mencionar todas las formas de vida que puedan existir en otros planetas. Más allá de eso, los objetos inertes que carecen de un cuerpo sutil también poseen un poder sutil de inercia que les permite existir. Este poder existe en toda la materia inerte del universo. (Discutiremos esta provocadora idea con más detalle cuando tratemos sobre la creación.)

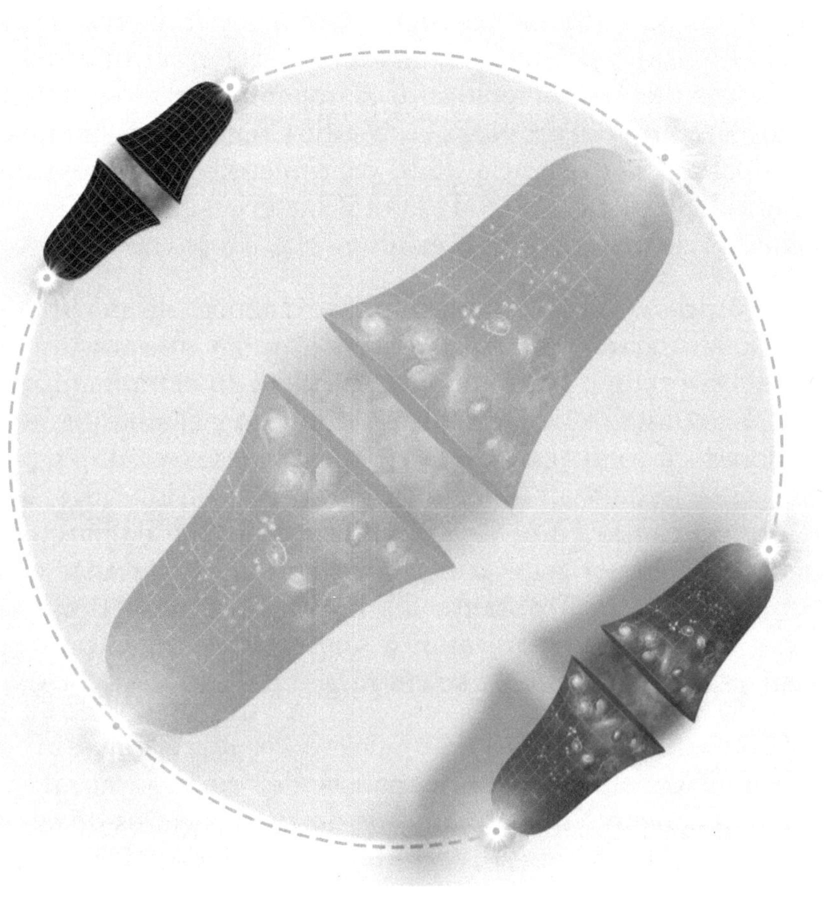

¿Qué significa esto a escala universal? La materia gruesa es más fácil de entender en este sentido, ya que es perceptible para todos. Podemos entender fácilmente cómo toda la materia gruesa pertenece a un universo interconectado de materia gruesa. Pero el cuerpo sutil solo es perceptible para uno mismo y no para los demás. Si el cuerpo sutil está limitado a la propia experiencia de uno, ¿puede ser también parte de un campo más amplio de materia sutil que se extiende a través del universo?

De hecho, puede y lo es. **El universo manifiesto contiene un universo sutil imperceptible.** Este universo sutil incluye toda la materia sutil: todos los cuerpos sutiles y la inercia sutil de todos los seres, así como la materia inerte en el universo. La existencia de este universo sutil es una inferencia lógica basada en la existencia del propio cuerpo sutil. Cuando usas tu intelecto para validar la existencia de tu cuerpo sutil, simultáneamente validas la existencia de toda la otra materia sutil también. Esta totalidad de materia sutil constituye el universo sutil.

Entonces, hemos establecido la existencia de un universo grueso y un universo sutil. Juntos, forman nuestro universo manifiesto actual. Pero, ¿qué les sucederá en el momento de la disolución total? A lo largo de este capítulo y el anterior, hemos explorado a fondo cómo los cuerpos gruesos y sutiles pasan por un ciclo de manifestación y no manifestación, regresando al cuerpo causal en el período intermedio. Sin embargo, este ciclo no se limita a los cuerpos individuales. **Durante el Big Crunch o el Big Rip, tanto los universos grueso como sutil serán disueltos y regresarán a sus estados causales, o más bien, regresarán al *universo causal*.**

Esta afirmación de gran alcance, que se revisará más adelante, concluye nuestro análisis del cuerpo causal. Esto también concluye nuestro análisis de las tres clases de cuerpo, la primera fase de nuestro estudio de la composición humana. Continuaremos con este estudio con dos capítulos dedicados a las cinco capas de la personalidad humana, seguidos de dos capítulos dedicados a los tres estados de la experiencia humana.

Capítulo 12

Composición Humana: Capas de la Personalidad

Parte I: Las Tres Primeras Capas

Las cinco capas de la personalidad de la composición humana corresponden esencialmente a los tres cuerpos que hemos estado analizando durante los últimos capítulos. Antes de continuar con un análisis de cada capa, tomemos un momento para establecer una comprensión básica de la relación entre estas capas y los tres cuerpos utilizando un ejemplo.

Hablemos de la manera en que se organizan los gobiernos. Un gobierno generalmente se divide en diferentes ramas—usualmente ejecutiva, legislativa y judicial. Para este ejemplo, estas ramas son el equivalente de los tres cuerpos de la composición humana; representan reinos distintos y amplios de función y naturaleza. Luego, dentro de cada rama, hay muchos departamentos, oficinas, agencias, etc. Estos corresponden a los componentes de cada cuerpo, en el sentido de que son responsables de realizar las funciones y cumplir con la naturaleza de cada cuerpo.

Gobernando la actividad de cada uno de estos componentes hay conjuntos específicos de leyes y directrices que les dan el poder para realizar sus funciones y cumplir con sus naturalezas. Estas leyes y directrices son el equivalente aproximado de las capas de la personalidad. Dicho esto, ahora comencemos nuestro estudio de estas cinco capas.

Introduciendo las cinco capas de la personalidad

Hemos indicado que las cinco capas de la personalidad corresponden a los tres cuerpos. Específicamente, una capa corresponde al cuerpo grueso, tres capas corresponden al cuerpo sutil, y la última capa corresponde al cuerpo causal.

La primera capa, que corresponde al cuerpo grueso, se conoce *como la capa alimentaria.* Esta es la personalidad externa o física del cuerpo, y rige la capacidad del cuerpo para crecer y decaer.

Las siguientes tres capas corresponden al cuerpo sutil. La primera de ellas *es la capa de energía vital.* También conocida como *el poder actuante de la personalidad,* posee el **poder para la actividad**. No es el poder de la actividad, que reside en los componentes del cuerpo sutil; más bien, es el poder para la actividad. Recuerda el ejemplo del gobierno; las leyes no actúan, lo hacen las agencias. Las leyes contienen el poder *para* la acción, que luego es llevado a cabo por las agencias. Esta dinámica se refleja en cada una de las capas.

A continuación está la capa mental. Esta capa es la personalidad emocional o psicológica y representa el poder para desear objetos. Nuevamente, no es el poder del deseo, sino el poder *para* el deseo: la capacidad de generar pensamientos y aspirar a obtener algún objeto. Esta capa mental también puede describirse como *el poder deseante de la personalidad.*

La tercera capa correspondiente al *cuerpo sutil es la capa intelectual*. También puede denominarse personalidad pensante, personalidad racional o personalidad juzgadora. Es responsable del poder para conocer las cosas. Al igual que en las dos capas anteriores, también puede describirse como *el poder cognitivo de la personalidad.*

La última capa de la personalidad es la capa de bienaventuranza, que corresponde al cuerpo causal. Esta capa posee un poder específico: suprimir o superar los otros poderes. Puede describirse como *el poder de inercia, el poder de supresión o el poder inconsciente de la personalidad.* Se manifiesta tanto durante el período de no manifestación como en el sueño profundo, cuando todos los demás poderes humanos están suspendidos.

El mismo orden de sutileza que se aplica a los tres cuerpos también se aplica a las cinco capas de la personalidad. Sabemos que el cuerpo causal es el más sutil, seguido del cuerpo sutil y del cuerpo físico. De manera similar, la capa de bienaventuranza es la más sutil de las capas de la personalidad, seguida por la capa intelectual, la capa mental, la capa de energía vital y, finalmente, la capa de los alimentos.

Con este marco establecido, comencemos nuestro estudio de cada una de las cinco capas de la personalidad.

La capa de los alimentos

La capa de los alimentos no es más que la personalidad externa y física, y contiene el poder del cuerpo físico para crecer y decaer. Para analizar la naturaleza de esta capa, exploremos el ciclo de vida del cuerpo físico.

El cuerpo físico se forma a partir de los alimentos que consume, los cuales provienen de la tierra y, en última instancia, regresan a ella. Así, la tierra es el punto de partida. Está compuesta de materia nutritiva, que da lugar a la vegetación, la cual a su vez produce alimentos que son consumidos por los seres humanos. Una vez que los humanos ingieren estos alimentos, sus cuerpos los descomponen y los utilizan para distintos propósitos, incluyendo el importante proceso de la reproducción. Los cuerpos de los futuros padres transforman el alimento en esperma, y los cuerpos de las futuras madres lo transforman en óvulos. Esta transformación específica es la más significativa que la materia física puede experimentar, ya que conduce directamente a la creación de una nueva vida.

Cuando el esperma y el óvulo se unen, comienzan a formar un nuevo cuerpo físico humano. Ahora bien, ¿cómo continúa creciendo este cuerpo? La madre sigue ingiriendo alimentos y transfiere la nutrición al bebé en desarrollo. Después del nacimiento, este proceso continúa, primero a través de la lactancia materna y, a medida que el bebé crece, comienza a consumir alimentos líquidos y luego sólidos. Así, el alimento sostiene al cuerpo a medida que alcanza la madurez. Por lo tanto, el alimento es responsable de la creación, el crecimiento y el mantenimiento del cuerpo físico.

Con el tiempo, el cuerpo envejece y la ingesta de alimentos disminuye. Finalmente, el cuerpo físico llega al final de su ciclo de vida natural y muere. Tras la muerte, el cuerpo es enterrado y se convierte en alimento para los microorganismos, que devuelven a la tierra la materia física que una vez lo formó. De esta manera, la capa de los alimentos de la personalidad contiene el poder del cuerpo físico para crecer y decaer.

La capa de la energía vital

The next layer is the vital energy layer, also known as the acting power of the personality. **This layer pertains to 10 components of the subtle body—the five power centers of action and the five power centers of physiological function.** Again, this layer does not refer to any of the gross organs associated with these components, but to the power behind the gross organs associated with action and physiological function.

Ahora, ¿cómo se manifiesta este poder? Comencemos con los centros de poder de la función fisiológica. Cuando el cuerpo ingiere sus dos recursos fundamentales—aire y alimentos (incluyendo agua)—estos centros de poder son responsables de descomponerlos, distribuirlos por todo el cuerpo y eliminar los desechos resultantes. La cantidad y calidad de los alimentos que consume una persona pueden variar enormemente de un individuo a otro, al igual que la calidad del aire. These power centers function in the same way for all people and the vital energy layer is responsible for supplying the power for these functions to occur.

Más allá de las funciones básicas necesarias para mantener la vida, este poder de actuación de la personalidad también impulsa las acciones que el cuerpo físico lleva a cabo. Los cinco centros de poder de acción (asociados con los órganos del habla, la manipulación, la locomoción, la excreción y la reproducción) desempeñan sus funciones consumiendo la energía generada por los centros de poder de la función fisiológica. Debido a que están impulsados por la capa de energía vital de la personalidad, los cinco centros de poder de acción también dependen de esta capa.

Así, **al igual que estos 10 centros de poder actúan como puentes entre el cuerpo físico y la personalidad interna, esta capa funciona como un puente entre la capa de los alimentos y las capas mental e intelectual.** Esta relación se describirá con más detalle en la siguiente subsección sobre la capa mental.

La capa mental

Como se indicó anteriormente, la capa mental se refiere a la personalidad emocional o psicológica de un individuo. **Consiste en ocho componentes del cuerpo sutil. Estos son los cinco centros de poder de la percepción: los oídos, la piel, los ojos, la lengua y la nariz, junto con la mente, la memoria y el ego.**

La capa mental y la capa de energía vital tienen una relación interdependiente. Los ocho componentes asociados con esta capa dependen de la energía generada por los componentes de la capa de energía vital para funcionar. Al mismo tiempo, debido a que la capa mental contiene el poder del deseo, y el deseo es un prerrequisito de la acción, la capa mental también afecta a la capa de energía vital. Así que la relación es bidireccional. En el próximo capítulo, discutiremos cómo la capa mental y la capa intelectual interactúan, una relación que también es bidireccional.

La mente genera constantemente deseos y los transmite a los órganos de acción para que los lleven a cabo. Esto es parte de un ciclo que está en constante movimiento. La capa de energía vital potencia la capa mental para generar deseos, que luego se transmiten de vuelta a la capa de energía vital para cumplirlos.

Para la mayoría de las personas, la mente genera continuamente deseos. Pero, ¿cuántos de esos deseos puede esperar una persona cumplir? La mayoría de las personas tienen recursos limitados para satisfacer sus deseos, por lo que la brecha entre sus deseos totales y su capacidad para cumplirlos sigue creciendo. Este es el problema perenne de la humanidad. Con el tiempo, el ser humano promedio termina siendo un cúmulo de deseos insaciables e incontrolables.

Los deseos se pueden equiparar con el fuego, siendo la mente su combustible. Así como el fuego seguirá propagándose mientras haya combustible, los deseos continúan creciendo mientras la mente los genere. Y como la mente es un recurso inagotable, este fuego nunca se quedará sin combustible. Es por eso que la persona más rica del mundo siempre querrá ser un poco más rica.

Eso es todo lo que respecta a la mente. ¿Cómo funcionan los otros componentes que mencionamos en el contexto de esta capa mental? Primero, los cinco centros de poder de la percepción están constantemente recibiendo estímulos sensoriales, que luego se pasan a la mente para su consideración. Este es un motor clave de nuevos deseos, ya que estos datos externos pueden informar a la mente sobre nuevos objetos y posibilidades. Pero esto también está impulsado por la memoria y el ego, ya que la información almacenada en ellos puede servir como origen de nuevos deseos, de la misma manera que los datos externos pueden hacerlo.

Tomemos un momento para señalar que el deseo, en sí mismo, no es algo malo. Las cuatro categorías de metas humanas, *incluida la meta de capturar la infinitud,* tienen su origen en el deseo. Los deseos son materias primas, así como la comida es materia prima para el cuerpo. Pueden ser refinados y darles un propósito más elevado cuando se transforman en metas. Este es el caso, hasta y incluyendo la meta de capturar la infinitud, la meta más noble que un ser humano puede proponerse.

Tal refinamiento requiere la intervención del intelecto, que está gobernado por la capa intelectual de la personalidad. Discutiremos esto en el próximo capítulo.

Capítulo 13

Composición Humana: Capas de la Personalidad

Parte II: Las Últimas Dos Capas, y Más Allá

Continuemos nuestro análisis de las capas de la personalidad humana con una discusión de las dos últimas: la capa intelectual y la capa de bienaventuranza. Después de eso, pondremos las cinco capas en el contexto más amplio de capturar la infinitud.

La Capa Intelectual

La capa intelectual es el poder de conocimiento de la personalidad, y comprende nueve componentes. Al igual que la capa mental, contiene los cinco centros de poder de percepción, la memoria y el ego, pero en lugar de la mente, contiene los dos intelectos. Estos son el intelecto grueso, que se relaciona con el universo grueso, y el intelecto sutil, que es capaz de contemplar conceptos trascendentales, como la infinitud. ¿Cómo puede ser que siete de estos componentes existan tanto en la capa mental como en la capa intelectual? Lo abordaremos en un momento.

Primero, dado que la capa intelectual es responsable del poder de conocer, se deduce que nada puede ser conocido *sin* la participación de esta capa. Para que un deseo exista, es necesario tener algo de conocimiento. Incluso si el intelecto no es lo suficientemente fuerte como para guiar la mente, el conocimiento que existe dentro del intelecto informa a la mente sobre lo que se puede desear. ***Para poner las tres capas asociadas con el cuerpo sutil en perspectiva, la capa intelectual sabe, la capa mental desea, y la capa de energía vital actúa para cumplir esos deseos.***

Los cinco centros de poder de la percepción reciben estímulos externos y los pasan a través de la mente al intelecto. Internamente, la memoria y el ego también proporcionan estímulos. Es el rol del intelecto registrar estos estímulos, determinar qué hacer con ellos y dirigir la mente en consecuencia. El poder de conocer, alojado en la capa intelectual de la personalidad, permite toda esta actividad.

Ahora bien, ¿qué papel juega este poder? En resumen, **nos ayuda a limitar el número de deseos no cumplidos que albergamos. Esto, a su vez, aumenta nuestra felicidad, lo que puede ayudarnos a acercarnos a capturar la infinita**. Debido a que es naturaleza de la mente generar constantemente nuevos deseos, sin el poder de conocer rápidamente estaríamos abrumados por deseos no resueltos. Afortunadamente, gracias a este poder, podemos examinar nuestro flujo de pensamientos y determinar si algo realmente debería ser un deseo. No necesitamos—y, de hecho, *no podemos*—desear todo lo que somos conscientes de, y el poder de conocer de la capa intelectual nos permite limitarlo.

Por ejemplo, a los 50 o 60 años, no es posible convertirse en una estrella del fútbol, sin importar cuánto se desee esto. El poder del conocimiento puede evitar que esto se convierta en un deseo, el cual quedaría sin realizarse. De manera similar, para una persona que no tiene mucho dinero, comprar un Ferrari no sería un deseo realista, y el poder de conocer sería capaz de evitar que se convierta en uno.

En cuanto a la pregunta de cómo los mismos siete componentes pueden pertenecer tanto a la capa mental como a la capa intelectual, debes recordar que la materia prima de todo el cuerpo sutil es el pensamiento. Algunos deseos pueden surgir sin el permiso del intelecto, mientras que otros solo se convierten en deseos después de haber sido validados por él. Así, cualquier estímulo interno o externo puede fluir hacia la mente o hacia el intelecto. En el primer caso, todos los componentes involucrados pertenecen a la capa mental. En el segundo, pertenecen a la capa intelectual. Así es como esos componentes particulares pueden pertenecer a ambas capas de la personalidad.

Sin embargo, ten en cuenta que incluso cuando la mente genera un deseo, este pensamiento siempre se registrará, en cierto grado, dentro del intelecto. Esto se debe a que *desear no es posible sin saber*. El intelecto puede ser demasiado débil para controlar la mente, pero ha participado de todos modos. Este es un punto importante a tener en cuenta al considerar la interrelación entre estas dos capas.

La capa de la bienaventuranza

La quinta y última capa es la capa de la bienaventuranza—la personalidad inconsciente. **Esta capa pertenece al cuerpo causal y, durante la manifestación, al estado de sueño profundo.** En el sueño profundo, las otras capas no se *manifiestan*; es decir, no operan como lo hacen durante los otros estados de experiencia. Así, esta capa de la bienaventuranza se describe como la que posee el poder de la inercia, o un poder suprimente, sobre las demás.

Cuando hablamos de "otros poderes", nos referimos específicamente a los poderes de conocer, desear y actuar. También existe el poder de crecimiento y decaimiento, pero este no es un verdadero poder en el sentido en que lo son los otros. Esto se debe a que pertenece al cuerpo grueso, y por lo tanto, es una especie de poder grueso. Los otros pertenecen al cuerpo sutil, que está compuesto enteramente por el flujo del pensamiento. En el sueño profundo, el poder suprimente único de la capa de la bienaventuranza suspende los otros poderes y pone a la personalidad en un estado de total ignorancia. No hay una relación sujeto-objeto, por lo que no es posible adquirir ni utilizar el conocimiento.

Durante este período, todas las capas restantes entran en un estado de relajación. El cuerpo físico descansa, la mente se rejuvenece y el intelecto recibe un descanso. La personalidad en su totalidad se revitaliza, y después de esto puede realizar mejor sus funciones normales y de vigilia: conocer, desear y actuar. Así que la actividad cíclica de la capa de la bienaventuranza juega un papel importante en el funcionamiento adecuado del cuerpo humano. Además, durante este tiempo, toda preocupación y ansiedad se suspenden temporalmente. El estado de sueño profundo es un estado muy, muy feliz. Esta es una de las razones por las que se conoce como la capa de la bienaventuranza.

Hay que notar que los otros poderes no son suprimidos ni anulados. Durante el tiempo que el poder suprimente se afirma, el cuerpo físico sigue realizando una mínima actividad fisiológica. Debe ser así, de lo contrario, moriríamos en un estado de sueño profundo. Igualmente, la mente suspende toda actividad, que se reanuda al despertar. Debe ser así, de lo contrario, perderíamos todos nuestros deseos cada vez que entramos en sueño profundo. Lo mismo ocurre con el intelecto. Se mantiene a lo largo del sueño profundo, de lo contrario, al despertar a las 8 a.m., no reconoceríamos que somos los mismos que fuimos a dormir la noche anterior a las 10 p.m. Por lo tanto, debemos inferir que una fibra delgada y rudimentaria de los otros poderes se mantiene durante este período de supresión, especialmente una fibra delgada del intelecto.

Sin embargo, aunque estos poderes rudimentarios perduran durante la supresión, no podemos afirmar que el cuerpo sutil sea más sutil que el cuerpo causal. Los criterios de la jerarquía de la sutileza establecen que para que una cosa sea más sutil que otra, debe controlar y permearla. En este caso, los otros poderes no controlan el poder de la supresión (porque están siendo suprimidos por él), ni lo permean (porque solo existen como versiones delgadas y rudimentarias de sí mismos). Así que podemos entender cómo el cuerpo causal sigue siendo más sutil que el cuerpo sutil, a pesar de la delgada infracción del cuerpo sutil sobre él.

Hay un aspecto más importante de la personalidad inconsciente. Considera lo que sucede con la electricidad de tu casa cuando hay un aumento de corriente. El interruptor de circuito se activa para proteger el cableado y los electrodomésticos. Para decirlo de manera más simple, cuando las circunstancias son más extremas de lo que el sistema puede manejar, el sistema se apaga para protegerse.

El poder suprimente realiza una función similar. Por ejemplo, cuando una persona tiene un accidente grave, el poder suprimente se afirma y evita que el cuerpo experimente todo el dolor. Lo mismo ocurre cuando alguien enfrenta un trauma emocional serio que la mente, el intelecto y el ego no pueden manejar. Esto puede suceder en cualquier momento, pero es particularmente común a una edad más temprana, cuando el intelecto está menos desarrollado. En estas situaciones, el poder suprimente se afirmará y hará que la experiencia pase por alto la mente y el intelecto. Debido a que todo lo que sucede en la vida de una persona se almacena, estas experiencias generalmente terminan en la memoria profunda, o incluso pueden pasar a la propia personalidad inconsciente.

Podemos ver evidencia de esto cuando las personas exhiben comportamientos que no pueden explicarse por su contexto inmediato; por ejemplo, cuando alguien reacciona con ira ante un problema menor, o cuando alguien se desmorona y llora sin razón aparente. Dado que el poder suprimente no siempre es lo suficientemente fuerte como para contener los recuerdos profundos o las experiencias inconscientes, estas pueden salir en momentos impredecibles. Pero el hecho de que esto suceda es evidencia de que el poder suprimente se ha afirmado en algún momento del pasado.

Con esto, concluimos nuestro análisis de la capa de la bienaventuranza de la personalidad humana. Tomemos un momento para contextualizar lo que hemos discutido en los últimos dos capítulos, y también para mirar lo que nos espera en los próximos capítulos.

La personalidad en el contexto de la infinitud

En los próximos dos capítulos, analizaremos los tres últimos aspectos de la composición humana: los tres estados de experiencia. Como hemos mencionado, estos son el estado de vigilia, el estado de sueño y el estado de sueño profundo.

Después de analizar los tres estados de experiencia, pasaremos a una discusión sobre la conciencia, la infinitud y la relación entre ellas. Después de eso, continuaremos construyendo lección tras lección hasta establecer los métodos reales para capturar la infinitud.

En este punto, el lector puede estar preguntándose por qué hemos dedicado tanto tiempo a discutir la composición humana: todos estos centros de poder, capas de personalidad y materiales primos, cuando el objetivo de este libro es cómo capturar la infinitud, la creación y los misterios antes del Big Bang. Existen varias razones por las cuales este análisis extenso es una parte crucial del proceso.

Por un lado, es importante estudiar estos 11 aspectos de la composición humana para afirmar de manera definitiva que son finitos, es decir, que *no* son la infinitud. Reconocer dónde *no* buscar la infinitud evitará que tomes decisiones erróneas en la búsqueda de capturarla. Capturar la infinitud es un objetivo noble que requiere una buena preparación. No sucede de la noche a la mañana. Así que habrá muchas oportunidades para equivocarse. Tomarse el tiempo para establecer la base más sólida posible eliminará muchas de ellas antes de que siquiera ocurran.

Otra razón es que para reconocer tu camino, debes entender tu punto de partida. Esto requiere una evaluación precisa de tu personalidad. Generalmente, las personalidades están dominadas por una de las capas de personalidad descritas en los capítulos anteriores. Para la mayoría de las personas que leen este libro, es probable que la capa intelectual sea la dominante. Esto será una ventaja en tu intento de capturar la infinitud.

Sin embargo, aunque una capa pueda dominar, las otras capas también están presentes. Juntas, todas forman la personalidad total de una persona. Incluso la persona más inclinada hacia lo intelectual tiene aspectos emocionales, activos y físicos significativos. Es importante reconocer todos los aspectos de tu personalidad, porque si alguna vez pierdes el control de tu intelecto, es probable que las otras capas se impongan. Esto no solo afectará la naturaleza de tu personalidad, sino también tu progreso hacia la captura de la infinitud.

Por lo tanto, no solo un análisis de tu personalidad te ayudará a entender tu camino, sino que también te ayudará a ejercer control sobre las capas no intelectuales de tu personalidad. Hemos establecido que la tendencia de la mente es seguir generando nuevos deseos, y para capturar la infinitud, uno debe eliminar todos los deseos no resueltos, *excepto* el deseo de capturar la infinitud. Sin una comprensión sólida de tu personalidad, te costará equilibrar sus capas y eliminar los deseos innecesarios. Sin embargo, *con* una comprensión adecuada, ganarás claridad que te permitirá reducir la brecha entre tus deseos cumplidos y no cumplidos. Esto te permitirá, gradualmente, capturar la infinitud.

Un análisis sólido de tu personalidad total te permitirá hacer frente a las fuerzas dentro de ti que tienden a suprimir tu crecimiento. Te permitirá colocar la capa alimentaria, la capa de energía vital y la capa mental en sus respectivos lugares, con la capa intelectual como directora. Las colocarás en sus "órbitas" específicas, para invocar una imagen de un capítulo anterior. A medida que esto suceda, tu intelecto se fortalecerá, un requisito necesario para capturar la infinitud.

Con una capa intelectual fuerte, serás capaz de percibir las otras capas como objetos. Ver tu mente y cuerpo como objetos te alejará inherentemente de ellos. En otras palabras, te ayudará a verlos objetivamente. Convertirse en objetivo en este sentido tiene muchos beneficios. Por un lado, reducirás la tendencia de tu mente a generar deseos porque te identificarás menos con las capas de la personalidad que, de otro modo, buscarían satisfacción. También estarás menos ansioso, lo que te permitirá preocuparte menos, gestionar mejor tus relaciones, administrar mejor tu tiempo y pensar más claramente. Comprender tu personalidad también te ayudará a comprender la de los demás, lo que mejorará tus habilidades para tomar decisiones y tus relaciones con los demás. Todo esto te ayudará a alcanzar tus metas más rápido y a progresar en tu camino hacia la captura de la infinitud.

Finalmente, recuerda que, cuando definimos por primera vez la experiencia de capturar la infinitud, la equiparamos con la experiencia de lograr felicidad infinita. También indicamos que, mientras que las tres otras categorías de metas humanas contienen defectos inherentes, la meta de capturar la infinitud no los tiene. Más allá de eso, cuanto más devoto seas de este objetivo, más feliz serás. Por lo tanto, el camino hacia la captura de la infinitud—es decir, hacia la felicidad infinita—también estará caracterizado por la felicidad. De hecho, si no eres feliz durante este proceso, entonces no lo estás haciendo de la manera correcta. **Así que, entender tu personalidad con base en este análisis cuidadoso es un requisito previo para experimentar la felicidad que viene con la búsqueda de la infinitud.**

Por esta razón, es tan importante tomarse el tiempo para entender los 11 aspectos de la composición humana antes de abordar el tema de la captura de la infinitud. Un fuerte entendimiento de estos aspectos te ayudará a desarrollar un intelecto fuerte, que es la clave para todo lo que viene después. Dicho esto, pasemos a los tres aspectos finales de la composición humana: los tres estados de experiencia.

Capítulo 14

Estados de Experiencia

Parte I – El Estado de Vigilia

Los tres últimos aspectos de la composición humana son los tres estados de la experiencia humana: el estado de vigilia, el estado de sueño y el estado de sueño profundo de la conciencia. Juntos, estos tres estados comprenden toda la experiencia humana. A lo largo de tu vida, siempre estarás en uno de estos tres estados.

A diferencia del enfoque de cuatro factores que utilizamos para analizar el resto de la composición humana, aquí adoptaremos un enfoque de tres factores. **El primer factor es la condición del cuerpo sutil durante cada estado.** Dado que todos estos estados involucran el cuerpo sutil, debemos determinar la condición de la mente, el intelecto, la memoria y el ego en cada uno de ellos.

El segundo factor es la naturaleza de la experiencia, es decir, ¿*cómo* es realmente la experiencia de cada uno de estos estados? **El tercer factor es el medio predominante de cada estado:** ¿qué aspecto de qué cuerpo es el más predominante en cada estado? Avanzaremos a través de este análisis de tres factores mientras estudiamos cada estado de la experiencia, comenzando con el estado de vigilia.

El estado de vigilia

Comenzamos nuestro análisis considerando la condición del cuerpo sutil. **Durante el estado de vigilia, el cuerpo sutil está completamente funcional.** La mente y el intelecto están involucrados en la recepción de estímulos, registrándolos, ignorándolos o transformándolos en deseos y/o metas, y dirigiendo al cuerpo físico para que actúe. La memoria también está activa, registrando todas las experiencias. El ego está activo igualmente, ejerciendo su influencia sobre el resto del cuerpo sutil mientras también es influenciado por él. Los centros de poder de percepción están involucrados en la captura de estímulos, y los centros de poder de acción y función fisiológica también están en su actividad normal.

La condición del cuerpo sutil durante el estado de vigilia es que está completamente funcional y totalmente disponible para reunir nuevas experiencias, generar nuevos deseos, obtener nuevos conocimientos y realizar nuevas acciones. Todo el cuerpo sutil está involucrado en el apoyo de toda esta actividad.

Ahora, el siguiente factor: la naturaleza de la experiencia. **La naturaleza de este estado de experiencia es externa, física y objetiva.** Externa y física porque, en este estado, la personalidad interna y subjetiva de una persona experimenta constantemente cosas tangibles y externas, y lo hace utilizando instrumentos físicos gruesos. La materia gruesa del universo es percibida por los órganos sensoriales gruesos, se traduce en estímulos que son registrados y considerados como pensamientos, y finalmente se traduce de nuevo en acciones tomadas por el cuerpo físico grueso.

Este estado también es objetivo porque se caracteriza por el reconocimiento de objetos, *incluido* el propio cuerpo físico. Debido a que el cuerpo sutil está completamente activo, existe una fuerte relación sujeto-objeto entre la personalidad interna (específicamente el intelecto) y los objetos que la rodean, extendiéndose hasta el universo observable.

La naturaleza física y objetiva del estado de vigilia está en gran parte impulsada por la coordinación activa entre los centros de poder de percepción y sus correspondientes órganos sensoriales gruesos. Podemos aclarar este punto saltando brevemente hacia adelante y haciendo una comparación entre el estado de vigilia y los otros estados.

Durante los otros dos estados, ambos ocurren durante el sueño, uno (obviamente) conserva todos los órganos sensoriales gruesos. Sin embargo, debido a que los centros de poder de percepción están temporalmente suspendidos, los componentes no interactúan. Por lo tanto, no es posible una experiencia objetiva y física. Un durmiente puede ser picado por un mosquito o puede ocurrir un ruido fuerte cerca, y aún así no responderá. La respuesta solo ocurre si el estímulo es lo suficientemente fuerte como para llegar a las capas rudimentarias de la personalidad que permanecen activas durante el sueño. Así que, aunque los órganos sensoriales aún estén disponibles para recibir estímulos, la falta de coordinación con los centros de poder de percepción impide que se produzca la experiencia.

¿Puede ocurrir una desconexión similar en el estado de vigilia? En efecto, puede, aunque no de la misma manera. Tal vez recuerdes una vez que estabas profundamente concentrado en alguna tarea y alguien llamó tu nombre, pero no lo notaste. Las ondas sonoras aún viajaron a través de tu oído físico grueso, pero no se registraron en tu intelecto. Esto se debió a que el centro de poder de percepción relevante estaba efectivamente suspendido mientras toda tu energía mental estaba centrada en la tarea que tenías entre manos.

Sin embargo, esta experiencia no es exactamente la misma que lo que ocurre durante el sueño. Esto se debe a que los centros de poder de percepción siempre están activos durante el estado de vigilia, incluso si están temporalmente desconectados de los órganos sensoriales. Para dar un ejemplo extremo, consideremos a una persona en un tanque de privación sensorial. No puede recibir ningún estímulo sensorial, lo que significa que sus órganos sensoriales y sus centros de poder de percepción están efectivamente desconectados. Y, sin embargo, claramente sigue despierta. Así, es la *actividad* de los centros de poder de percepción (y el resto del cuerpo sutil) lo que define el estado de vigilia, más que el *acto* de percepción.

Por supuesto, uno no vive dentro de un tanque de privación sensorial. Uno vive en el mundo físico. Así que, el estado de vigilia se define efectivamente por la coordinación entre los centros de poder de percepción y los órganos sensoriales gruesos.

Esta coordinación es lo que permite a los seres humanos realizar acciones físicas complejas. Por ejemplo, cuando un doctor está realizando una cirugía, sus poderes de percepción son tan críticos como sus poderes de acción. **Esto describe otro aspecto de la naturaleza del estado de vigilia: es transaccional.** Los estímulos sensoriales se traducen en pensamientos, que luego se traducen nuevamente en acciones. Esta naturaleza no es un aspecto de los otros dos estados de experiencia.

Notemos un último aspecto de la naturaleza del estado de vigilia antes de continuar. **Durante el estado de vigilia, uno tiene pleno acceso a las tres capas de personalidad asociadas con el cuerpo sutil: el poder de conocer, el poder de desear y el poder de actuar. La conciencia de estas capas de personalidad permite controlar estas capas, basándose en la fortaleza del intelecto.** Esta es una característica única del estado de vigilia que no está disponible en los otros dos estados.

Finalmente, toquemos el tercer factor: el medio predominante. Como acabamos de establecer, la naturaleza del estado de vigilia es predominantemente física y objetiva; **por lo tanto, el medio predominante del estado de vigilia es el cuerpo grueso**. El estado de vigilia se define por transacciones físicas: estímulos sensoriales transformados en acción. Estas requieren la actividad del cuerpo físico grueso.

Ahora, hay una distinción sutil que debe hacerse aquí. Indicamos que el cuerpo sutil está completamente disponible durante el estado de vigilia y dijimos que es específicamente la plena disponibilidad de los centros de poder de percepción lo que distingue al estado de vigilia de los otros estados. Entonces, ¿por qué no es el cuerpo sutil el medio predominante del estado de vigilia?

La razón es que la coordinación entre el cuerpo sutil y el cuerpo grueso permite transacciones físicas que solo son posibles durante el estado de vigilia, y no durante los otros dos estados. Así, aunque el estado de vigilia *requiere* la actividad del cuerpo sutil en su totalidad, se *define* por la actividad del cuerpo grueso. Es por eso que el cuerpo grueso se considera su medio predominante.

El estado de vigilia, la experiencia sensorial y la memoria

Antes de pasar al análisis de tres factores de los siguientes estados, enfoquémonos en un aspecto específico del estado de vigilia: la relación entre la experiencia sensorial y la memoria. Esto será útil durante nuestro análisis del estado de los sueños en el próximo capítulo.

Hemos establecido que la naturaleza del estado de vigilia es predominantemente física y objetiva, y que consiste en gran parte en la coordinación entre los órganos sensoriales y los centros de poder de la percepción. A lo largo del día, esta coordinación es responsable de traducir los estímulos sensoriales en el flujo de pensamientos que serán utilizados por la mente y el intelecto.

Sin embargo, la mente y el intelecto no son los únicos componentes del cuerpo sutil que interactúan con las nuevas experiencias. La memoria también lo hace. La memoria humana es un dispositivo extraordinario, más potente que cualquier dispositivo de almacenamiento que exista. Registra todos los aspectos de todas las experiencias de uno: estímulos sensoriales, respuestas emocionales, cálculos y decisiones intelectuales e incluso las acciones involuntarias de los sistemas fisiológicos. Este es su poder. Cabe señalar que incluso es capaz de almacenar registros de cosas que nunca han sucedido, como fantasías, escenarios imaginarios, proyecciones mentales, etc. En resumen, si existe en el cuerpo sutil, se registra en la memoria.

Hacer una comparación entre la memoria y los dispositivos de almacenamiento puede hacer que el lector se pregunte sobre el papel del cerebro en la formación y almacenamiento de recuerdos. Después de todo, el cerebro parece ser el repositorio físico de la memoria. Recuerde que la memoria es un componente del cuerpo sutil, mientras que el cerebro es un componente del cuerpo grueso. Como tal, sus funciones no pueden ni deben ser equiparadas. El intelecto y la memoria se expresan a través del cerebro en el nivel grueso.

Volvamos ahora a la relación entre la memoria y la experiencia. Durante el estado de vigilia, uno está constantemente *consumiendo* nuevas experiencias externas. Y, porque el cuerpo sutil está completamente funcional y totalmente disponible, la personalidad interna también está generando constantemente nuevas experiencias internas. La memoria almacena todo esto.

El uso de la palabra *consumir* aquí es deliberado. Así como una persona consume comida a través de la boca (y experimenta así la sensación del gusto), todos los demás estímulos sensoriales también se consumen a través de los órganos sensoriales gruesos correspondientes. Y nuevamente, la memoria consume todas las experiencias generadas internamente. Esto está sucediendo constantemente, todo el día, todos los días.

Continuemos equiparando el consumo de experiencias con el consumo de alimentos. ¿Qué sucede cuando una persona intenta comer una gran cantidad de comida? No importa cuánto sea capaz de consumir, gradualmente disminuirá su velocidad hasta llegar al punto en que simplemente no podrá comer más. Esto no es solo una barrera psicológica; incluso si una persona trata de seguir comiendo en ese momento, su cuerpo eventualmente estallaría y fallaría. Por lo tanto, existe un límite en la cantidad de comida que una persona puede consumir. Tal vez una excepción a esto pueda encontrarse en el ejemplo de los antiguos romanos, que comían en exceso y luego deliberadamente vomitaban para poder consumir el siguiente plato delicado. Pero esto era para evadir el límite natural del cuerpo grueso. El límite existía para ellos, como existe para nosotros hoy en día.

Sin embargo, no existe tal limitación dentro del cuerpo sutil. No hay límite en la cantidad de estímulos externos o internos que la mente puede consumir. Cada experiencia individual penetra en la mente. El intelecto tiene dificultades para seguir el ritmo de tantos pensamientos. Es por eso que la mente termina generando tantos deseos nuevos, el intelecto no tiene oportunidad de descartarlos.

Ya hemos establecido que, con o sin la intervención del intelecto, la mente dirige al cuerpo a satisfacer sus deseos. También hemos establecido que el cuerpo grueso tiene recursos limitados para hacer estos intentos, en términos de dinero, tiempo, salud, etc. Por lo tanto, es inevitable que muchos deseos permanezcan insatisfechos. Permanecen en la mente y siguen aumentando. Y, sin embargo, cada uno de estos deseos está clamando por ser satisfecho. A medida que su número aumenta, la situación en la mente se vuelve cada vez más caótica, como un enorme atasco de tráfico. Un par de autos pueden pasar a la vez, pero detrás de ellos hay muchos, muchos más, muchos más de los que es posible que lleguen a pasar.

¿Qué sucede en la mente de una persona bajo estas circunstancias? En una palabra, ¡ESTRÉS! El estrés no es más que la experiencia de una agitación mental aguda causada por la acumulación de deseos no cumplidos, todos los cuales claman por ser satisfechos simultáneamente. El estrés disminuye la capacidad del intelecto para procesar los deseos de manera eficiente. Y así, la situación se complica y la mente permanece violentamente agitada con deseos no cumplidos. Este es el resultado de la inevitable naturaleza de la experiencia de vigilia: el consumo constante de estímulos externos e internos.

Volvamos a la comparación que hicimos entre el consumo de alimentos y el consumo de estímulos. Si una persona intenta sobrepasar su límite natural de consumo, su cuerpo dejará de digerir la comida y, en su lugar, activará el centro de poder de reversión, lo que provocará el vómito. El vómito también ocurre cuando el cuerpo ingiere alimentos que están en mal estado, mal cocidos o que de alguna manera no pueden ser digeridos. Esta es una función natural del cuerpo humano.

Existe una función idéntica con respecto al consumo de estímulos por parte del cuerpo, que se transforman en pensamientos en la mente. Todos estos pensamientos pasan por la mente y entran en la memoria. Algunos pensamientos son bien considerados y completos; otros pueden ser incompletos, agitados y desconectados de una experiencia completamente formada. Para aclarar esto, imagina que estás asistiendo a una exposición, pero tienes un tiempo limitado para visitar cada puesto. Así, solo puedes obtener una experiencia parcial de cada puesto. Esto es lo que queremos decir con la falta de una experiencia completamente formada.

Así que estos fragmentos incompletos de pensamiento entran en la memoria. Tales pensamientos son el equivalente de la comida no digerida para el cuerpo físico. Y, exactamente como la comida no digerida, la memoria busca una manera de expulsarlos para aliviar su incomodidad. **Esta expulsión ocurre en el estado de sueño. Los sueños no son más que la expulsión**

de fragmentos incompletos de pensamientos no digeridos de la memoria.

Después de expulsarlos, la memoria puede reorganizar su almacenamiento de manera más eficiente. Este proceso es similar a la desfragmentación de un ordenador. Sin embargo, es importante señalar que, dado que la memoria almacena *toda* la experiencia, los pensamientos que expulsa no se eliminan; solo se externalizan temporalmente en forma de sueños. Más tarde, esos pensamientos serán asimilados nuevamente, ya sea para ser almacenados de manera más eficiente o para ser expulsados de nuevo en el estado de sueño.

Ahora que hemos establecido la relación entre la experiencia del estado de vigilia, la memoria y los sueños, estamos mejor preparados para comenzar nuestro análisis de tres factores del estado de los sueños.

Capítulo 15

Estados de la experiencia

Parte II – Los estados de los sueños y el sueño profundo

Hemos completado nuestro análisis del estado de vigilia de la experiencia y hemos descrito la relación entre la experiencia y la memoria. Continuemos con este tema con el análisis de los dos estados restantes. Comenzaremos con el estado de los sueños.

El estado de los sueños

Una vez más, la primera etapa de nuestro análisis de tres factores es establecer la condición del cuerpo sutil durante este estado. Durante el estado de sueño, el cuerpo sutil solo se manifiesta parcialmente. Para ser precisos, **de todos los 20 componentes del cuerpo sutil, solo un fragmento de la memoria está activo en el estado de sueño**. Se trata de una experiencia singular en la que solo el soñador participa, accediendo a recuerdos almacenados durante el estado de vigilia.

En el capítulo anterior, indicamos que los sueños no son más que fragmentos incompletos de pensamiento expulsados por la memoria. Sin embargo, dado que hacemos esta afirmación mientras estamos despiertos, está inherentemente sesgada por nuestra perspectiva. Entonces, ¿cuál es la experiencia del soñador mientras sueña?

El estado de sueño es, en efecto, un estado de vigilia para el soñador. Todo lo que ocurre en él parece real, y el soñador es capaz de hacer juicios y tomar acciones, tal como lo haría alguien despierto. Ahora bien, ¿cómo pueden los sueños expulsados por la memoria sentirse tan reales? Recordemos nuestra discusión sobre los materiales primarios del cuerpo sutil. Todos los aspectos del cuerpo sutil están compuestos por flujos de pensamiento, que a su vez están formados por materia sutil. Por lo tanto, toda la memoria está compuesta de materia sutil y, dado que los sueños son producto de la memoria, también están compuestos de materia sutil.

Hablemos de la naturaleza de los recuerdos en sí, es decir, de qué están compuestos. Hemos establecido que los recuerdos son grabaciones de espectro completo y multidimensionales de todo lo que una persona experimenta (tanto externa como internamente), en esta vida y en todas las anteriores.

La memoria no solo es un dispositivo de grabación multidimensional, sino también un dispositivo de reproducción multidimensional. De ello se desprende que su reproducción *también* presenta una experiencia de espectro completo y multidimensional para el soñador. Por esta razón, los sueños incluyen elementos complejos como el espacio, el tiempo, las emociones, los pensamientos, y más. Es por esto que podemos decir que, para el soñador, la experiencia de soñar es como un estado de vigilia.

Recuerda lo que afirmamos al comienzo de esta sección: que, durante el estado de sueño, solo la memoria está activa. ¿Cómo pueden ocurrir experiencias que parecen tan reales? **La respuesta es que la memoria contiene registros de todos los demás componentes del cuerpo físico y sutil.** Contiene un yo onírico, un intelecto onírico, una mente onírica y un cuerpo físico onírico. La memoria sabe cómo estas entidades experimentan las cosas en el estado de vigilia y puede replicar esa experiencia dentro de sí misma durante los sueños. Así es como el estado de sueño puede generar experiencias tan reales, a pesar de que solo la memoria esté activa en los sueños.

Examinemos ahora el segundo factor: la naturaleza de la experiencia en el estado de sueño. Vimos que la naturaleza del estado de vigilia es externa; por el contrario, **la naturaleza del estado de sueño es totalmente interna**. Dado que los sueños solo ocurren en la memoria, todas las experiencias son, por definición, internas. Externamente, puedes estar durmiendo en Boston, pero internamente sueñas que estás en Shanghái o Los Ángeles. El estado físico externo no influye en el estado de sueño, y el estado de sueño interno no influye en el externo. En el estado de vigilia, hay límites a lo que se puede hacer y experimentar. En el estado de sueño, esos mismos límites no se aplican. Una multitud de experiencias puede pasar en un instante y de manera desordenada y fragmentada. Esto se debe a que, mientras que el mundo real está compuesto de materia física, la memoria está compuesta de materia sutil, la cual no está sujeta a las mismas restricciones que la materia física.

También vimos que el estado de vigilia pertenece al universo objetivo. **El estado de sueño, en cambio, existe en un universo subjetivo y privado creado por el propio soñador.** Para que la memoria manifieste sus sueños, genera un universo onírico en el que pueden desarrollarse. Este universo es producto de la capacidad de grabación multidimensional de la memoria, que es extremadamente poderosa. Sin embargo, su limitación radica en que las experiencias que ocurren allí están confinadas dentro de ese universo subjetivo. En el estado de vigilia, las acciones de una persona pueden afectarla a ella misma y a los demás; en resumen, este estado de experiencia es transaccional por naturaleza. El soñador puede experimentar transacciones en su sueño, pero estas son versiones oníricas que no afectan a nadie ni a nada más allá de los límites de su propio universo onírico. Y cuando el soñador despierta, el universo del sueño desaparece junto con él. Nunca se puede revivir exactamente el mismo sueño, aunque es posible tener uno similar en otra ocasión.

Examinemos otro aspecto de la subjetividad de los sueños. Considera esta afirmación: *No es posible soñar lo que no has experimentado cuando uno está despierto*. Nuevamente, los sueños son solo fragmentos incompletos de pensamientos arrojados por la memoria. Por lo tanto, sigue que la memoria no puede arrojar cosas que nunca entraron en ella en primer lugar. Sin embargo, todos hemos soñado con cosas que nunca hemos hecho en la realidad. Entonces, ¿cómo explicamos esto?

Para ilustrar esto, retomemos un ejemplo mencionado anteriormente. Aunque es algo desagradable, resulta bastante efectivo. Es bien sabido que no se puede vomitar algo que no se haya ingerido antes. Sin embargo, al vomitar, la sustancia ingerida no sale de forma ordenada; ha sufrido una transformación y se expulsa de manera caótica e impredecible.

Esta lógica explica por qué un soñador puede vivir experiencias que no coinciden exactamente con los hechos reales. Fragmentos inconclusos de sensaciones, pensamientos, recuerdos, lugares y personas se entrelazan de manera impredecible, generando lo que parecen ser nuevas vivencias en el mundo onírico. Sin embargo, estas experiencias desordenadas no son más que reinterpretaciones de acontecimientos reales de la vida despierta.

Incluso los sueños que parecen completamente nuevos o inusuales, *al punto de* no tener relación con eventos reales, pueden explicarse con esta lógica. Esto se debe a que, cuando la memoria libera fragmentos de pensamiento, no distingue entre experiencias "reales" e imaginadas (las fantasías e imaginaciones en estado de vigilia también forman parte de la memoria), entre recuerdos recientes y aquellos del pasado lejano (o incluso de vidas pasadas), ni entre experiencias "importantes" y aquellas que han sido olvidadas. Simplemente, los recuerdos emergen y se combinan, dando lugar a los sueños. Un recuerdo perdido en el tiempo, una escena de una historia fantástica como *Harry Potter* o *El Señor de los Anillos*, y el conocimiento de una sola palabra pueden entrelazarse para formar algo completamente nuevo, sin un antecedente claro en la experiencia de la persona. Y, sin embargo, todo proviene de su pasado, pues, al final, cada sueño tiene su raíz en la memoria.

Así, es propio del estado de los sueños crear experiencias totalmente nuevas, basadas en los recuerdos del estado de vigilia.

Para reforzar este punto, recordemos un ejemplo que hemos mencionado varias veces a lo largo de este trabajo: el ejemplo de un bebé sonriendo durante el sueño. Esta expresión de felicidad solo puede ser el resultado de un sueño, lo que significa que es el resultado de un recuerdo. Sin embargo, dado que el bebé no ha tenido experiencias suficientes en la vida actual para justificar esta expresión, es probable que el recuerdo en el sueño no pertenezca a esta vida, sino a la vida pasada. A medida que el bebé crece y acumula más experiencias en esta vida, el número total de fragmentos de pensamiento inconclusos en su memoria crecerá también, superando rápidamente los recuerdos de vidas pasadas. Esto explica tanto por qué los bebés pueden soñar con sus vidas pasadas como por qué es poco común (aunque no imposible) que las personas mayores recuerden sus vidas pasadas en los sueños.

Pasemos a la tercera etapa de nuestro análisis del estado de los sueños: identificar su medio predominante. Esto es precisamente lo que hemos estado describiendo a lo largo de este capítulo. **La memoria es el medio predominante en el estado de los sueños.**

Ahora bien, dado que el cuerpo grueso es el medio predominante en el estado de vigilia, y la memoria es el medio predominante en el estado de los sueños, ¿cómo ocurre la transición de uno a otro? Hemos señalado que el estado de los sueños es esencialmente un estado de vigilia desde la perspectiva del soñador, y el estado de vigilia es un estado en sí mismo. Entonces, ¿cómo se produce una transición suave de un estado a otro? La respuesta es que, esencialmente, se debe pasar primero por el estado de sueño profundo antes de hacer la transición al estado de los sueños.

A lo largo del día, los tres poderes asociados con el cuerpo sutil impulsan el estado de vigilia de la experiencia. Estos, por supuesto, son los poderes de conocer, desear y actuar. Cuando estos tres poderes ejercen su influencia, uno no puede evitar estar en el estado de vigilia, porque la mente está completamente involucrada y empuja al cuerpo a tomar acción. Sin embargo, el cuerpo debe descansar eventualmente. Cuando se llega a este punto, el poder de la inercia toma el control y suprime los otros tres poderes. Esto induce el sueño. Luego, una vez que los poderes de conocer, desear y actuar han sido suprimidos, puede comenzar el estado de los sueños. Más tarde, las versiones rudimentarias de esos poderes que existen durante el sueño llevarán al soñador de nuevo al estado de vigilia, aunque deben pasar nuevamente por el estado de sueño profundo en el proceso.

Así, uno debe pasar por el estado de sueño profundo para ingresar al estado de los sueños. De manera similar, desde el estado de los sueños, uno no puede entrar directamente al estado de vigilia; debe pasar nuevamente por el estado de sueño profundo. Esto puede ser difícil de aceptar al principio, porque particularmente al despertar, a menudo parece que uno ha pasado directamente del estado de los sueños al estado de vigilia. Sin embargo, recuerde que tanto el estado de los sueños como el de vigilia implican percepción y experiencia, pero el estado de sueño profundo no. Por lo tanto, en el intervalo entre soñar y despertar, la percepción se suspende, lo que significa que uno no está consciente de que este estado ha sido atravesado. Esta es la razón por la cual puede parecer que el cambio es directo e instantáneo, aunque esto no sea el caso en la realidad.

Ahora que casi hemos concluido nuestro análisis del estado de los sueños, exploremos con un poco más de detalle un tema que tocamos previamente: la aparente realidad del estado de los sueños para el soñador.

Anteriormente, señalamos que, para un soñador, un sueño no es un sueño. Desde esa perspectiva, el estado de los sueños es el estado de vigilia, y los sueños parecen ser reales. Por supuesto, ahora entendemos que los sueños son solo recuerdos de la persona. Pero ese hecho no tiene importancia para el soñador. Para el soñador, todas las experiencias son tan reales y válidas como las experiencias en el estado de vigilia lo son para la persona despierta.

Sentados en el estado de vigilia, sabemos que las experiencias en el estado de los sueños no son reales. El soñador es ajeno a esto y cree que las experiencias son reales por sí mismas. Recuerde que el estado de los sueños no está limitado por las mismas restricciones que el estado de vigilia, porque comprende materia sutil en lugar de materia gruesa. Así, el soñador cree que la existencia está en un estado de vigilia.

Por lo tanto, para el soñador, el potencial ilimitado que existe en el estado de los sueños es real. Puede soñar con galaxias distantes; puede soñar con una versión de sueño del JWST que está buscando galaxias más nuevas; puede soñar que este telescopio puede llegar al borde del universo y capturar las galaxias más antiguas que contiene. Todo eso puede suceder en el estado de los sueños y será completamente real para el soñador. solo después de despertar es cuando reconocen la irrealidad del sueño.

Con esto concluimos nuestro análisis del estado de los sueños, un análisis que será particularmente valioso durante nuestro estudio de la conciencia, el infinito y otros temas abstractos en los próximos capítulos.

El estado de sueño profundo

El estado final de la experiencia humana, y el último aspecto de la composición humana, es el estado de sueño profundo. Ya hemos discutido este estado en detalle sustancial durante nuestro estudio del cuerpo causal. Apliquemos el mismo análisis de tres factores aquí mientras cerramos nuestro estudio sistemático de la composición humana.

En cuanto al primer factor, ¿cuál es la condición del cuerpo sutil durante este estado? **En el estado de sueño profundo, el cuerpo sutil está completamente inactivo.** Hemos discutido cómo el poder suprimente toma el control de los tres poderes asociados con el cuerpo sutil. Estos poderes existen en un estado rudimentario y latente durante el sueño profundo, y solo reanudan su actividad una vez que se ha reanudado el estado de vigilia. Es solo en este momento cuando la persona puede registrar que ha ocurrido el sueño profundo.

El segundo factor de nuestro análisis se refiere a la naturaleza del sueño profundo. **Aunque los poderes asociados con el cuerpo sutil persisten de manera rudimentaria, la naturaleza de la experiencia en el estado onírico es la ignorancia total.**

Vimos en el capítulo anterior que la naturaleza del estado de vigilia es externa, concreta y objetiva. En este capítulo, vimos que el estado onírico es interno, abstracto y subjetivo. En el estado de sueño profundo, no hay nada más que oscuridad total e ignorancia total. Esta total ausencia de estímulos y percepciones es lo que permite que tanto los cuerpos grueso como sutil descansen y se recuperen. Este estado de ignorancia total significa que uno es ignorante de sus ansiedades y preocupaciones. Es por eso que la capa de personalidad asociada con este estado se conoce como la capa de la dicha. El dicho *"la ignorancia es felicidad"* es una forma adecuada de describir este estado. Cabe señalar que este estado de dicha es compartido por todas las personas, sin importar quiénes sean. En el momento en que pasan al sueño profundo, todos comparten la misma medida de dicha. Desde las personas que gastan miles en asientos de lujo en primera clase hasta aquellos en clase económica, en el momento en que pasan al sueño profundo, realmente no importa cómo viajan.

También debe señalarse que el estado de sueño profundo ocurre durante estados inducidos artificialmente, como un coma inducido médicamente o cuando se administra un anestésico para una cirugía. A pesar de ser estados artificiales, los poderes del cuerpo sutil están suspendidos de la misma manera que lo están durante el sueño profundo natural. Se aplican los mismos criterios, lo que significa que la naturaleza de estas experiencias es la misma que la naturaleza del verdadero sueño profundo.

Finalmente, ¿cuál es el medio predominante del estado de sueño profundo? Sabemos que durante el sueño profundo, el cuerpo físico grueso está esencialmente en un estado de suspensión. Por supuesto, ciertas acciones involuntarias siguen ocurriendo: la respiración, la circulación, la digestión, y así sucesivamente. Sin embargo, no hay ninguna asociación entre estas acciones físicas y la experiencia del individuo. Es decir, el cuerpo físico grueso está efectivamente fuera de servicio durante el estado de sueño profundo. Por lo tanto, no se puede decir que este cuerpo sea el medio predominante.

Sabemos que el cuerpo sutil también está casi completamente suprimido durante el sueño profundo. Sus poderes persisten de manera extremadamente rudimentaria—lo suficiente para mantener la continuidad desde el período anterior al sueño profundo hasta el período posterior a este—pero no son capaces de afirmarse de ninguna manera. Por lo tanto, no se puede decir que el cuerpo sutil sea el medio predominante de este estado.

Así, podemos inferir, por vía de negación, que **el medio predominante del estado de sueño profundo es el cuerpo causal**—el cuerpo que alberga los cuerpos grueso y sutil en forma potencial, es decir, cuando aún no se han manifestado.

Con esto, nuestro análisis de los 11 aspectos de la composición humana está completo. Como se mencionó anteriormente, este análisis será fundamental en tu intento de perseguir y capturar el infinito. También proporcionará un contexto significativo para el resto de nuestro estudio aquí, que continúa en los próximos capítulos sobre los temas de la conciencia, el Big Bang, la creación y el infinito.

Capítulo 16

Tú y la conciencia

Parte I – Definiendo términos

Habiendo completado nuestro análisis de la composición humana, estamos finalmente preparados para avanzar en una discusión sobre la naturaleza de la conciencia y su relación con el individuo.

La ciencia y la filosofía modernas han producido explicaciones convincentes pero inexactas sobre la naturaleza y el origen de la conciencia. Tocaremos brevemente esas explicaciones antes de continuar con el enfoque principal de nuestro estudio.

Materia y conciencia

El concepto de conciencia ha sido analizado por científicos, psicólogos y filósofos, con resultados convincentes pero insatisfactorios. Exploremos algunas de sus teorías y contrastémoslas con la verdadera naturaleza y origen de la conciencia.

Teorías modernas de la conciencia

Comenzaremos con la comunidad científica. **En su mayoría, los científicos atribuyen la conciencia directamente al cerebro, afirmando que es un fenómeno físico.** Quienes sostienen esta creencia argumentan que la conciencia es generada por el propio cerebro. Esta perspectiva se centra en el estudio de los componentes físicos del cerebro—el cerebro propiamente dicho, el cerebelo, el bulbo raquídeo, las neuronas, los axones, las sinapsis, las redes neuronales, entre otros. La conversación también incluye aspectos del sistema nervioso—los sistemas somático, autónomo y entérico. Los científicos atribuyen el origen de la conciencia humana a estos componentes físicos.

Todos estos componentes están hechos de materia burda. Por lo tanto, son exactamente los mismos en un cuerpo vivo que en un cuerpo recién fallecido. Es decir, los átomos del cerebro y del sistema nervioso en un cuerpo vivo son idénticos a los de un cuerpo muerto recientemente, el cual no expresa conciencia.

¿Cómo puede ser entonces que la conciencia sea generada por el cuerpo físico y forme parte de él? La ciencia insiste en que la conciencia es generada por el cerebro, y sin embargo, nunca ha podido validar esta afirmación. Esta falta de validación revela que dicha afirmación no es más que una conjetura.

Por supuesto, esto no pretende desacreditar a los científicos por su actual falta de evidencia. Toda la ciencia se basa en la exploración de lo desconocido y comienza con información incompleta. Todavía hay mucho por aprender sobre el cerebro y, con el auge de la inteligencia artificial, estamos entrando en un período particularmente interesante para el estudio del cerebro, el pensamiento y la conciencia. Sin embargo, por ahora, debemos reconocer que el cerebro es un órgano físico grueso y que no hay evidencia de que la conciencia se origine en él.

Ahora bien, ¿qué teorías han propuesto otros pensadores sobre el origen de la conciencia? **Algunos psicólogos y filósofos sostienen que la conciencia se origina en la mente o incluso que es la mente.** Esto, al menos, se acerca más a la realidad en el sentido de que no afirma que la conciencia se origina en la materia burda. Aun así, sabemos que esta explicación está condenada a la inexactitud porque no se basa en una comprensión correcta de la naturaleza del cuerpo sutil. Sin una comprensión del cuerpo sutil, no hay forma de desarrollar un entendimiento adecuado de la conciencia.

Sabemos que el cuerpo sutil consta de 20 componentes distintos y que la mente es solo una parte de este grupo. Y, sin embargo, cuando las personas hablan de la mente, a menudo lo hacen como si fuera una entidad distinta, sin un contexto más amplio. *Pueden mencionar un marco de cuerpo-mente-alma—otro concepto altamente comercializado.* También pueden hablar de la memoria, el ego y el intelecto, pero generalmente sugieren que estos componentes existen *dentro de* la mente en lugar de ser partes distintas del cuerpo sutil. Con esta base errónea, no hay fundamentos para una comprensión adecuada de lo que es la conciencia o de dónde proviene.

Habiendo visto lo que la conciencia no es, ¿cómo debemos entender qué es realmente la conciencia? Para alcanzar esta comprensión, primero debemos regresar a algunas de nuestras lecciones previas, comenzando con nuestro análisis de los tres cuerpos.

La materia toma prestada la conciencia

Hemos estudiado el cuerpo grueso y físico, que está compuesto de materia gruesa.

Nuestro análisis continuó luego con el cuerpo sutil. Como vimos, el cuerpo sutil consiste en la personalidad interna—la mente, los intelectos gruesos y sutiles, la memoria y el ego—más 15 componentes adicionales. Los bloques constructivos de los componentes del cuerpo sutil son los pensamientos, que a su vez están compuestos de materia sutil—combinaciones de estados puros de materia.

Luego estudiamos el tercer cuerpo, el cuerpo causal—el contenedor de los cuerpos gruesos y sutiles potenciales durante el período en que están no manifestados. Así, la materia causal tiene el *potencial* de convertirse en materia burda y sutil. Como tal, es la forma más sutil de todas las formas de materia.

Aunque los tres cuerpos consisten en formas distintas de materia, todos comparten la cualidad de estar compuestos *por algún tipo* de materia.

Según la ciencia y el sentido común, toda materia es intrínsecamente inerte e insensible. Mira los objetos gruesos en el mundo que te rodea—piedra, hierro y madera. Todas estas cosas son inertes. Lo mismo ocurre con todos los demás tipos de materia, sin importar su sutilidad. Así, la naturaleza intrínseca de la materia es ser inerte e insensible.

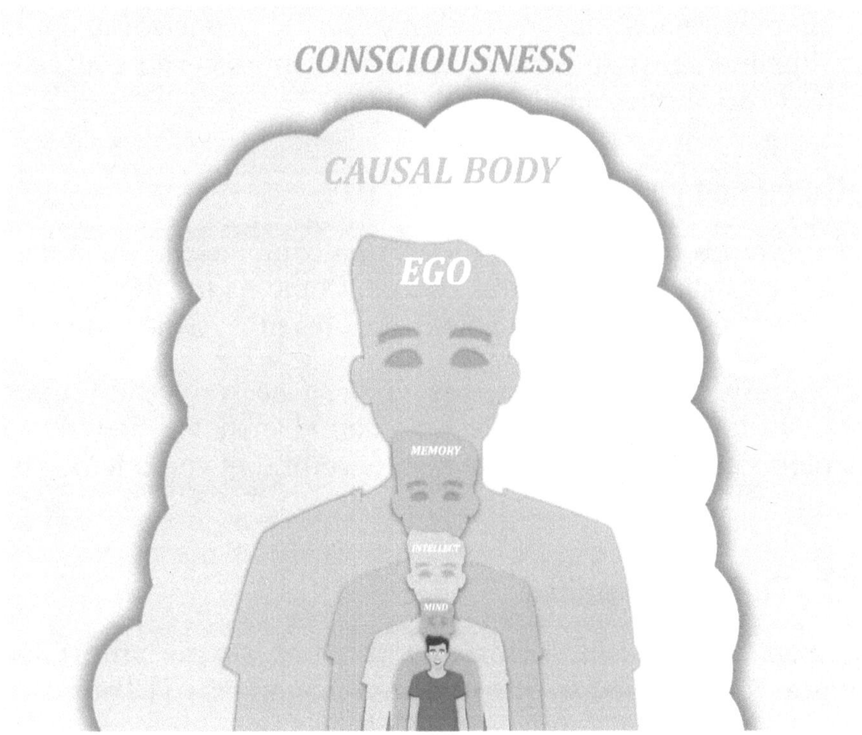

El cuerpo grueso, el cuerpo sutil y el cuerpo causal—todas son entidades materiales—se supone que son inertes e insensibles. Y, sin embargo, de manera experiencial, inferimos que los tres cuerpos son sensibles y conscientes. Esto se debe a **que toman prestada la conciencia de otra fuente. Esa fuente es *la conciencia pura o la conciencia original*. ¡La conciencia original es no material por naturaleza!**

Si la conciencia original también fuera material por naturaleza, entonces también debe ser inerte e insensible y habría tomado su conciencia de otra fuente.

Por lo tanto, la conciencia original es el principio vivificador detrás de los tres cuerpos materiales. Están bañados en conciencia original, por así decirlo, para obtener sensibilidad. La conciencia original es otro aspecto inseparable de tu personalidad.

Exploraremos la naturaleza de la conciencia pura gradualmente, paso a paso, como lo hemos hecho con cada aspecto de nuestro análisis hasta ahora.

¿Quién soy yo? & ¿Quién eres TÚ?

Observamos que un individuo es una combinación de la conciencia prestada más los tres cuerpos combinados. ¿Qué es exactamente en esa combinación lo que eres tú? "¿Quién soy yo?"

La afirmación "¿Quién soy yo?" se ha convertido ahora en solo una pregunta intelectual, con el menor esfuerzo por explorar más profundamente para encontrar el verdadero "yo" o "tú".

TÚ - Tus pertenencias

Comenzaremos esta exploración con una simple afirmación lógica: ¡Cualquier cosa que te pertenezca no eres TÚ! Son solo tus posesiones, y tus posesiones NO son tú. Tú eres el poseedor. ¿Qué significa esto en el contexto de esta discusión? Miremos algunos ejemplos obvios primero, antes de pasar a los más sutiles.

Cuando dices, "Esta es *mi* casa, y este es *mi* coche", implica que la casa y el coche son tus posesiones. La casa y el coche te pertenecen, ¡y no eres TÚ!

Del mismo modo, cuando dices, "Esta es mi mano y este es mi cuerpo", necesitamos entender que la mano y el cuerpo físico grueso te pertenecen, son tus posesiones. Entonces, como poseedor, ¿quién eres TÚ?

Esta misma lógica también se puede aplicar al cuerpo sutil, cuando dices, "Mi mente, mi intelecto, mi memoria, mi ego", implica que la mente, el intelecto, la memoria y el ego son posesiones que te pertenecen. El cuerpo sutil es tu posesión. Del mismo modo, el cuerpo causal también te pertenece. Entonces, como poseedor, ¿quién eres TÚ?

Si quitas los tres cuerpos materiales y las posesiones de la individualidad, superficialmente podrías inferir que no queda nada. Al reflexionar cuidadosamente, observarás un factor unificador e integrador, como sujeto, un poseedor que sostiene los tres cuerpos como posesiones. Ese poseedor, el cuarto factor de tu individualidad, es la conciencia original y pura. Por lo tanto, la conciencia es el verdadero "yo" o el "TÚ", el poseedor de los tres cuerpos materiales.

Este es un método para derivar la naturaleza de "TÚ". Vayamos al siguiente.

TÚ - Tus experiencias

Una vez más, comencemos con una afirmación: Todo lo que experimentas no eres tú.

Toda la vida, desde el momento en que naciste hasta el momento en que lees esta frase, es un flujo constante de experiencias. Como hemos indicado anteriormente, la experiencia ocurre cuando un sujeto y un objeto interactúan. ¿Hay alguna forma de medir esto? Tal vez.

Al igual que con la materia, que puede dividirse en fragmentos infinitesimalmente pequeños, la experiencia también puede dividirse de manera similar. Es decir, aunque puedas considerar ver una película como una experiencia, también lo es ver solo una escena o solo un fotograma. **Así, la experiencia se expresa en términos de la interacción entre un sujeto y un objeto, independientemente de su naturaleza o duración.**

Considera todas las experiencias que la vida física y externa conlleva: comer, viajar, interactuar con personas, y así sucesivamente. La experiencia requiere un sujeto y un objeto. Al hablar de la vida externa, los estímulos asociados con las actividades son objetos, mientras que el individuo que las experimenta es el sujeto. Esto implica que las cosas y los objetos que uno experimenta son separados de quien los experimenta.

Esta lógica también puede extenderse a la personalidad interior. Desde el punto de vista de la mente como sujeto, el cuerpo es un objeto; cuando el intelecto es el sujeto, la mente es un objeto. **Todos los componentes de la personalidad interna pueden considerarse objetos. Esto se debe tanto a que todos ellos son de naturaleza material *como* a que existe un aspecto de la individualidad que permanece fuera de ellos como sujeto y capaz de experimentarlos. Ese aspecto, por supuesto, es la conciencia.**

Aunque parezca que estos componentes de la personalidad interna son capaces de experimentar cosas, es más preciso decir que la experiencia fluye a través de estos componentes. Esto se debe a que cada uno de los componentes es fundamentalmente un objeto, más que un sujeto. Como tal, solo pueden *parecer* estar experimentando algo. **El único aspecto de la individualidad que no puede convertirse en un objeto es la conciencia. Por lo tanto, la conciencia es el "experimentador" dentro de la individualidad de una persona.**

Concluyamos con un ejemplo más prosaico que resumirá todo lo descrito hasta ahora. Desde el primer momento en la vida en que uno puede reconocerse a sí mismo, uno entretiene una noción de identidad. Esta identidad permanece a lo largo de toda la vida. "Soy un niño", se dice primero; luego, "soy un adolescente"; luego, "soy un adulto"; luego, "soy una persona mayor". A lo largo de todas estas etapas de la vida, cada parte de la mente y el cuerpo de ese individuo cambiará, excepto su sentido de quién o qué es el "yo". Así, este "yo" o la conciencia es el único fenómeno constante e inmutable que existe a lo largo de la vida de una persona.

Capítulo 17

¡La conciencia eres TÚ!

Explorando Términos

En el capítulo anterior, nuestras observaciones sobre la conciencia fueron algo indirectas: describimos lo que no es (no es material); describimos su relación básica con la materia (es el medio en el que la materia está "bañada" y de la cual la materia "toma prestada" la conciencia); y describimos su rol dentro del individuo (como el sujeto último, el "poseedor" y el "alguien que experimenta").

En este capítulo, nuestra discusión será más directa. Se centrará en la naturaleza de la conciencia y comenzará a adentrarse en la forma en que se ajusta a la conversación más amplia sobre capturar la infinitud.

La naturaleza de la conciencia

Para describir la naturaleza de la conciencia, nos referiremos a sus *indicadores*, en lugar de utilizar otros términos similares como *aspectos, cualidades*, etc. En un momento veremos por qué esta distinción es importante; por ahora, solo notemos que la selección de este término es deliberada.

El primer indicador de la naturaleza de la conciencia es que es no material. Sabemos que esto es así porque la materia es inerte e insensible; por lo tanto, la conciencia no puede ser material, ya que es en sí misma la sentiencia. Este es su principal indicador.

El segundo indicador es que la conciencia es independiente; es decir, no depende de nada para su existencia o producción. Es autoevidente y autoiluminada. No se origina en el universo material ni lo requiere para su existencia. Esta independencia fundamental es el segundo indicador de la conciencia.

El tercer indicador de la conciencia es que carece de atributos; no tiene atributos, aspectos ni cualidades. solo los objetos materiales pueden tener atributos; desde las partículas subatómicas más pequeñas hasta la amplitud total del universo observable, toda la materia comparte la naturaleza de *poseer* cualidades. Dado que la conciencia no es material y es completamente independiente de la materia, no comparte esta naturaleza. Por eso usamos el término *"indicador"* para describir su naturaleza. Como carece de atributos, no *posee* realmente las cualidades que constituyen su naturaleza. En cambio, estas solo sirven para *indicar* su naturaleza.

El cuarto indicador es que la conciencia es eterna. Todo el universo observable está limitado por cuatro dimensiones, siendo el tiempo una de las dimensiones que pertenecen al universo material. Dado que sabemos que la conciencia no es material, podemos concluir que trasciende el tiempo y, por lo tanto, es *eterna*. ¿Qué queremos decir con eterna? Desde la perspectiva del universo material, esto indica que la conciencia existe en todos los períodos de tiempo, ha existido desde tiempos inmemoriales y continuará existiendo por un futuro ilimitado, incluso después del Gran Colapso o el colapso del universo. Para ser más precisos, es completamente distinta del tiempo y no puede medirse por el tiempo, porque no comparte la naturaleza material del tiempo. Simplemente es—permanentemente.

Quedémonos un momento en el alcance del universo. El universo contiene un espacio infinito, y sin embargo, también es material. Debido a que sabemos que la conciencia no es material, debemos concluir que **la conciencia también trasciende el espacio; este es otro indicador de su naturaleza.** Ahora bien, ¿significa esto que la conciencia solo existe fuera del espacio? En resumen, no. Es la naturaleza de la materia excluir a otra materia; dos objetos no pueden estar en el mismo lugar al mismo tiempo. Pero la conciencia es no material, lo que significa que no comparte esta limitación. **Así, la conciencia no solo trasciende el espacio, sino que también permea todo el espacio observable o el universo—otro de sus indicadores.**

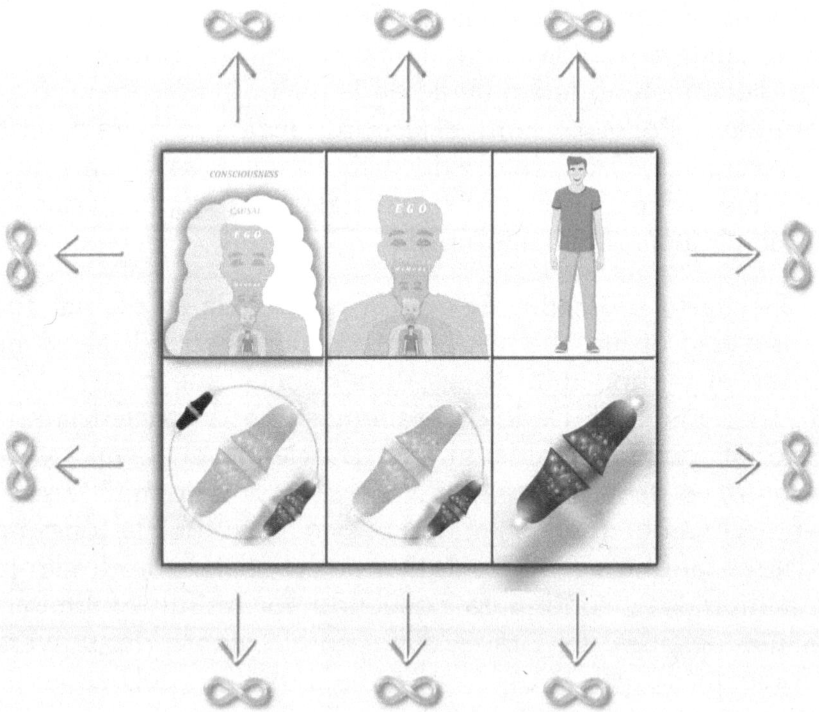

La conciencia es tanto eterna como omnipervadente. Basándonos en estos dos indicadores, podemos atribuir otro término a su naturaleza: ***la conciencia es inmortal.***

Otro indicador de la naturaleza de la conciencia es que es real. ¿Qué significa que algo sea real? Algo es *real* solo cuando existe permanentemente, a través de todos los períodos de tiempo: el pasado, el presente y el futuro. Cualquier cosa que cambie, termine o desaparezca con el tiempo no es real. Ese período puede ser tan breve como un instante o tan largo como el período que abarca múltiples iteraciones de manifestación y no manifestación del universo. Si termina, no es real.

Hemos establecido que el cuerpo grueso tiene una esperanza de vida de poco más de 100 años. El cuerpo sutil tiene una esperanza de vida de una iteración del universo manifiesto. El universo mismo llegará en algún momento, ya sea dentro de miles de millones o incluso billones de años, a su momento de disolución total y entrará en un estado de singularidad. Y dentro de estas esperanzas de vida fijas, toda la materia existe en un estado de cambio constante. Este estado de cambio incesante, a nivel universal, indica que todo el universo no es permanente y, por lo tanto, no puede ser real. Sin embargo, la conciencia inmortal no está sujeta a este estado de cambio constante. Por lo tanto, la conciencia es la única verdadera realidad que existe.

El siguiente indicador de la conciencia es que es el principio de conocimiento dentro de un individuo. Este principio de conocimiento se caracteriza por la capacidad humana de declarar que sabemos algo. Podemos ilustrar esto con un ejemplo simple. Primero, comenzamos con una declaración simple: "Sé tu nombre." Porque podemos decir esto y *reconocer* que lo hemos dicho, también podemos hacer la declaración posterior: "*Sé que sé* tu nombre." Y podemos extender esto aún más, afirmando: "*Sé que sé* que sé tu nombre." Esto podría continuar hasta el infinito. Esta capacidad de saber y reconocer que sabemos es el principio de conocimiento—otro aspecto de la conciencia.

Otro indicador de la conciencia es que es felicidad. Este es un punto algo matizado, así que tomemos un momento para entender lo que significa. Comenzaremos con algunos puntos que ya hemos discutido. Ahora sabemos que un individuo comprende un componente material más conciencia. También sabemos que la conciencia es el sujeto último dentro de la individualidad. Y sabemos qué es la felicidad: proviene de reducir el número de deseos no cumplidos.

Comencemos con este último punto. Los deseos no cumplidos que se acumulan a lo largo de la vida causan infelicidad porque crean una experiencia más estresante de existencia. Por el contrario, un sentido de felicidad acompaña a la eliminación de deseos no cumplidos. Ahora recordemos que los deseos están compuestos de pensamientos y que son compuestos de materia sutil. Dado que la materia es inerte e insensible, no puede generar cosas no materiales. Por lo tanto, ni los propios deseos ni los objetos que los satisfacen son la fuente real de la felicidad que sentimos al satisfacer los deseos.

Debido a esto, debemos aceptar que la felicidad se origina desde dentro, y el único aspecto dentro de nosotros capaz de originar cosas no materiales es la conciencia. **Por lo tanto, cada vez que uno siente una sensación de felicidad, es nada menos que un pequeño reflejo de la conciencia dentro de la individualidad de uno.** Cuantos más deseos se eliminen, más felicidad se permite reflejar en la experiencia de la vida.

Cuando uno logra negar todos los aspectos materiales de su experiencia de vida (es decir, eliminar todos los deseos no cumplidos), ya no hay obstáculos entre la identidad de uno y la conciencia. En este estado, el individuo se convierte en uno con su conciencia y, por lo tanto, se convierte en la encarnación de la felicidad.

Recuerden nuestra discusión sobre la lógica detrás de capturar la infinitud. Vimos que al reducir los deseos no cumplidos a 0, la fórmula de felicidad genera un resultado infinito. **Esto indica que eliminar todos los deseos no cumplidos—es decir, negar todos los aspectos materiales de la experiencia de vida—es cómo se captura la infinitud.** Esta es otra indicación de la importancia de la relación entre la conciencia, la felicidad y la infinitud. Sigamos explorando la naturaleza precisa de esta relación.

Juntos, todos los indicadores de la naturaleza de la conciencia sugieren que es infinita y es completamente distinta del universo material finito. Al estudiar las implicaciones de esta declaración, también notemos cómo algunos otros conceptos clave encajan aquí. En el capítulo anterior exploramos cómo, cuando nos referimos a 'yo,' realmente nos estamos refiriendo al aspecto de conciencia de nuestra individualidad. Dado que la conciencia es omnipervadente, esto significa que cuando nos referimos a 'tú,' también nos estamos refiriendo al aspecto de conciencia de la individualidad de otra persona. Combinado con lo que hemos discutido en este capítulo hasta ahora, podemos afirmar que:

Conciencia = Yo = Tú = Infinito = Felicidad infinita.

Pasemos el resto de este capítulo explorando las implicaciones de esta afirmación.

Las implicaciones de la conciencia infinita

Esencialmente, nuestras discusiones sobre la conciencia y la infinitud se han centrado en el significado de estos conceptos en el contexto de la experiencia humana. Nos hemos enfocado en los cuerpos grueso, sutil y causal humanos, y en cómo la conciencia permea estas formas materiales. Sin embargo, a lo largo de esta conversación, se ha prestado poca atención a la relación entre la conciencia y las formas materiales no humanas. Abordemos ahora ese tema haciendo una simple pregunta: **Si la conciencia, que es responsable de animar a los seres humanos, es verdaderamente omnipresente, ¿cuál es su relación con otros seres vivos y objetos inertes?**

Cuando decimos "otros seres vivos", ese término incluye todos los demás seres vivos en la Tierra y en otros planetas habitables del universo entero, desde animales y plantas hasta los organismos unicelulares más pequeños. La conciencia omnipresente anima a todos los demás seres vivos no humanos también. La razón de su existencia en este universo se tratará en un capítulo posterior sobre la causalidad.

Entonces, nuevamente preguntamos: ¿cómo es posible que la conciencia omnipresente anime solo a los seres humanos y otros seres vivos, mientras que los objetos inertes del universo permanecen inertes, sin ninguna expresión de movimiento o emociones?

La respuesta a esta pregunta tan profunda es en realidad bastante simple. Los **objetos inertes, como piedra, metal, madera, etc., no expresan conciencia porque no poseen un cuerpo sutil**. El cuerpo sutil es el instrumento que permite que la materia inerte sea animada por la conciencia. La materia que no posee un cuerpo sutil no tiene la capacidad de experimentar el flujo del pensamiento. Esto significa que no puede volverse consciente. Por lo tanto, la conciencia *sí*, debe y siempre pervade esta materia inerte, tal como pervade a nosotros; sin embargo, en lugar de otorgarle conciencia, simplemente le otorga a esta materia el poder de la inercia, un poder que le permite existir.

Recordemos los cuatro poderes de las capas de la personalidad asociadas con el cuerpo sutil y el cuerpo causal: poder de acción, poder de deseo, poder de conocimiento y poder de inercia. Los seres humanos poseen todos estos poderes. Durante la vigilia, los tres primeros están activos y definen nuestra experiencia de la vida consciente; durante el sueño profundo, el poder de inercia toma el control y suprime los otros tres. Hemos visto cómo, en el estado de sueño profundo, la personalidad se vuelve efectivamente inerte. Pues bien, las formas verdaderamente inertes, que carecen de los tres poderes asociados con el cuerpo sutil, siempre están en este estado inerte, es decir, *solo* poseen el poder de inercia. Este poder es otorgado a tal materia por la conciencia, que permea todas las cosas.

El poder de inercia es lo que permite que la materia exista. Toda la materia inerte a lo largo de todo el universo comparte este poder de inercia que sustenta su existencia misma.

Ahora volvamos a la cadena de conceptos que vinculamos al final de la sección anterior. Sabemos ahora que el verdadero "yo" no se refiere a los cuerpos grueso, sutil y causal, sino a la conciencia misma. Así que yo = conciencia. También sabemos que la conciencia es de naturaleza no material, por lo que también podemos agregar que yo = conciencia = no material.

También hemos equiparado tanto "yo" como "tú" con la conciencia y hemos descrito más a fondo la conciencia como la entidad independiente que anima el cuerpo, la mente y el intelecto. También es el principio del conocimiento y la felicidad. Sin embargo, a pesar de tener esta naturaleza y conferirnos estas cualidades, afirmamos lo siguiente: conciencia = sin atributos = autoevidente. Además de ser omnipresente, la conciencia también es eterna; existe en todas partes y en todo momento, siempre. Como tal, también podemos decir que conciencia = eterna y omnipresente = infinita. Y debido a que es infinita, también podemos afirmar que es no dual; como una entidad infinita, simplemente es una.

Esto es lo que quisimos decir con la afirmación conciencia = yo = tú = infinito = felicidad infinita. A esto, ahora, también podemos agregar no dual o uno. Lo añadimos para enfatizar el hecho de que no solo la conciencia permea todas las cosas, sino que todas las cosas están unidas por el hecho de ser permeadas por la conciencia. La conciencia en "yo" es la misma que la conciencia en "TÚ", junto con la conciencia que existe en todo, en todas partes.

Hasta ahora, esta conversación ha avanzado de manera metódica, pasando de una prueba a la siguiente. Esto ha sido con el fin de establecer una base sólida y racional para la eventual búsqueda y captura de la infinitud. Hemos llevado a cabo nuestro estudio de esta manera sistemática tanto para apelar a lectores con antecedentes en las ciencias, como también porque este método es una forma eficaz de establecer una comprensión profunda de la información requerida.

Sin embargo, hay todo un ámbito de pensamiento y estudio que trata sobre esta búsqueda: el de la religión. Este libro ha evitado deliberadamente esta área, porque pretende presentar la información racionalmente, en lugar de intentar hacer argumentos dogmáticos. Sin embargo, al concluir este capítulo, al menos toquemos brevemente este tema. No nos desviaremos por su lógica, sino que mostraremos cómo el pensamiento religioso puede coincidir con la comprensión racional y sistemática que hemos presentado hasta ahora. Esta resonancia puede servir como otra prueba para la afirmación de que la conciencia es infinita.

Existen tantas religiones en el mundo, y tantos personajes religiosos han pasado por la historia. Todos hablan de un principio que, por conveniencia, llamaremos *Dios*. Este Dios generalmente describe alguna entidad o fuerza que permea todo el universo, animando los principios y estableciendo las leyes de la existencia. Aunque cada religión describe este principio de manera diferente, todas giran en torno al concepto de una fuerza eterna y omnipresente, es decir, precisamente la definición de conciencia e infinita que hemos dado a través del análisis lógico.

Ahora, hagámonos una pregunta retórica: ¿Cuántas infinitudes pueden existir? Por supuesto, solo puede haber una, ya que la infinitud es no dual. Así que, podemos sacar la conclusión lógica de que todos estos maestros espirituales estaban, a su manera respectiva, enseñando a sus seguidores sobre la conciencia, la infinitud y cómo alcanzarla. Y yendo más lejos, también podemos concluir que **si hay algún principio que corresponde a Dios, entonces debe ser infinito, y que DIOS debe ser no dual o ¡UN solo DIOS!** Para explorar este supuesto, consideremos las palabras de ciertos maestros religiosos mismos.

En la Torah hebrea, Dios le revela a Moisés: "Yo soy el que soy."

En el Nuevo Testamento cristiano, Jesucristo dice: "El Reino de los Cielos está dentro de ti."

El Señor Krishna dice: "Yo soy el Ser en todos los seres."

Y los Vedas declaran: "El Ser es Dios."

Así que podemos inferir que diferentes religiones invocan la conciencia, la infinitud, el ser y Dios en términos muy similares.

Cuando comparamos declaraciones como estas con las declaraciones de los líderes religiosos antiguos y los pensadores científicos modernos, emerge un patrón interesante. Parece que tanto los líderes religiosos antiguos como los científicos de vanguardia usan el mismo lenguaje para describir sus respectivos campos de estudio. Miremos las siguientes declaraciones a la luz de las anteriores y de la discusión más amplia en la que hemos estado involucrados a lo largo de este libro.

Comenzaremos con el físico cuántico Erwin Schrödinger, quien dijo: "La conciencia nunca se experimenta en plural, solo en singular… de lo cual el plural es desconocido… solo hay una cosa, y lo que parece ser una pluralidad es simplemente una serie de diferentes aspectos de esta única cosa, producidos por un engaño."

Max Planck, el creador de la teoría cuántica, afirmó: "Considero que la materia es derivada de la conciencia. No podemos ir más allá de la conciencia. Todo de lo que hablamos, todo lo que consideramos como existente, presupone la conciencia."

Finalmente, el premio Nobel George Wald dijo: "Aunque la conciencia es la condición esencial para toda la ciencia, la ciencia no puede tratar con ella... La conciencia misma está fuera de los parámetros del espacio y el tiempo."

Otros científicos, como Einstein y Hawking, han expresado puntos de vista similares sobre el tema.

La intención de esta breve revisión es simplemente mostrar que, independientemente de si practican la ciencia o la religión, las personas que reflexionan profundamente sobre este tema general a menudo terminan expresando sus conclusiones en términos muy similares. Esto otorga credibilidad adicional a la afirmación de que solo hay una infinita, y que abarca todos los aspectos que le hemos atribuido a lo largo de este capítulo y el anterior.

Capítulo 18

¿Quién provocó el Big Bang?

A lo largo de este libro, hemos indicado que ciertos temas se expandirán con más detalle durante la discusión sobre la creación. Esta advertencia acompañó nuestros análisis de los tres cuerpos, las cinco capas de la personalidad y los tres estados de la experiencia, junto con los dos capítulos anteriores dedicados a la conciencia.

Todos esos análisis previos han tenido valor por sí mismos. Pueden ayudar al lector a ampliar su comprensión sobre su propio cuerpo, mente e intelecto y su relación con los demás y el mundo que lo rodea. Sin embargo, dado que este libro está destinado a personas que pertenecen a esa rara porción de la población interesada en y capaz de captar la infinita, vamos a ir más allá de esos temas anteriores y comenzar a conectarlos con algunas de las preguntas más grandes que los humanos pueden contemplar. ¿Por qué comenzó el universo? ¿De dónde vino? ¿Qué existía antes de su creación? En resumen, "¿Quién provocó el Big Bang?" Comenzaremos a explorar estas preguntas de gran importancia ahora, mientras finalmente abordamos el tema de la creación.

Creación cíclica

Gracias al fondo cósmico de microondas y a otras pruebas obtenidas de observaciones realizadas por recursos astronómicos avanzados hasta e incluyendo el JWST, tenemos un conocimiento completamente fundamentado y científicamente validado de que el Big Bang ocurrió hace 13.8 mil millones de años.

Los avances tecnológicos podrían llevarnos a revisar esta comprensión. Algunos incluso han afirmado que las observaciones recientes hechas por el JWST deberían ya estar obligándonos a realizar tales revisiones, aunque esta opinión representa una visión minoritaria dentro de la comunidad. Sin embargo, todas las pruebas actuales sugieren que nuestro universo se manifestó durante el Big Bang y que este evento ocurrió en un punto discernible hace unos 13.8 mil millones de años. Teniendo en cuenta que el ciclo cósmico abarca muchas iteraciones de manifestación y disolución, este evento ocurrió relativamente reciente.

Volviendo a lo básico por un momento: ¿cómo podemos hablar de un "comienzo" para el universo, y mucho menos de un ciclo cósmico donde cada universo tiene su propio comienzo? Todo se remonta a las leyes fundamentales de conservación de la materia y la energía. Dado que la materia y la energía nunca pueden ser creadas o destruidas, solo transformadas, tiene sentido que todo el contenido de nuestro universo actual no haya surgido de la *nada*. Hemos deducido que, hace 13.8 mil millones de años, todo el contenido del universo emergió de la singularidad. Durante esta singularidad, todo lo que constituye nuestro universo actual existía, pero solo en un estado no manifiesto, latente y potencial. Ahora, ¿de dónde surgieron *estos* componentes? ¿Qué vino antes de ellos? Esta es una pregunta que analizaremos pronto. Pero, por ahora, debemos dejarla de lado.

Por el momento, para que tengamos un punto de partida, simplemente podemos afirmar que esta potencialidad no manifestada existía y que precedía la formación de nuestro universo. Por *no manifestada,* queremos decir que existía, pero no era perceptible. Hemos descrito este estado en otro lugar como el estado causal, y este período de la singularidad como el universo causal.

El universo causal no ha sido un tema ampliamente estudiado por la comunidad científica. El universo grueso ha sido examinado a fondo, e incluso ha habido intentos de explorar el universo sutil, principalmente por aquellos que investigan aspectos desconectados del cuerpo sutil; sin embargo, no se estudia como un universo por sí mismo. El concepto de un universo causal, por otro lado, sigue siendo inexplorado y no reconocido por la comunidad científica en general.

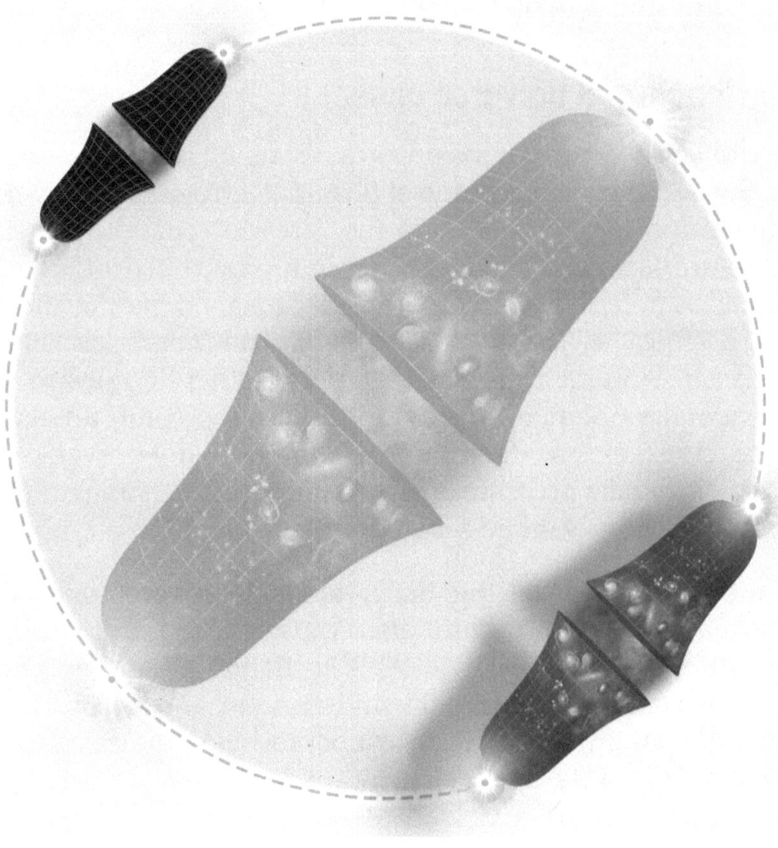

Los capítulos anteriores tuvieron la intención de sentar las bases para comprender estos conceptos matizados y avanzados. Comenzamos con el universo grueso, bien comprendido, y nos movimos hacia ideas más sutiles. Ahora estamos preparados para aplicar las lecciones que aprendimos—específicamente lo que aprendimos sobre el *cuerpo* causal microcósmico—al ámbito macro cósmico del *universo* causal mientras comenzamos a explorar la naturaleza del Big Bang, la creación y lo que ocurrió antes de él.

Actualmente habitamos tanto un universo grueso como un universo sutil, los cuales surgieron del universo causal después del Big Bang. Ahora, adentrémonos en nuestro estudio sobre cómo y por qué ocurrió ese evento.

Consciencia y el universo causal

A medida que comenzamos nuestra discusión sobre la creación, debemos reiterar primero que el término "creación" es un error de denominación, ya que nada fue "creado" cuando comenzó nuestro universo actual; las cosas solo fueron transformadas de sus estados potenciales en el universo causal no manifestado. A escala cósmica, sería más preciso hablar de *transformación* que de *creación*. Sin embargo, desde la perspectiva de nuestro universo actual, podemos considerar el Big Bang como un evento de "creación"; esto se debe a que el contenido del universo surgió a su existencia presente en ese momento. Por eso se utiliza el término creación, aunque sea ligeramente engañoso.

Entonces, antes del Big Bang, todo el universo existía en su forma potencial: el universo causal. Algo desencadenó su manifestación, y ocurrió el Big Bang. Desde entonces, han transcurrido unos 13.800 millones de años. Continuará existiendo por un período desconocido hasta que alcance su inevitable punto de disolución total y regrese a un estado de singularidad. Esa singularidad persistirá durante otro período de duración incierta hasta que, finalmente, las circunstancias adecuadas desencadenen un nuevo Big Bang y el ciclo comience de nuevo, repitiéndose infinitamente. A lo largo de este ciclo, el universo causal reaparece en cada período de no manifestación; por lo tanto, podemos observar que el universo causal es una entidad, una entidad sin principio.

¿Cómo es eso posible? Recordemos nuevamente las leyes de conservación de la materia y la energía. Cuando el universo manifiesto alcance su momento de disolución total, su contenido deberá persistir de algún modo. Algunos científicos han teorizado que, cuando la materia y la antimateria colisionan, toda la materia es aniquilada y convertida en energía. Según ellos, así ocurrirá la disolución del universo, un proceso que luego se invertirá con el siguiente Big Bang. Así, este ciclo de manifestación y no manifestación es sin principio, inmortal, eterno e *infinito* por naturaleza. Sin embargo, la pregunta sigue en pie: ¿Cómo se puso en marcha este ciclo en primer lugar?

Para responder a esa pregunta, comparemos el universo causal sin principio con otra entidad igualmente sin principio: la conciencia misma. Aparte de carecer de un inicio, ¿se asemejan en otros aspectos la conciencia y el universo causal? El universo causal está compuesto de materia causal (materia burda y sutil en sus formas potenciales); la conciencia, en cambio, es inmaterial. Debido a que el universo causal es material, sabemos que también debe ser inerte e insensible; la conciencia, por supuesto, es conciencia en sí misma. El universo causal está en constante cambio, atrapado en su ciclo de manifestación y no manifestación; la conciencia, en cambio, es eternamente inmutable. Por último, como entidad material, el universo causal es finito; la conciencia, en cambio, es infinita, permeando todo el universo causal, bañándolo en conciencia infinita y, así, dotándolo de sensibilidad.

¡En el medio de la conciencia infinita, es la ley de la causalidad la que desencadena el Big Bang! La transición de la no manifestación universal a la manifestación. Del universo causal al universo sutil y luego al universo grueso. La ley de la causalidad será discutida en un capítulo aparte.

A lo largo de este capítulo y el siguiente, exploraremos cómo ocurre la interacción entre estas dos entidades sin principio: la conciencia y el universo causal.

Al comenzar a examinar la naturaleza y los mecanismos de este fenómeno, es importante señalar que la transición del universo causal al universo manifiesto no es un evento único. Ocurre en dos etapas. **Primero, el universo causal da origen al universo sutil, que a su vez da origen al universo grueso.** En la primera etapa, se manifiestan 20 componentes materiales (componentes del cuerpo sutil), seguidos por cinco componentes adicionales en la segunda etapa. Comencemos nuestro análisis examinando la primera etapa.

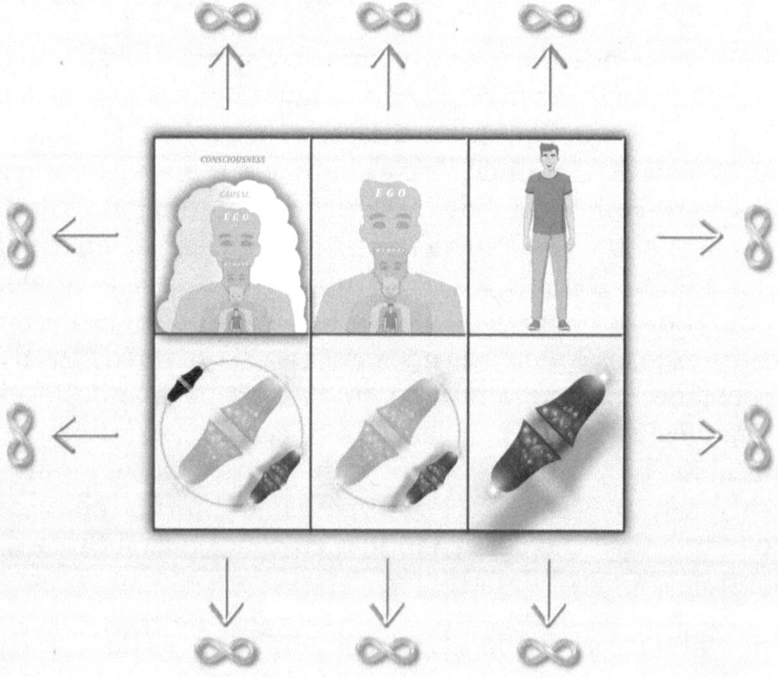

El Big Bang sutil

A lo largo de este libro, hemos analizado extensamente la naturaleza del cuerpo sutil, pero no hemos tratado el universo sutil con el mismo nivel de detalle. Por lo tanto, comencemos nuestro examen del universo sutil basándonos en los conocimientos que ya hemos adquirido y trabajemos hacia su comprensión utilizando las lecciones que hemos aprendido.

Sabemos que el cuerpo sutil humano está compuesto por la mente, los intelectos grueso y sutil, la memoria y el ego, además de los 15 centros de poder distribuidos por el cuerpo. Estos 20 componentes están hechos de materia sutil, que a su vez está formada por combinaciones de estados puros de materia. Esto, en resumen, describe el cuerpo sutil de un solo ser humano.

Ahora, recopilemos también los cuerpos sutiles de todos los demás seres humanos en la Tierra y añadamos a ellos cualquier cuerpo sutil que pueda pertenecer a formas de vida comparables que existan en planetas habitables en otras partes del universo (si tales formas de vida existen). A esta colección, sumemos también los cuerpos sutiles de todos los animales, tanto terrestres como extraterrestres. Los animales poseen cuerpos sutiles, aunque carecen de los componentes intelectuales. Las plantas, a pesar de ser en su mayoría de naturaleza burda, contienen pequeñas cantidades de materia sutil. Agreguemos también sus cuerpos sutiles a nuestra colección, tanto los originados en la Tierra como los que existen en todo el cosmos.

Los objetos inertes no poseen cuerpos sutiles. Sin embargo, hemos establecido que están impregnados por un poder de inercia que les permite existir. Si bien este poder está asociado con el cuerpo causal, recordemos que la jerarquía de la sutileza establece que la materia más sutil impregna la materia más burda. Esto significa que el poder de inercia impregna todo el universo sutil. Por lo tanto, es un tipo de poder sutil que también abarca la materia inerte, convirtiéndola en parte del universo sutil.

Nuestra colección ahora incluye todos los cuerpos sutiles, desde el de un solo ser humano en la Tierra hasta el del último organismo microscópico en los confines del universo observable, además del poder sutil que impregna toda la materia inerte en todas partes. Y dado que lo que llamamos el universo "observable" no es más que una distinción artificial generada por las limitaciones humanas, podemos concluir que esta sutileza también impregna la totalidad del universo no observable y cualquier otro universo manifiesto que pueda existir más allá de los límites del nuestro.

Esta agregación de todos los cuerpos sutiles y de todo el poder sutil en todos los universos manifiestos es lo que denominamos el universo sutil.

La falta de estudio sobre la naturaleza del universo sutil representa una enorme laguna en la comprensión de la creación por parte de la comunidad científica. Cuando hablamos del Big Bang, la mayoría de los análisis van directamente de la singularidad (es decir, el universo causal) al universo físico grueso, omitiendo por completo el universo sutil. Sin embargo, la creación del universo sutil constituye una etapa distinta dentro del proceso de creación. **Durante el evento de manifestación del universo, desencadenado por la ley de la causalidad, el universo causal primero da paso a un Big Bang Sutil, que luego da lugar al Big Bang Grueso.** Ignorar el universo sutil no solo significa desconocer *su* propia naturaleza, sino también la naturaleza de la creación, de la singularidad y del universo grueso. Con esto en mente, examinemos cómo ocurre el Big Bang Sutil, para llenar esta brecha en el conocimiento científico general sobre el origen del universo.

Las tres propiedades intrínsecas del universo

Comenzaremos nuestro análisis del universo sutil con el estudio de la creación de sus partes constituyentes, es decir, de la **materia sutil** en sí misma. Nuevamente, el término "creación" aquí es un error, ya que, en realidad, esta materia no está siendo "creada", sino más bien transformada. Sin embargo, desde la perspectiva de este universo manifiesto, el evento puede considerarse como una especie de *creación*, por lo que utilizaremos el término común (aunque ciertamente inexacto) de "*creación*". Sin embargo, antes de abordar el tema de la materia sutil, debemos introducir un concepto adicional que tiene una gran relevancia en el universo y su creación. Este concepto describe las **tres propiedades intrínsecas del universo**.

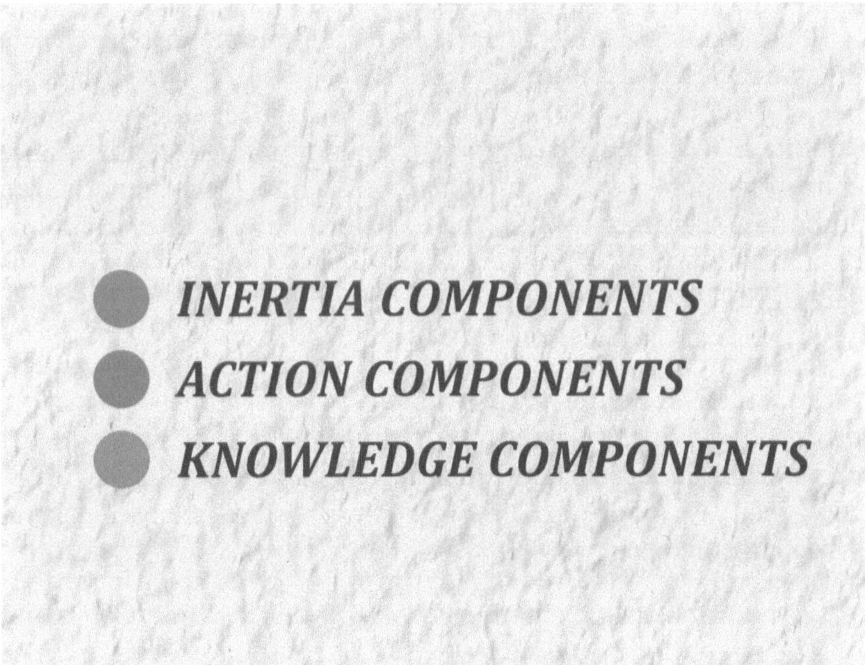

Una vez más, la forma más rápida de establecer una base para este concepto es comenzar con ejemplos terrestres familiares y luego construir nuestra comprensión a partir de ahí. Comencemos observando el comportamiento humano. A lo largo de la vida de un individuo, todo su comportamiento caerá en una de tres categorías. Primero, tomará conocimiento e interactuará con él; este es un proceso continuo de **conocimiento** que se despliega a lo largo de la vida despierta de la persona. Luego, está la **acción**, que también ocurre durante la vigilia. Basado en los resultados del proceso de conocimiento, la persona se comprometerá a realizar acciones en el mundo físico. Finalmente, está el descanso. Con todo este conocimiento y acción, las facultades gruesas y sutiles del individuo se cansan con el tiempo y requieren descanso. Así, toda la experiencia humana se compone de estas tres categorías de comportamiento: saber, actuar y descansar—o expresado de otra manera, *conocimiento, acción e inercia.*

Comparemos la experiencia de los humanos con la de los animales. Los animales pueden tener la capacidad de llevar a cabo una forma rudimentaria de conocimiento, pero, debido a que carecen de intelecto, no pueden realizar este comportamiento de la misma manera que los humanos. Sin embargo, claramente son capaces tanto de actuar como de descansar; así, su experiencia de la vida se compone de esas dos categorías, con leves rastros de conocimiento.

Las plantas, a su vez, son capaces de ejercer algunas formas rudimentarias de acción: realizan la fotosíntesis, es decir, procesan dióxido de carbono y liberan oxígeno. Pero su forma predominante de comportamiento es el descanso. Esta única categoría de comportamiento caracteriza su existencia, con un leve rastro de acción.

En cuanto a los objetos inertes, obviamente, la materia inerte ni sabe ni actúa. Simplemente existe, impulsada por la fuerza de la inercia. Así, la existencia de los objetos inertes se caracteriza únicamente por el comportamiento de descansar o inercia.

Por lo tanto, podemos observar que todo el contenido del universo manifiesto está caracterizado por la combinación de las propiedades de conocimiento, acción e inercia: sus propiedades intrínsecas.

Para conectar esto con la conversación más amplia, consideremos lo que ya sabemos sobre la relación entre los universos no manifestado, causal y manifestado. Sabemos que todo lo que existe dentro del universo manifiesto existe dentro del universo no manifestado en su forma potencial. **Así, el universo causal debe contener las formas potenciales de estas tres propiedades intrínsecas, junto con todo lo demás potencial.** A lo largo del resto de este capítulo y en el siguiente, desarrollaremos más nuestra comprensión de la relación entre estas tres propiedades intrínsecas y la materia sutil, así como su importancia en el contexto de la creación.

La creación de la materia sutil

Porque el universo no es más que sus partes constituyentes, cuando hablamos de creación, en realidad estamos hablando de la creación de esas partes. El constituyente del universo sutil es la materia sutil. Hablamos de la naturaleza de la materia sutil en detalle en el capítulo sobre los materiales básicos del cuerpo sutil. Repasemos brevemente esa discusión para reafirmar nuestra comprensión del concepto a la luz de la conversación actual.

Recordemos que, en el universo material grueso, existen numerosos estados de la materia; la investigación ha identificado más de 20 estados de la materia, y probablemente se identifiquen más con el tiempo. Dicho esto, la materia gruesa se reduce a cinco estados fundamentales: espacio, gas, plasma, líquido y sólido. De estos, el espacio tiende a ser el más difícil de comprender, o incluso de aceptar, como una clase de materia. Sin embargo, la relatividad general ha revelado que el espacio es un aspecto del campo gravitacional del universo, y fenómenos como la lente gravitacional han demostrado que el espacio es, en efecto, materia. Así, podemos considerar estos cinco estados como los estados fundamentales de la materia gruesa.

En nuestro análisis anterior, vimos cómo el universo sutil está compuesto por estos mismos cinco estados fundamentales de la materia en su forma pura. Podemos referirnos a ellos como los cinco estados fundamentales puros de la materia. *Cómo se generan estos cinco estados fundamentales puros de la materia a partir de sus formas potenciales durante el Big Bang será el enfoque central de nuestro estudio actual.*

De la misma manera en que hemos adoptado el término *creación* debido a su uso general y relevancia desde la perspectiva de nuestro universo grueso, también podemos referirnos a estos estados puros de la materia fundamental por sus equivalentes más comunes. Esto se hace para facilitar la visualización y, independientemente del término utilizado, el significado sigue siendo el mismo. Así que continuaremos refiriéndonos al *espacio* como espacio, usaremos *aire* en lugar de *gas*, *fuego* para el *plasma*, *agua* reemplazará al *líquido* y *tierra* representará al *sólido*.

Ahora, como vimos anteriormente, para que un estado dado de la materia sea considerado puro, debe no contener ningún rastro de los otros estados de la materia. Debe ser él mismo y solo él mismo. Por ejemplo, para que una cantidad dada de agua sea pura, debe consistir solo en agua, sin rastros de espacio, aire, fuego o tierra. Vamos a revisar un ejemplo simple y tangible de esto para poder restablecer la lógica detrás de la materia pura. Con esa lógica, podemos extrapolar la naturaleza de todo el universo sutil—y, al hacerlo, la *creación* del universo sutil a partir del estado previo de no manifestado.

Recuerde nuestro ejemplo del agua. En el universo grueso, esta agua inevitablemente consistirá en una cantidad de cada uno de los otros cuatro estados de la materia gruesa. Contendrá algunos minerales traza y, por lo tanto, algo de tierra. Poseerá algo de temperatura y, por lo tanto, algo de fuego. También estará impregnada de algo de aire y, por el simple hecho de existir en el espacio dimensional, también contendrá espacio. Incluso el agua más pura contendrá algo más. Es la naturaleza de la materia gruesa estar impregnada de algún grado de todos los otros estados de la materia.

El lector recordará de nuestra discusión anterior que la materia solo puede existir en su estado puro—excluyendo los otros cuatro estados fundamentales de la materia—en forma de pensamiento. Tomemos un momento para recordar la naturaleza exacta de un estado puro de materia, porque este punto es fundamental para nuestro análisis hacia adelante.

Primero, si la materia en su estado grueso y adulterado es de naturaleza material, entonces la materia en su estado puro también debe ser material. En otras palabras, la materia no deja de ser materia cuando se purifica. Luego, si la materia en el universo físico grueso es inevitablemente impura, se sigue que la materia pura no puede existir allí. Sin embargo, sabemos que debe existir *en algún lugar*. Por lo tanto, el único lugar donde puede existir es en el universo sutil, y la única forma en que puede existir es en forma de pensamiento.

Ahora, ¿qué significa esto precisamente? Considera nuevamente esa cantidad de agua, pero, en lugar de imaginar el agua gruesa, imagina agua *pura,* sin ninguno de los otros estados de la materia en ella. Esto es imposible en el mundo grueso, pero totalmente posible dentro de la mente.

A continuación, intenta eliminar esa cantidad precisa de agua pura del pensamiento de ella; cuando esto se hace, no queda nada. Dicho de otra manera, el estado puro del agua solo existe cuando el pensamiento de ella lo hace, y el pensamiento desaparece cuando se elimina el estado puro del agua. **Esto indica que los estados puros de la materia son idénticos al pensamiento mismo.** El *lector debe tomarse un momento para reflexionar sobre esa afirmación* porque es crucial para nuestro estudio a medida que avanzamos.

Acabamos de deducir cómo los pensamientos están compuestos de estados puros de la materia. Sin embargo, el pensamiento—y toda la naturaleza del cuerpo sutil—consiste en mucho más que solo pensamientos de estados puros de la materia. El flujo de pensamientos dentro de un individuo contiene sus recuerdos, sus emociones, sus elecciones activas, sus deseos no filtrados y sus mandatos fisiológicos. Es complejo, cambia constantemente y es esencialmente ilimitado. Por lo tanto, los **pensamientos específicos están compuestos de combinaciones de los cinco estados puros fundamentales de la materia**.

Podemos observar esto en principio con un breve ejercicio mental. Tómate un momento para dejar que tu mente divague. Inevitablemente, surgirán varios pensamientos complejos. Ahora, toma esos pensamientos y considérelos como un todo; pueden ser sobre algunos objetos o seres. A partir de ese todo, trata de eliminar sistemáticamente todos los estados puros de la materia. Al hacerlo, gradualmente observarás que no queda nada del grupo original de pensamientos. Esta es una forma sencilla de observar que incluso los pensamientos complejos consisten en combinaciones de estados puros de la materia y que, sin tal materia, los pensamientos mismos no pueden existir.

Para resumir: **La materia sutil es materia. Está compuesta por los cinco estados puros de la materia fundamental. Son los bloques de construcción del pensamiento mismo y los pensamientos complejos están compuestos por combinaciones de estos cinco estados puros de la materia fundamental.**

Las propiedades intrínsecas de la materia sutil

Con una comprensión clara de la naturaleza de la materia sutil, ahora podemos introducir el concepto de las propiedades intrínsecas del universo. Ya habíamos indicado que el universo manifiesto se caracteriza por estas tres propiedades y que deben existir también en el universo causal, pero en sus formas potenciales. Dado que el universo causal está compuesto únicamente por materia sutil y gruesa en sus estados potenciales, se sigue que cualquier aspecto que pertenezca a la materia causal también se refiere a la potencialidad de otros estados. **Por lo tanto, los cinco estados puros de la materia fundamental también están imbuidos con estas tres propiedades intrínsecas: conocimiento, acción e inercia.** Estas propiedades no adulteran la pureza de los diversos estados de la materia sutil; son simplemente aspectos inherentes a ellos y son partes constituyentes de su pureza.

La imagen ilustra este principio. Cada uno de los cinco estados puros de la materia—espacio, aire, fuego, agua y tierra—contiene las propiedades de conocimiento, acción e inercia como componentes fundamentales.

Ahora, ¿qué papel juegan estas propiedades en la creación del universo? Más allá de eso, ¿qué papel juegan en el ciclo más amplio de manifestación y no manifestación? Podemos responder a esta pregunta invocando la primera ley de Newton: "Un objeto en reposo permanece en reposo, o si está en movimiento, permanece en movimiento a una velocidad constante, a menos que una fuerza externa neta actúe sobre él."

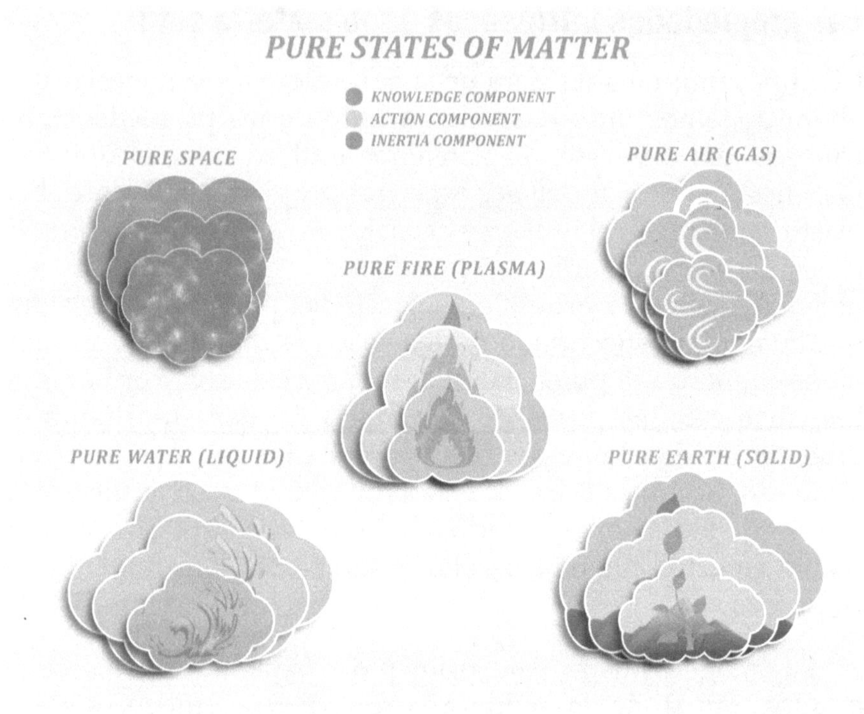

Hemos asociado el universo causal o singularidad con la cualidad de la inercia. Contiene toda la materia de los universos grueso y sutil, pero solo en forma potencial. Así, podemos considerar el universo causal como un objeto en reposo. Esto implica que el universo manifiesto representa el mismo objeto en movimiento. Esto plantea la pregunta: "¿Qué fuerza externa actuó sobre el universo causal para ponerlo en movimiento?"

La fuerza externa que actuó sobre el universo causal y desencadenó el Big Bang no es otra que el efecto acumulativo de todas las acciones pasadas de todos los seres vivos en todo el cosmos o "La Ley de la Causalidad". Este efecto es la fuerza que perturba el equilibrio y desencadena la transformación del universo potencial y no manifestado en el manifestado, en el medio de la conciencia. Pronto estudiaremos la naturaleza de este efecto, descrito en términos de *principios de causalidad y la ley de la causalidad*. Estos principios son idénticos al concepto de karma. Sin embargo, tanto porque ese término ha sido excesivamente comercializado como porque este libro pretende presentar su material de manera objetiva y científica, utilizaremos en su lugar el término *principios de causalidad*. Estudiaremos estos principios en detalle, incluida la manera específica en que ejercen fuerza que lleva tanto a la manifestación como a *la no manifestación* del universo, en un capítulo posterior.

Hemos construido una comprensión sólida de varios temas clave: la ciclicidad de la manifestación y no manifestación universal; la naturaleza de la manifestación (una creación en dos etapas con un Big Bang sutil seguido de un Big Bang grueso); la naturaleza del universo sutil y la materia sutil; las tres propiedades intrínsecas del universo; y los principios de causalidad que desencadenan las transiciones universales. Ahora estamos preparados para comenzar nuestro análisis de la manera en que el Big Bang se desarrolló. En el próximo capítulo, estudiaremos tanto el Big Bang sutil como el Big Bang grueso, y, al hacerlo, proporcionaremos una explicación detallada de la formación de todo el universo manifiesto.

Capítulo 19

Desentrañando los Big Bangs

Al final del capítulo anterior, invocamos la primera ley de Newton para demostrar la base científica de los principios de causalidad (también conocidos como la ley de la causación o karma) y la ciclicidad de la manifestación y no manifestación. En este capítulo, invocaremos la fórmula de equivalencia masa-energía de Einstein con el mismo propósito.

La famosa fórmula de Einstein $E=mc^2$ articula la relación entre la materia y la energía. Estas variables solo difieren en términos de sus unidades de medida y la constante multiplicativa de la velocidad de la luz. Esto indica que cantidades comparativamente pequeñas de materia corresponden a enormes cantidades de energía, y viceversa. Este principio podría explicar la traducción de materia a energía durante la disolución total del universo manifiesto—quizás, como algunos han indicado, como resultado de la obliteración de materia y antimateria. Dado que toda la masa del universo se convertiría en energía durante este evento, la cantidad de energía condensada en el universo no manifiesto, causal, sería asombrosa.

Esta abrumadora cantidad de energía estaría entonces disponible para ser liberada y traducida en materia durante el posterior evento del Big Bang, desencadenado por los principios de causalidad. Así, la equivalencia masa-energía coincide con la afirmación de que el estado del universo es cíclico por naturaleza, oscilando entre un estado potencial y no manifiesto, y uno material y manifiesto.

Esta afirmación no se aleja mucho del consenso dentro de la comunidad científica. Hay, por supuesto, una gran diferencia entre la teoría que la mayoría de los pensadores científicos utilizan para explicar el evento de la creación y la explicación de este mismo evento que se ha expuesto en este libro. Específicamente, el consenso sostiene que el Big Bang fue un único evento, durante el cual un universo esencialmente grueso surgió de una singularidad gruesa. Este libro ha presentado un caso diferente: que el Big Bang en realidad comprende dos eventos separados: la derivación del universo sutil a partir del causal, y la derivación del universo grueso a partir del sutil.

La falta general de estudio científico, o incluso de conocimiento, sobre el universo sutil y el Big Bang sutil representa un obstáculo importante para la capacidad de la humanidad de comprender los matices del universo manifiesto. Contribuir a este tema es uno de los principales objetivos de este libro. La esperanza es que una mayor conciencia y consideración de la naturaleza y génesis del universo sutil pueda llevar a los pensadores científicos a nuevos descubrimientos en sus campos, e incluso hacia la esquiva 'Gran Teoría de Todo', un desarrollo que sin duda beneficiaría a toda la humanidad.

Dicho esto, comencemos nuestro análisis de los dos eventos del Big Bang, comenzando con el Big Bang sutil y discutiendo en detalle cómo se desarrollan estas transiciones.

Cómo se desarrolla el Big Bang sutil

Cuando los principios de causalidad ejercen su fuerza desestabilizadora sobre el universo causal y desencadenan la liberación de su vasto potencial inimaginable, el resultado es el Big Bang sutil. **Este evento se caracteriza primero por la formación de la materia sutil y luego por la formación de otras entidades sutiles.** Estos eventos formativos ocurren en un orden específico, que detallaremos a continuación.

La formación de la materia sutil

Durante el Big Bang sutil, la materia sutil se manifiesta como los cinco estados puros de la materia fundamental. **Estos estados se manifiestan en un orden específico, basado en su grado de sutileza.**

Así, el espacio es el primero de los estados puros de la materia fundamental en manifestarse. El espacio es seguido por el aire (gas), el fuego (plasma), el agua (líquido) y, finalmente, la tierra (sólido).

¿Qué determina el orden en el que estos estados de la materia se manifiestan? Recuerda los grados de sutileza asignados a estos estados durante nuestra discusión sobre los componentes y funciones del cuerpo sutil. Dependiendo de la perceptibilidad de cada estado de la materia, se considera más sutil o menos sutil, siendo el estado menos perceptible el más sutil. Durante el Big Bang sutil, los estados de la materia se manifestaron en orden desde el más rarificado hasta el menos.

Dado que el espacio puro es el estado más rarificado de la materia (asociado con solo una propiedad sensorial: el sonido), es el primero en manifestarse. Esto no quiere decir que el espacio puro en *sí mismo* pueda ser escuchado, ni que el sonido también se manifieste durante esta etapa. En cambio, el sonido debe entenderse solo como una propiedad sensorial del espacio, y dado que es *la única* propiedad sensorial del espacio, se considera el estado más rarificado de la materia.

El aire puro es el siguiente estado en manifestarse, asociado con el sonido y el tacto. Luego está el fuego puro, asociado con el sonido, el tacto y la vista. A continuación, se manifiesta el agua pura, asociada con el sonido, el tacto, la vista y el gusto, y, por último, la tierra pura, asociada con todos los sentidos.

Cada uno de estos estados de la materia emerge del que lo precede. El espacio puro emerge directamente del universo causal, pero el aire puro emerge del espacio puro, el fuego puro del aire puro, y así sucesivamente. También se debe notar que, como se indica en el gráfico anterior, cada estado puro de la materia está asociado con una propiedad sensorial única de su propia, además de todas las propiedades que pertenecen al estado de la materia del cual se originó. Por ejemplo, el espacio puro está asociado únicamente con su propiedad única—el sonido—mientras que el aire puro está asociado con el sonido, además de su propiedad única—el tacto. Esto continúa hasta la tierra pura, que está asociada con las otras cuatro propiedades sensoriales, además de su propiedad única—el olfato. Estas propiedades heredadas, no únicas, se conocen como *propiedades parentales*.

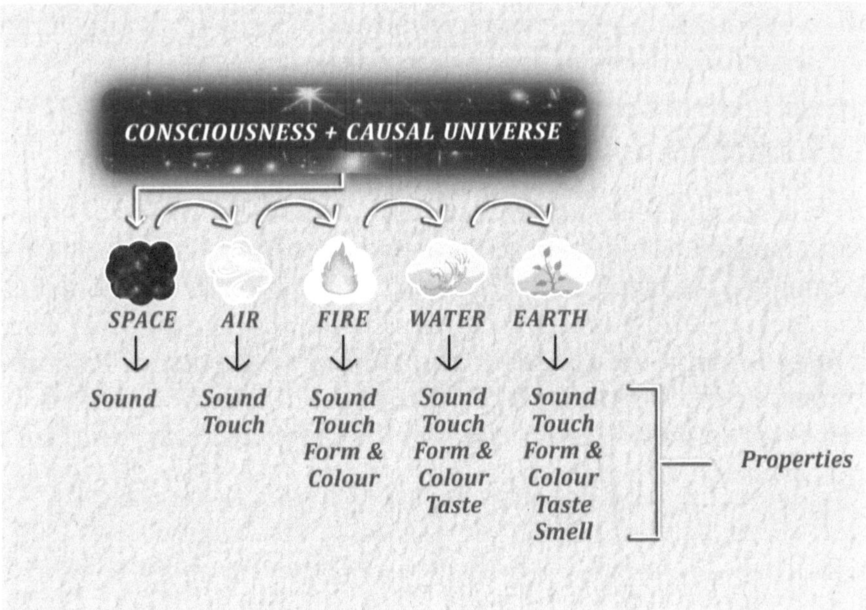

Una vez más, el lector debe notar que estos sentidos no existen en este momento. De hecho, ni siquiera hay algo que *pueda* ser percibido en el universo aún. El universo solo está involucrado en la formación de la materia sutil, que es puro pensamiento. solo esto existe en este momento, y nada más.

Más allá de sus propiedades sensoriales, cada estado puro de la materia también contiene otro conjunto de propiedades—las propiedades intrínsecas que presentamos en el capítulo anterior. A diferencia de las propiedades sensoriales, que varían en expresión de un estado de materia a otro, **estas tres propiedades intrínsecas—conocimiento, acción e inercia—están igualmente arraigadas en los cinco estados puros de la materia fundamental**, recorriéndolos casi como una cadena de ADN a través del cosmos.

Con la manifestación de la pura tierra, el quinto estado puro de la materia, se completa la fase del Big Bang sutil que involucra la formación de todos los materiales básicos del universo sutil a escala cósmica. Esta fase es seguida por la manifestación de diversos otros componentes sutiles, que también se manifestarán en un orden específico según su naturaleza.

La formación del cuerpo sutil: Conocimiento

El cuerpo sutil es la siguiente entidad sutil que se forma después de la manifestación de los cinco estados puros de la materia fundamental. Esto implica la manifestación de los 20 componentes del cuerpo sutil, que se forman en una secuencia específica. **Este proceso ocurre en dos fases, la primera de las cuales está impulsada por el conocimiento intrínseco incrustado dentro de los estados puros de la materia. La segunda está impulsada por la acción intrínseca.**

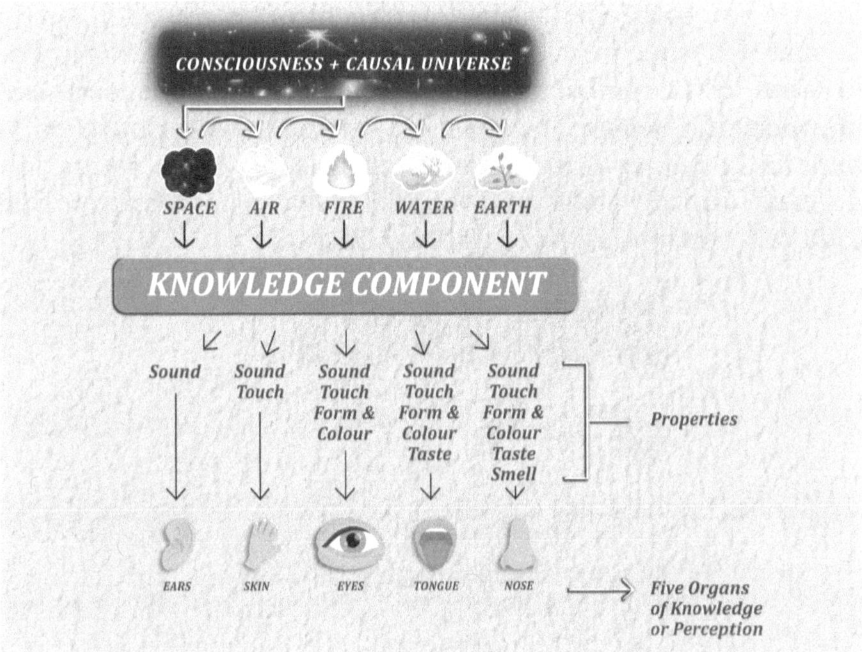

Esta primera fase incluye la formación de 10 componentes sutiles: los cinco centros de poder de la percepción y los cinco componentes de la personalidad interna. Los cinco centros de poder de la percepción se forman primero, en el mismo orden que los estados puros de la materia asociados con el sentido al que corresponden.

Esto significa que el centro de poder del oído se forma primero, seguido por los centros de poder del tacto, la vista, el gusto y, finalmente, el olfato. Estos cinco centros de poder de la percepción también pueden denominarse *los órganos sutiles del conocimiento,* ya que derivan de la propiedad intrínseca del conocimiento.

Estos órganos sutiles del conocimiento son precipitados por la propiedad intrínseca del conocimiento dentro de cada uno de los cinco estados puros de la materia. Más allá de eso, cada uno de estos órganos sutiles deriva directamente del estado de materia específico con el que comparte una asociación. **Por lo tanto, es la combinación del conocimiento intrínseco con la asociación sensorial específica de cada estado puro de la materia la que es directamente responsable de la formación de cada uno de estos componentes.** Repasemos brevemente cada componente para ver qué significa esto.

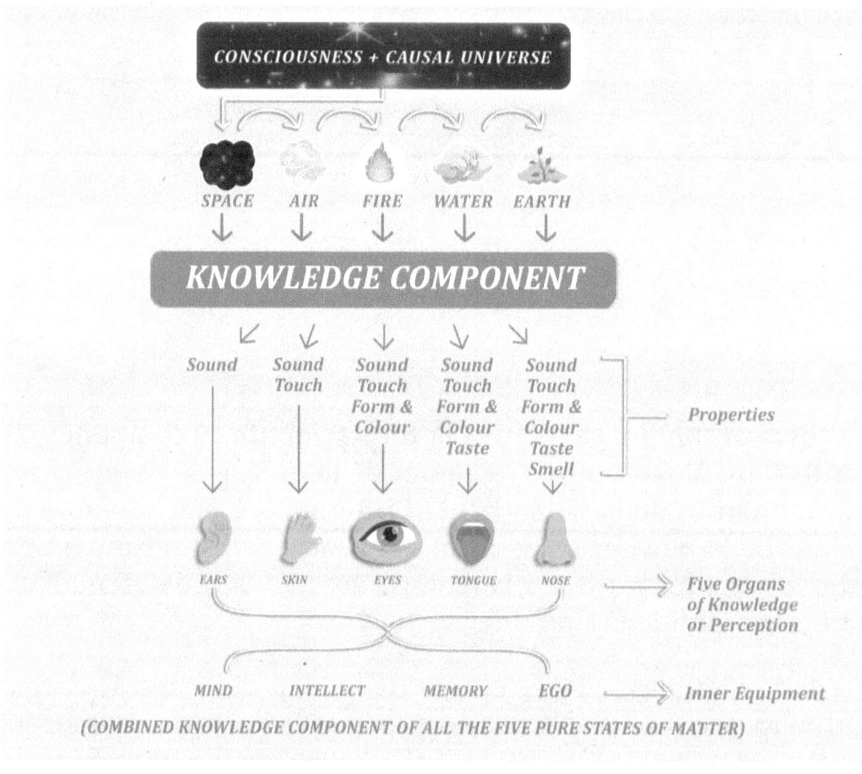

Desde el espacio puro, la propiedad intrínseca del conocimiento combinada con la propiedad sensorial única del sonido da lugar directamente a la formación del oído sutil.

Desde el aire puro, la propiedad intrínseca del conocimiento combinada con la propiedad sensorial única del tacto da lugar directamente a la formación de la piel sutil.

Desde el fuego puro, la propiedad intrínseca del conocimiento combinada con la propiedad sensorial única de la vista da lugar directamente a la formación del ojo sutil.

Desde el agua pura, la propiedad intrínseca del conocimiento combinada con la propiedad sensorial única del gusto da lugar directamente a la formación de la lengua sutil..

Finalmente, desde la tierra pura, la propiedad intrínseca del conocimiento combinada con la propiedad sensorial única del olfato da lugar directamente a la formación de la nariz sutil.

Una vez más, no estamos hablando de las sensaciones reales asociadas con ninguna de estas propiedades sensoriales. Estas no se desarrollan hasta después de que ocurra el Big Bang grueso, creando la materia gruesa que finalmente compondrá los órganos sensoriales gruesos. Lo único que ha sucedido hasta este punto es que cada estado puro de la materia ha manifestado el *poder de percibir* los estímulos sensoriales asociados con su respectiva propiedad sensorial.

Recordando nuestra discusión previa sobre estos componentes sutiles (sin mencionar la propia experiencia de la vida), el poder asociado con cada órgano sensorial sutil está limitado a la percepción de un solo tipo de estímulo. Por ejemplo, solo el oído sutil permite el poder de escuchar; ningún otro órgano sensorial sutil puede percibir ese estímulo en particular. Al mismo tiempo, el oído sutil *solo* es capaz de escuchar; no puede percibir ningún otro estímulo excepto ese. Cada centro de poder tiene su función dedicada, que no puede intercambiarse con ninguna otra.

Los componentes sutiles que permiten la coordinación entre estos centros de poder de percepción son los siguientes en formarse. Son, por supuesto, los componentes de la personalidad interna: la mente, los intelectos sutil y grueso, la memoria y el ego. Estos cinco componentes sutiles funcionan como intermediarios entre los diversos centros de poder, permitiendo una percepción sintética de la materia—o, dicho de otra manera, de *combinaciones* de materia. Este poder sintético es lo que permite que el flujo puro de pensamiento de los cinco estados puros de la materia se convierta en *pensamientos* únicos y discernibles.

A diferencia de los cinco centros de poder, que se derivan directamente de los estados puros de la materia, **los cinco componentes de la personalidad interna se generan por la combinación del conocimiento dentro de *los cinco* estados puros de la materia.**

Así que estos primeros 10 componentes del cuerpo sutil se generan a partir de diversas combinaciones de los cinco estados puros de la materia con el conocimiento intrínseco contenido en esa materia. Con la formación de estos 10 componentes, la propiedad del conocimiento se expande y no participa en más creaciones durante el Big Bang sutil. La propiedad de la acción es la responsable de la creación de los 10 componentes restantes del cuerpo sutil; vamos a explorar esto a continuación.

La formación del cuerpo sutil: Acción

Los siguientes componentes sutiles en manifestarse son los centros de poder de la acción: el habla, la manipulación, la locomoción, la eliminación y la reproducción. Nuevamente, en este punto, no estamos hablando de los órganos o sistemas que facilitan estas acciones, sino solo de los poderes sutiles que otorgan la capacidad para llevarlas a cabo.

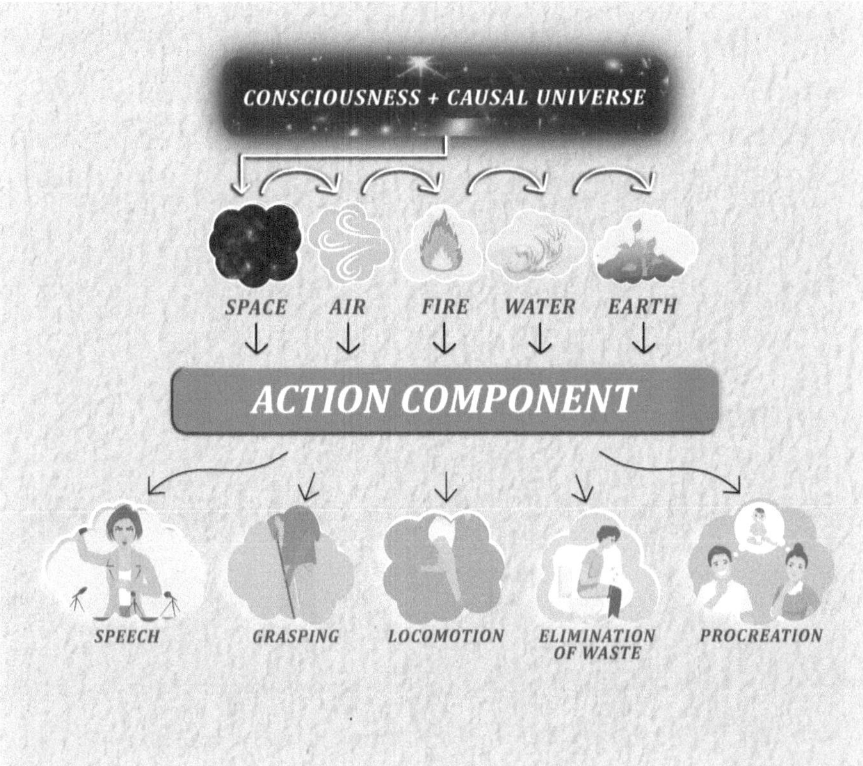

Al igual que en la fase anterior, estos centros de poder derivan directamente de cada estado puro de la materia a medida que ejercen una de sus propiedades intrínsecas. Sin embargo, en este caso, están ejerciendo su propiedad intrínseca de *acción*. Los centros de poder de habla, manipulación, locomoción, eliminación y reproducción están respectivamente asociados con los estados puros de espacio, aire, fuego, agua y tierra. Se manifiestan directamente a partir de ellos, mediante el ejercicio de su propiedad intrínseca de acción, como se indica a continuación.

(COMBINED ACTION COMPONENT OF ALL THE FIVE PURE STATES OF MATTER)

Al igual que los centros de poder de percepción, el centro de poder asociado con cada tipo de acción está limitado a esa acción particular solamente. El centro de poder de habla es el único capaz de realizar el habla y es incapaz de realizar cualquier otra acción. Como antes, cada centro de poder tiene su propia función dedicada que no puede intercambiarse con ninguna otra.

Los componentes sutiles que permiten la coordinación entre los centros de poder de acción son los siguientes en formarse. Son los cinco centros de poder de la función fisiológica: respiración, digestión, circulación, excreción y reversión. Las funciones de estos cinco centros de poder están entrelazadas. Juntos, se combinan para permitir que el resto de los componentes sutiles operen.

Así, estos cinco componentes son de naturaleza sintética, en lugar de específica. Esto se debe a que, tal como vimos en la sección anterior, **los cinco centros de poder de la función fisiológica se generan mediante la combinación de la propiedad de acción dentro de *los cinco* estados puros de la materia**, en lugar de derivarse de los individuales.

Con la creación de estos 10 componentes sutiles, la propiedad intrínseca de la *acción* se ha agotado de manera efectiva y no hará más contribuciones durante el Big Bang sutil. De hecho, **tras el agotamiento de esta propiedad intrínseca y la generación de los 20 componentes sutiles, el Big Bang sutil se completa, y surge el Big Bang grueso**. Sin embargo, antes de continuar, tomemos un momento para mirar más allá del contexto del cuerpo humano y considerar las implicaciones del Big Bang sutil para otros entes.

Creación sutil más allá del contexto del cuerpo sutil humano

Consideraremos primero la vida animal. Aunque la configuración precisa varía ligeramente de una forma de vida a otra, el cuerpo sutil del animal generalmente consta de 17 componentes sutiles. Estos componentes sutiles corresponden a los componentes sutiles humanos, excepto el ego y los intelectos grueso y sutil.

Algunos animales pueden tener menos de 17 componentes. Pueden carecer de un determinado centro de poder de percepción o acción, o incluso carecer de memoria, pero 17 representa el número *máximo* de componentes presentes en el cuerpo sutil de un animal. Los cuerpos sutiles de los animales se manifiestan simultáneamente con la manifestación de los cuerpos sutiles de los humanos, y los procesos se desarrollan de la misma manera.

Los cuerpos sutiles de las plantas son diferentes. A diferencia de los humanos y los animales, que poseen numerosos componentes sutiles distintos, las plantas poseen un conjunto de componentes sutiles amalgamados. La propiedad intrínseca del conocimiento dentro de los cinco estados puros de la materia genera un componente sutil perceptivo amalgamado; de manera similar, la propiedad intrínseca de la acción genera componentes activos y energéticos (el equivalente vegetal de los cinco centros de poder de la función fisiológica). Así, los cuerpos sutiles de las plantas constan de solo tres componentes sutiles. Se forman durante la fase del Big Bang sutil que corresponde a la propiedad intrínseca de la cual derivan.

Finalmente, ¿qué ocurre con la materia inerte? La materia inerte no posee ningún tipo de cuerpo sutil, por lo que ninguna fase de la creación sutil le corresponde. Sin embargo, recordemos que previamente identificamos un poder sutil de inercia que es responsable de permitir que toda la materia exista. Este poder es distinto de la propiedad intrínseca de la inercia, que se afirma durante el Big Bang grueso. Este es el poder derivado causalmente que permea toda la *materia sutil*, que simplemente le permite existir. Como tal, está presente en toda la materia desde el principio del Big Bang sutil. Así que, los objetos inertes poseen este poder sutil, aunque no posean un cuerpo sutil.

A partir de estas descripciones abstractas de los diversos cuerpos sutiles y componentes sutiles, podemos extrapolar la manifestación de *todos* los cuerpos sutiles y todos los componentes sutiles para *todos* los contenidos de todo el universo(s) manifiesto. Todos los cinco estados puros de la materia fundamental, *todos* los componentes sutiles de la vida humana y animal, todas las amalgamaciones sutiles de la vida vegetal y el poder sutil de la inercia que permea todos los objetos inertes, juntos forman el universo sutil, que se manifiesta directamente desde el universo causal.

En este punto de la manifestación universal, aún no se ha formado ni un solo átomo de materia gruesa. El estado del universo consiste únicamente en puro pensamiento (que viaja más rápido que la velocidad de la luz). Sin embargo, con el agotamiento de las propiedades intrínsecas del conocimiento y la acción, la manifestación del universo sutil está completa. ¡El Big Bang sutil ha concluido y el Big Bang grueso está a punto de comenzar!

Cómo se desarrolla el Big Bang grueso

Durante el Big Bang sutil, las propiedades intrínsecas del *conocimiento y la acción* se agotaron para manifestar el universo sutil. Sin embargo, la tercera propiedad intrínseca—la *inercia*—permanece. **El agotamiento de la propiedad intrínseca de la *inercia* es responsable de desencadenar el Big Bang grueso y manifestar toda la materia gruesa del universo grueso.**

Para muchas personas, *este* evento representa el evento formativo del universo—'el' Big Bang. Esta perspectiva no considera en absoluto la formación del universo sutil. Incluso aquellos que se dedican a la contemplación de varios aspectos del universo sutil no son plenamente conscientes del universo sutil *en sí*—y ni hablar del Big Bang sutil. Por supuesto, sin una comprensión de estos fenómenos sutiles, la capacidad de entender verdaderamente la naturaleza del universo será limitada. Por eso es tan importante llenar este vacío en la comprensión general de la manifestación universal. Nuestro intento de hacerlo continúa en esta sección, mientras exploramos cómo el Big Bang sutil da paso al grueso.

Recordemos el ejemplo del agua. La cantidad de agua podría existir en su estado puro solo en forma de pensamiento. En su estado grueso, también contiene inherentemente una porción de los otros cuatro estados de la materia. Así, la característica inherente de la materia gruesa es que es una combinación de *los cinco estados* de la materia gruesa. Para entender la lógica detrás de esta característica, examinemos cómo la materia gruesa se deriva de la materia sutil.

Una vez que los cinco estados puros de la materia fundamental agotan sus propiedades intrínsecas de conocimiento y acción, solo queda la propiedad de la inercia; y ahora se afirma. ***El ejercicio de la propiedad intrínseca de la inercia representa el comienzo del Big Bang grueso.***

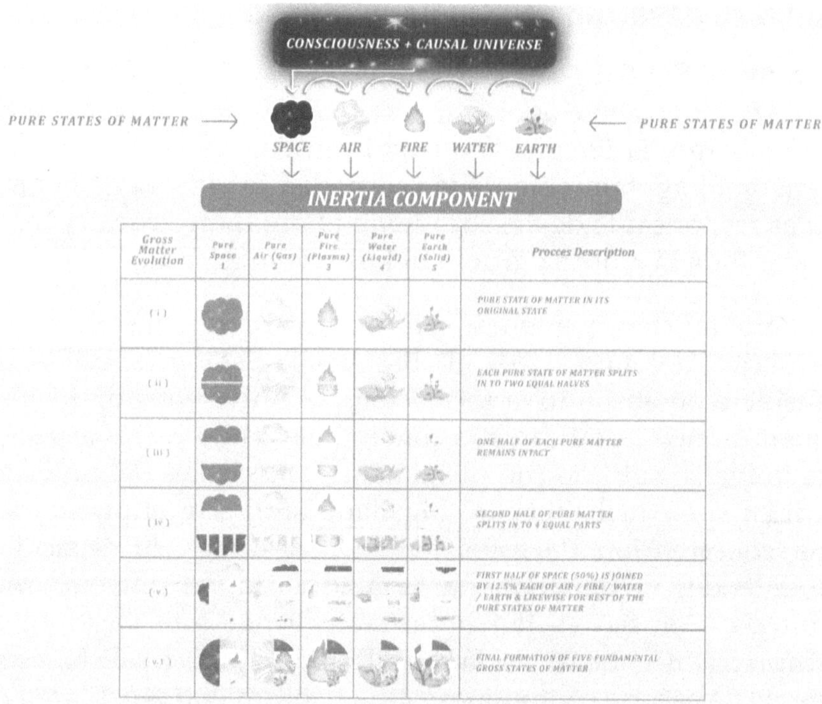

Cada estado puro de la materia ejerce la propiedad intrínseca de la inercia dentro de él, manifestando cada estado de materia gruesa. Sin embargo, como hemos establecido, cada estado de materia gruesa contiene inherentemente todos los otros estados también. ***Así, a medida que el espacio puro manifiesta el espacio grueso, el aire puro manifiesta el aire grueso, y así sucesivamente, cada uno de estos estados puros de la materia se combina instantáneamente con los otros cuatro estados puros en proporciones específicas, creando la verdadera forma de cada estado específico de la materia gruesa.*** Cómo se manifiestan y combinan los diversos estados de la materia gruesa se ilustra en el siguiente gráfico.

Durante el Big Bang sutil, la materia sutil fue distribuida a lo largo del universo(s). Así, cuando la propiedad de la inercia se afirma, la materia gruesa también se deposita a lo largo del universo(s). Dicho de otra manera, debido a que sabemos que cada estado de materia gruesa contiene una porción de los otros cuatro estados, dondequiera *que* exista un estado de materia gruesa, los otros cuatro estados existirán dentro de él, en proporciones iguales.

Por ejemplo, el agua gruesa contendrá un 50% de agua pura y el otro 50% será ocupado por los otros cuatro estados de la materia, a saber, espacio, aire, fuego y tierra, digamos un 12.5% cada uno. Este porcentaje se distribuye a una escala galáctica y cósmica, no se limita solo al planeta Tierra.

De esta manera, el Big Bang grueso se deriva directamente del Big Bang sutil y da lugar a la formación de los cinco estados de la materia gruesa mediante el ejercicio de la propiedad intrínseca de la inercia. **Una vez que esto ha ocurrido, el 'Big Bang' (tal como se entiende comúnmente) comienza efectivamente**: desde la consolidación de las leyes físicas del universo hasta la manifestación de los primeros elementos de la tabla periódica; desde las aglomeraciones sutiles de elementos traza en el espacio hasta la formación de estrellas, planetas, galaxias y todos los demás cuerpos astronómicos; y desde el origen de las formas de vida microscópicas hasta la llegada de la humanidad. La naturaleza y secuencia de cada uno de estos procesos han sido bien documentadas por observadores científicos y forman lo que se conoce como la historia de nuestro universo. Por supuesto, acabamos de ver cómo esta historia ni siquiera comenzó hasta después de que ocurrieran los verdaderos orígenes del universo manifiesto. Como tal, cualquier relato de la historia del universo manifiesto que excluya la verdadera naturaleza de los Big Bangs sutil y grueso será inevitablemente incompleto.

Ahora, a pesar del análisis exhaustivo que hemos presentado hasta ahora, todavía existen algunos aspectos de los universos causal y sutil que permanecen desconocidos; y obviamente, también hay muchos aspectos del universo grueso que siguen siendo desconocidos. Pero al tener en cuenta todo lo que sabemos acerca de los tres universos y estudiarlos en conjunto, será probable que sea posible desentrañar misterios que hasta ahora han permanecido sin solución. Esto también puede avanzar en la comprensión colectiva de la humanidad sobre los universos que habitamos.

Por ejemplo, anteriormente en este libro invocamos los conceptos de materia oscura y energía oscura. La materia gruesa observable y ordinaria solo representa el cinco por ciento de toda la energía del universo, con la materia oscura representando el 27 por ciento y la energía oscura el 68 por ciento restante. ¿Podría ser que toda esta materia oscura y energía oscura corresponda con el universo sutil? ¿Podría corresponder específicamente con la propiedad intrínseca de la inercia responsable de manifestar el universo grueso? ¿Podrían descubrimientos como estos ayudarnos a aprender más sobre el universo causal? Independientemente de las respuestas reales a estas preguntas, no cabe duda de que incorporar el esquema del universo detallado aquí en la investigación científica rigurosa en curso *llevará* a descubrimientos significativos, tal vez incluso a la gran teoría unificada de todo que hasta ahora ha permanecido elusiva.

Con esto, nuestro recuento de los orígenes del universo manifiesto está completo. Este evento en dos fases no surgió de la nada, sino de la vasta potencialidad almacenada en el universo causal. Fue desencadenado por un evento desestabilizador específico: la fuerza acumulada de todos los universos manifiestos que lo precedieron. Este ciclo sin principio de manifestación y no manifestación, potencialidad y actualidad, el Big Bang y el Big Crunch (o Big Rip) han precedido a nuestro universo manifiesto actual durante incontables iteraciones y continuarán haciéndolo en perpetuidad.

Aún hay varios temas que debemos explorar a fondo, como los principios de causalidad y la naturaleza de la conciencia infinita. En los próximos capítulos, continuaremos nuestro análisis sistemático explorando estos temas, siempre avanzando hacia la metodología que permitirá el objetivo humano último: perseguir y capturar la infinitud.

Capítulo 20

El Camino a seguir

Habiendo completado este análisis del universo y su creación, ahora estamos listos para dar un paso más hacia el objetivo último descrito en este libro: capturar la infinitud. Nuestro estudio se dirigirá ahora a los métodos específicos que puedes adoptar al comenzar tu búsqueda de este objetivo.

Pero antes de pasar a una discusión sobre las calificaciones, preparación y prácticas involucradas en esta búsqueda, hagamos un breve resumen del camino que nos ha llevado hasta este punto; esto proporcionará un contexto útil para los temas que se tratarán en los próximos capítulos.

Cómo llegamos aquí

Comenzamos identificando a los raros 10 millones de individuos que ya están comprometidos, de una u otra manera, en la búsqueda de la infinitud. Ya sea que utilicen instrumentos de alta tecnología o inferencias derivadas de observaciones más sutiles, estos individuos procesan datos obtenidos mediante métodos científicos para impulsar sus intentos de responder las preguntas más profundas que los seres humanos son capaces de hacer: el *cuándo, dónde, por qué, cómo y qué* del universo.

Es importante señalar, sin embargo, que estos esfuerzos están limitados a las observaciones del universo grueso, obtenidas mediante instrumentos compuestos de materia gruesa. Y, sin embargo, su objetivo es capturar la infinitud. Ya sea que estos esfuerzos involucren el estudio a nivel macrocósmico de la astrofísica o a nivel microcósmico de la física cuántica, lo cierto es que tratan con materia gruesa. Tanto los gobiernos como los individuos han dirigido muchos recursos, medidos en tiempo y dinero, hacia estas búsquedas gruesas de lo infinito.

A pesar de todos estos esfuerzos por usar medios gruesos para estudiar la materia gruesa, observamos que la herramienta de validación definitiva se encuentra en el intelecto del observador, un componente compuesto de materia sutil.

Más allá de eso, estudiamos la naturaleza del Big Bang, un evento discreto ocurrido hace unos 13.8 mil millones de años. Aunque las observaciones recientes del JWST pueden llevar a una revisión de la fecha precisa, aún podemos estar *relativamente* seguros de su momento, y podemos estar *absolutamente* seguros de su realidad. ¡No necesitamos más pruebas que mirar a nuestro alrededor para reconocer la realidad de la materia gruesa que se formó durante este evento!

Fuimos más allá del Big Bang grueso para estudiar el Big Bang sutil, que dio origen al universo sutil, un universo compuesto de materia sutil formada por los cinco estados puros de la materia fundamental, los bloques de construcción de los pensamientos. También vimos cómo este Big Bang sutil fue el resultado de la desestabilización de la singularidad o el universo causal que le precedió.

A través de nuestro análisis, llegamos eventualmente a la conclusión lógica de que la conciencia es un medio no material, eterno y omnipresente en el que los tres universos—causal, sutil y grueso—están bañados. Este medio no solo forma la base de la conciencia humana, sino también el ciclo mismo de manifestación y no manifestación del universo.

Finalmente, revelamos cómo, al eliminar todos sus deseos no cumplidos, una persona se une con su verdadera identidad y con la conciencia misma, alcanzando un estado de felicidad infinita. Describimos este evento con una cadena de conceptos equivalentes: **Yo = Tú = Conciencia = Todo-Pervadente = Infinitud = Felicidad Infinita.**

Entonces, ¿cómo se alcanza este estado? Examinamos los conceptos y teorías relevantes, pero ¿qué método debe utilizarse para perseguir y capturar la infinitud? Como veremos a continuación, esta es tanto una cuestión de *cómo* como de *quién*.

¿Quién procederá?

En este punto, los lectores de este libro generalmente caerán en una de varias categorías. Algunos disputarán lo que hemos explorado hasta ahora y permanecerán escépticos o descartarán completamente estos conocimientos. Otros tendrán una visión más favorable de las ideas discutidas aquí, pero sentirán que han obtenido todo lo que necesitaban de este libro y probablemente lo dejarán a un lado, quizás solo regresando a él de vez en cuando para referencia. En ambos casos, es poco probable que estas personas continúen construyendo sobre las lecciones que han aprendido aquí.

Habrá un grupo más pequeño de pensadores que considerarán este material lo suficientemente provocador como para intentar incorporar algunos de estos conceptos en su práctica científica existente. Este es un uso importante y necesario de estas ideas y probablemente conducirá a avances significativos en la comprensión del universo por parte de la humanidad.

Finalmente, el segmento más pequeño de lectores—una mera fracción de los ya raros 10 millones—se sentirá impulsado por el contenido de este libro a dedicarse seriamente y de manera completa a la búsqueda del infinito. La dedicación a esta búsqueda implica una fe genuina y lógica de que la disolución total del pensamiento conducirá a un estado de unidad con lo infinito.

Idealmente, todos los lectores de este libro—y, de hecho, todos los raros 10 millones de intelectos—seguirían este objetivo. Sin embargo, este camino requiere dedicación. Dado que cada individuo está naturalmente inclinado hacia la búsqueda de sus deseos existentes, debemos reconocer que no todos tomarán este camino. Por lo tanto, es a la cuarta y más pequeña fracción de lectores a quienes se dedican los capítulos restantes de este libro.

Una vez que este raro grupo de personas haya comprendido que el propósito último de nacer humano es la búsqueda del infinito, el siguiente objetivo será prepararlas para este intento. Piense en esta preparación en el contexto del JWST, que pasó décadas de preparación y ajustes finos antes de su lanzamiento en 2021. Si este instrumento grueso requiere una preparación tan extensa, considere lo que se implicará en la preparación de los propios instrumentos internos—el ego, la memoria, el intelecto y la mente—para esta búsqueda sutil del infinito.

Aunque esta preparación requiere seriedad y dedicación, no debe parecer desalentadora ni abrumadora, ya que existen métodos y enseñanzas específicos y comprobados disponibles para guiar el camino. Abrazar estos recursos ayudará a preparar tanto los cuerpos sutiles como los gruesos para este noble esfuerzo.

Al igual que uno debe completar numerosas pruebas de aptitud para obtener las calificaciones necesarias para asistir a una universidad prestigiosa, existen numerosos criterios que uno debe cumplir y pasos que debe tomar para poder realmente capturar el infinito. Ser uno de los raros 10 millones representa una calificación significativa en sí misma, ya que demuestra un compromiso con esta búsqueda. **Sin embargo, si uno será finalmente capaz de capturar el infinito depende de la intensidad de su deseo de hacer de la captura del infinito su principal—y, eventualmente, su** único **objetivo.**

Comencemos con los métodos que se pueden emplear para prepararse para este intento, ofreciendo una visión general de los principios y su relación con el contenido de este libro hasta este punto.

Ciencia y Vedanta

En adelante, todos los métodos y conceptos que discutiremos tendrán su origen en el Vedanta. ¿Qué es el Vedanta? *El Vedanta es, fue y será un firmware trans-científico que comprende conjuntos sistemáticos de herramientas lógicas, algoritmos, principios, sistemas y leyes válidos eternamente.* Estos recursos están destinados a guiar a las personas que deseen perseguir y capturar la infinitud, ofreciendo orientación sobre las calificaciones, preparaciones y prácticas necesarias para este intento. En resumen, es una filosofía, en el más verdadero sentido de la etimología griega: *philosophia,* 'amor a la sabiduría.'

Hasta ahora, este libro ha evitado mencionar el Vedanta o términos relacionados; **sin embargo, cada concepto que se ha discutido hasta ahora ha derivado directamente del Vedanta**. Esto incluye todo, desde nuestras recientes exploraciones sobre la creación y la conciencia, hasta nuestra discusión anterior sobre la composición humana, los objetivos humanos y la lógica detrás de capturar la infinitud.

La razón por la cual la conexión con el Vedanta no se introdujo en los capítulos anteriores es sencilla. Muchos pensadores, especialmente en Occidente, están profundamente condicionados a asociar el Vedanta (y, en general, cualquier texto similar) con el misticismo y la irracionalidad, considerándolo incompatible con las investigaciones científicas. Presentar nuestro contenido de manera neutral nos permitió avanzar de un concepto a otro de forma racional y sistemática, evitando sesgos y demostrando la solidez lógica de las ideas expuestas.

Como sistema racional, el Vedanta puede considerarse una extensión de la práctica científica de cualquier pensador. Sin embargo, una vez que estos conceptos se comprenden verdaderamente, ese mismo pensador inevitablemente se da cuenta de que la ciencia y la física son, en realidad, derivaciones del Vedanta.

Como mencionamos en la introducción, donde termina la física, comienza la filosofía. Sin embargo, a lo largo de los siglos, la brecha entre la ciencia y la filosofía se ha ampliado. Como resultado, ambas disciplinas se han desconectado entre sí, y la posibilidad de alcanzar un consenso es mínima. Uno de los propósitos de este libro es reducir esa brecha aparentemente creciente. Dado que el Vedanta es un sistema que abarca tanto la ciencia como la filosofía, se presenta como el medio ideal para lograr esta unificación.

A medida que avancemos en los próximos capítulos explorando conceptos arraigados en el Vedanta, será necesario incluir algunos términos en sánscrito, algo que este libro ha evitado hasta ahora. El uso de estos términos no tiene la intención de confundir al lector, y siempre serán definidos de manera exhaustiva. Idealmente, su inclusión no solo aclarará el uso erróneo que a menudo se les da en la actualidad, sino que también ayudará al lector en su preparación para la búsqueda del infinito.

Fundamentos del Vedanta

El Vedanta se origina en una serie de textos antiguos llamados *Vedas,* que se dividen en cuatro grupos: *Rig, Yajur, Saama y Atharvana.* Al final de cada uno de los cuatro Vedas se encuentra un conjunto de textos de gran importancia llamados *Upanishads.*

Los Upanishads tratan conceptos como la composición humana, el universo, la creación, el infinito, la conciencia, los objetivos humanos, sus interrelaciones y cómo alcanzar el estado de conciencia infinita, entre otros. Estos textos constituyen la base de los conceptos que ya se han presentado a lo largo de este libro.

El término *Vedanta* se deriva de las palabras sánscritas *veda,* que significa 'conocimiento,' y *anta,* que significa 'fin' o 'último.' Por lo tanto, *Vedanta* no solo hace referencia al hecho de que los Upanishads aparecen literalmente al final de los Vedas, sino también a que representan el conocimiento supremo—en un sentido muy real, el conocimiento del infinito.

A pesar de ser un sistema de pensamiento profundamente secular que se aplica a todos los seres humanos, en tiempos modernos, los Vedas se han vinculado al concepto del hinduismo. La idea de una religión llamada "hinduismo" es relativamente reciente, introducida por los colonizadores occidentales en los siglos XVIII y XIX. La cultura védica precedió a este desarrollo por miles de años, y el conjunto de personas que seguían esta cultura eran llamados *Vaidikaas,* más tarde (erróneamente) denominados hindúes. Ni en la historia ni en su contenido los Vedas son textos explícitamente religiosos. Al reconocer esta historia y desvincular los Vedas de la religión, específicamente del hinduismo, el lector podrá acceder al contenido universal, secular y científico de estas obras, y darse cuenta del valor infinito del Vedanta.

Además de los Upanishads, existen otros dos textos fundamentales del Vedanta: los *Brahma Sutras* y el *Bhagavad Gita*. Juntos, estos tres textos son conocidos como el *Prasthana Trayam*, que significa la "Tríada Canónica" del Vedanta.

El primero de estos textos, los Upanishads, son antiguos textos crípticos que tratan sobre la conciencia, el infinito, la creación y otros temas que ya hemos abordado. Originalmente, incluían más de mil Upanishads—según algunos relatos, 1.180—aunque este número no puede verificarse, ya que muchos se han perdido con el tiempo. En la actualidad, han sobrevivido 220 Upanishads. De estos, solo 108 han sido interpretados por eruditos vedánticos. Estos son considerados los Upanishads auténticos y están altamente codificados, por lo que solo pueden ser descifrados por eruditos vedánticos bien instruidos.

El segundo conjunto de textos de la tríada, los Brahma Sutras—literalmente significando 'fórmulas del infinito'—recogen los mensajes dispersos a lo largo de los Upanishads y los reorganizan en una presentación sistemática y codificada. Así, si los Upanishads son pétalos de flores esparcidos, los Brahma Sutras son una guirnalda de flores. Estos 555 sutras fueron recopilados y compuestos por el sabio Vyasa, y toman la forma de breves y concisas afirmaciones (conocidas como fórmulas) que tratan sobre el infinito, la conciencia, la creación y la composición humana.

El tercer y último texto es el Bhagavad Gita, el texto vedántico más popular de los tiempos modernos. También compuesto por el sabio Vyasa, consta de 701 versos que decodifican, amplían y sistematizan aún más el contenido de los Upanishads y los Brahma Sutras, haciéndolos más fáciles de entender y aplicar a la vida..

A medida que el tiempo ha avanzado y la inteligencia humana ha decaído, incluso los mensajes vedánticos decodificados del

Bhagavad Gita han llegado a ser difíciles de comprender para el intelecto. Para abordar esto, a lo largo de los años se han compuesto numerosos textos auxiliares, junto con comentarios y subcomentarios proporcionados por diversos eruditos vedánticos.

Algunas de las obras vedánticas más destacadas incluyen el *Vedanta Saara, Tattva Bodha, Bhaja Govindam, Atma Bodha, Vedanta Dindima, Pancha Dasi, Anubhuti Prakasika, Aparoskha Anubhuti, Drg Dishya Vivekaha, Jiva Yatra, Manisha Panchakam, Niti Shatakam, Saadhana Panchakam, Saddh Dharshanam, Uddhava Gita, Upadesha Sahasri, Vairagya Shatakam, Vaakya Vritti, Vichara Sagara* y *Viveka Chudamani.*

El lector debe tener en cuenta que ***NO es absolutamente necesario*** estudiar ni siquiera conocer todos estos textos auxiliares. Se mencionan para aquellos lectores que puedan sentir curiosidad, pero el estudio de todos estos textos no es en absoluto un requisito para la búsqueda del infinito.

Junto con un libro introductorio como este, un estudio profundo del Bhagavad Gita y una revisión de dos o tres Upanishads serían más que suficientes. Independientemente de los textos que se elijan, la clave es un estudio constante y sistemático a lo largo del tiempo, bajo la guía de un maestro competente. El tiempo requerido depende completamente de la fuerza de los deseos secundarios en comparación con el deseo primario de capturar el infinito, así como de la fortaleza del intelecto de cada individuo. Sin embargo, el estudio sistemático de estos textos es una de las mejores maneras de intensificar el deseo primario con el tiempo, lo que permitirá eventualmente capturar y unirse al infinito.

Con esta comprensión fundamental establecida, pasemos ahora a analizar los requisitos o calificaciones necesarias para un intento exitoso de capturar el infinito.

Capítulo 21

Requisitos previos

Así como las instituciones prestigiosas y los cargos de alto nivel requieren calificaciones específicas para ser aceptados, la búsqueda del infinito también exige un conjunto de requisitos previos. Estos requisitos están diseñados para preparar tanto el cuerpo sutil como el cuerpo grueso para la realización de este objetivo supremo del ser humano. Las raras 10 millones de inteligencias ya poseen cierto grado de estas calificaciones, pero pertenecer a ese grupo no implica una calificación completa por sí misma. Será necesario un trabajo dedicado y sostenido a lo largo del tiempo para obtener las cualificaciones necesarias para esta búsqueda.

Las cuatro cualificaciones fundamentales

El Vedanta establece un conjunto de cuatro cualificaciones principales para la búsqueda del infinito, conocidas como *Saadhana Chatushtayam*—donde *Saadhana* significa 'cualificaciones' y *Chatushtayam* significa 'cuádruple'. El lector no debe distraerse con estos términos en sánscrito, que se incluyen solo para brindar contexto y completitud. A medida que expliquemos cada una de estas cualificaciones, todos los términos serán definidos en un inglés claro y secular.

Primera cualificación: Un deseo ardiente e intenso por el infinito (Mu-Muk-Shatvam)

Aquellos que poseen *Mumukshutvam* reconocen que la felicidad derivada de la seguridad, el confort y la riqueza material es efímera. Aunque estos objetivos puedan brindar placer momentáneo, su naturaleza transitoria genera inevitablemente insatisfacción y sufrimiento.

En contraste, el deseo de alcanzar el infinito es estable y permanente, pues se basa en la conciencia misma, que es sinónimo de felicidad. Quienes cultivan este deseo con seriedad experimentan un gozo duradero en su búsqueda, ya que cada paso en el camino hacia el infinito refuerza su conexión con la verdadera esencia de la existencia.

Los individuos que solo persiguen objetivos de estos tres tipos están condenados a sufrir constantemente. En un intento de aliviar este sufrimiento, cambiarán sus objetivos una y otra vez. Esto puede brindar un alivio temporal en algunas ocasiones, pero, en última instancia, los lleva a un estado de enredo inextricable. Peor aún, este enredo se extiende más allá de una sola vida y condenará al individuo a innumerables existencias de sufrimiento a lo largo del ciclo de nacimiento y muerte.

Vedanta describe este estado de enredo y sufrimiento sin escapatoria con una sola palabra: *Samsaara*. Este término se refiere al acto de aferrarse a los aspectos impermanentes de la vida, volverse dependiente de ellos y sufrir las consecuencias de este apego a lo largo del ciclo de nacimiento y muerte. Este sufrimiento puede manifestarse en forma de inseguridad, preocupación, ansiedad, miedo, frustración, decepción, odio, celos, ira, lujuria, engaño, codicia, posesividad, egoísmo, entre otros. Todas estas condiciones surgen de la expectativa errónea de encontrar permanencia en la satisfacción de objetivos efímeros, lo que refleja una comprensión profundamente equivocada sobre la naturaleza de las búsquedas mundanas.

Sin embargo, al construir un deseo muy fuerte por la búsqueda de la infinitud, uno se libera sistemáticamente de este ciclo de sufrimiento. Por eso es tan importante establecer la cuarta meta humana, la meta de capturar la infinitud, como la meta principal. Ayuda a generar impulso para liberarse de este ciclo.

Un par de ejemplos del Vedanta ilustrarán la importancia de Mumukshatvam, el fuerte deseo de obtener la libertad del estado de enredo y sufrimiento.

Primero, imagina que te empujan a una piscina profunda de agua. Tu cabeza es sostenida con fuerza bajo el agua desde arriba. ¿Cuál sería tu estado mental en este momento? **Tu único pensamiento en ese instante sería lograr sacar tu cabeza del agua de alguna manera.**

Ahora, supón que estás en casa solo y tu casa se incendia. Imagina tu estado mental mientras este incendio arde a tu alrededor. **Tu único pensamiento sería salir de la casa.** No perderías tiempo sentado pensando en cómo salvar tus artículos de tocador, utensilios de cocina u otros gadgets.

Ahora hablemos de lo siguiente: nacer como ser humano es equivalente a ser arrojado a esa piscina de agua o quedar atrapado en esa casa en llamas. El deseo unipersonal de salir del agua o salir del fuego puede equipararse al fuerte deseo de perseguir lo infinito. La búsqueda y captura de lo infinito es la única forma de escapar del ciclo de enredo. Si uno no escapa, está destinado a nacer nuevamente en la misma casa en llamas. Tal es el significado de Mumukshatvam, el fuerte deseo de obtener libertad del enredo y el sufrimiento.

El pensamiento de reunir este nivel de intensidad puede parecer desalentador, pero no tiene por qué serlo. Incluso una intensidad débil es suficiente para empezar. Con compromiso, esa intensidad aumentará con el tiempo. Incluso comprometer de un 5 a un 10 por ciento de los pensamientos diarios hacia intensificar el deseo de capturar lo infinito representaría un compromiso significativo. Con el tiempo, el compromiso sostenido llevará progresivamente a grados más altos de intensidad.

La libertad del Samsaara se conoce como *Moksham o Mukthi,* que se refiere a la unidad del ser con la conciencia infinita. A la escala macrocósmica del universo, esta conciencia infinita es conocida como *Brahman;* y cuando se manifiesta en la escala microcósmica, en un solo individuo, se conoce como *Atman*.

El lector debe tener en cuenta que el término Brahman no debe ser malinterpretado como el mismo que *Braahmiin,* que se refiere a la casta sacerdotal dentro del sistema de castas indio, un sistema que fue diseñado para beneficiar a la humanidad, pero que se convirtió en la peor maldición imaginable para la comunidad india. En el siguiente capítulo, abordaremos brevemente el sistema de castas y su relación con el resto de las ideas presentadas en este libro. Por ahora, solo debe señalarse que los términos no son idénticos, pero que cualquier individuo (no necesariamente solo aquellos nacidos en una familia Braahmiin) que dedique sinceramente y de manera sistemática su vida a la búsqueda de la infinita conciencia (Brahman) es conocido como un Braahmiin.

Segunda cualificación: Discriminación (Vivekam)

La segunda cualificación para la búsqueda de la infinitud es la discriminación. Discriminación aquí no significa 'prejuicio'. En cambio, el término *Vivekam* significa 'discriminación intelectual', la capacidad de pensar, analizar, razonar, juzgar, validar, decidir—en resumen, usar la lógica.

La discriminación es la capacidad del intelecto para primero entender y luego negar todos los aspectos materiales e impermanentes del mundo. También es la capacidad para entender los aspectos permanentes del mundo, incluidos los presentes en la propia personalidad de cada uno: la conciencia infinita que está presente en todos nosotros.

La discriminación permite utilizar los aspectos temporales y fugaces del mundo para satisfacer las necesidades temporales de seguridad, confort y riqueza invisible, pero sin depender de ellos *para nada más*. A través de la aplicación discriminatoria del intelecto, uno puede crear oportunidades para avanzar en su educación, obtener entretenimiento y construir una riqueza material razonable. Sin embargo, es necesario tener una firme convicción de que la felicidad actual no depende de los logros futuros, ni de ningún otro aspecto temporal del mundo.

Cuando miramos más allá de las condiciones pasajeras de este mundo, podemos discernir tres factores universales que parecen ser permanentes: el tiempo, el espacio y la causalidad. Sin embargo, estos factores aparentemente eternos no son permanentes. **Todo lo que *es*, no es permanente. Una vez que uno se une con la *verdadera* permanencia omnipresente, se da cuenta de que incluso el tiempo, el espacio y la causalidad son temporales.** Esta realización depende de la fuerza del intelecto de cada uno.

Nuevamente, no es necesario poseer este poderoso nivel de discernimiento intelectual desde el comienzo del camino. Simplemente intentar distinguir entre los aspectos permanentes e impermanentes de la vida y asignarles los valores adecuados es un buen comienzo. Esta capacidad se desarrollará con el tiempo hasta que uno pueda utilizar el discernimiento intelectual para apoyar su objetivo de alcanzar la conciencia infinita.

Tercera calificación: Desapego (Vai-Rag-Yam)

Desapego o *Vairagyam* es la tercera calificación para la búsqueda y captura del infinito. Es un concepto ampliamente malinterpretado en el Vedanta. No significa que uno no tenga pasión, sino que, basado en su fuerza intelectual y determinación interior, ha alcanzado el dominio sobre sus experiencias sensoriales y no puede ser emocionalmente influenciado por los estímulos del mundo.

Esto no se logra huyendo del mundo físico, sensorial e impermanente. Mientras uno habite un cuerpo denso, *siempre* pertenece al mundo sensorial. Por lo tanto, tales esfuerzos están destinados al fracaso. En cambio, se alcanza el desapego cuando uno puede fijar sus pensamientos en la única meta permanente y no se deja distraer por las cosas sensoriales.

Para ilustrar este punto, consideremos los castillos de arena construidos en la playa. Puede ser placentero hacerlos y admirarlos, pero sería absurdo confiar en ellos para la seguridad y estabilidad de uno. Así ocurre con el desapego: se puede disfrutar de las cosas temporales, pero no aferrarse a ellas como si fueran permanentes. Quien habita en un castillo real aún puede disfrutar de los castillos de arena, pero no se verá afectado cuando el mar los arrastre.

El desapego consiste en asignar el valor adecuado a los objetos sensoriales y a las relaciones emocionales, lo que puede ayudar a cumplir objetivos secundarios como la seguridad, la comodidad y la riqueza intangible. Sin embargo, nunca se debe perder de vista el objetivo principal y permanente: la captura del infinito.

Al aferrarse a esa meta suprema, inevitablemente uno comenzará a actuar en este mundo con un sentido de desapego desapasionado. A medida que esto ocurre, se experimentará felicidad y paz en el camino, sin verse afectado por los fracasos o contratiempos que puedan surgir en la búsqueda de los objetivos secundarios.

Este trabalenguas resume bien la idea, aplicándose tanto a los objetivos relativos y secundarios como al objetivo absoluto y primordial: "Aférrate al apego del desapegado, para desapegarte del apegado."

Cuarta calificación: La riqueza séxtuple (Shatka Sampathi)

Independientemente de si uno busca objetivos secundarios o el objetivo principal, mientras forme parte del mundo, deberá actuar y enfrentar situaciones con seres y objetos impermanentes. Es fundamental poder gestionarlos de manera eficaz y armoniosa. Esta capacidad constituye la cuarta calificación, conocida como *Shatka Sampathi* o "riqueza séxtuple", que se refiere a la riqueza interior que surge de la disciplina interna. Esta riqueza interna es inmensamente superior a la riqueza material.

Para poner esto en práctica, primero se debe perfeccionar la autodisciplina; luego, esa misma disciplina interna puede aplicarse en las interacciones con el mundo exterior. Gestionar la personalidad interna mediante el desarrollo de un intelecto fuerte y una mente disciplinada orientada hacia valores superiores es un requisito esencial para la captura del infinito. Lograrlo depende del compromiso de cada uno con la asimilación y la vivencia de los siguientes seis atributos de la riqueza interna.

- ***Mente ecuánime (Samam)***

El término *Samam* significa "autocontrol" o "control de la mente"; sin embargo, dado que la palabra "control" implica restricción y supresión, una definición más adecuada es "una mente ecuánime". El Vedanta no aboga por ninguna supresión absoluta, ya que esto inevitablemente llevaría a consecuencias perjudiciales para la personalidad interna. Por lo tanto, *Samam* se refiere a un estado mental regulado, moderado y equilibrado.

Como sabemos, la mente es el centro de nuestros deseos y emociones, generando constantemente un flujo incesante de pensamientos. Este flujo es la naturaleza misma de la mente. Intentar suprimir estos pensamientos ignorándolos o negándolos no detendrá su aparición; al contrario, solo provocará una acumulación peligrosa que eventualmente conducirá a perturbaciones emocionales como el estrés y la ansiedad. Estas perturbaciones obstaculizarán el camino hacia la captura del infinito.

Para cultivar una mente serena, equilibrada y ecuánime, es esencial desarrollar y fortalecer el intelecto, ya que es el intelecto el componente de la personalidad interna responsable de regular la mente. Así, aunque este aspecto de la riqueza interna se refiere a la *mente ecuánime*, en realidad depende de la solidez del intelecto.

Si te preguntas cómo desarrollar la fuerza intelectual necesaria para alcanzar una mente ecuánime, recuerda que en este momento solo estamos explorando las **cualificaciones** para la búsqueda del infinito, *no* el proceso de adquisición de dichas cualificaciones. Los capítulos posteriores estarán dedicados a las prácticas específicas que se deben seguir para apoyar estos esfuerzos.

- ***Regulación de los sentidos (Dhamam)***

En los capítulos anteriores, discutimos cómo los cinco órganos sensoriales gruesos están constantemente dirigidos hacia el mundo, y cómo, durante el estado de vigilia, los cinco centros de poder de percepción traducen los estímulos sensoriales en el material bruto del pensamiento.

Cada estímulo sensorial experimentado por el cuerpo tiene el potencial de ser traducido en un pensamiento en la mente. Con los cinco canales sensoriales completamente abiertos a lo largo de la vida de vigilia, esto representa un flujo potencialmente torrencial de nuevos pensamientos *solo* a partir de las percepciones sensoriales.

Por lo tanto, el Vedanta promueve el *Dhamam*, la regulación de las percepciones sensoriales. Esta es una medida preventiva destinada a filtrar los inputs sensoriales innecesarios. Esto reduce el flujo total de pensamientos potenciales en la mente y facilita la concentración en las percepciones sensoriales que son más relevantes para los objetivos de cada uno.

- ***Mente retirada (Upa-Ramam)***

El simple hecho de establecer el objetivo de capturar el infinito no elimina los otros objetivos secundarios de la experiencia de vida de una persona. Incluso para quien está altamente dedicado al cuarto objetivo, algunos de los otros tres siempre estarán al acecho en la periferia.

La práctica de *Upa-ramam*, o retirada mental, ayuda a priorizar la dedicación al cuarto objetivo al retirar la dependencia de los objetos externos y mundanos. Permite dividir adecuadamente el enfoque entre diversas actividades, dedicando suficiente tiempo al cuarto objetivo del infinito mientras se asigna una cantidad mínima razonable de tiempo para los objetivos secundarios. En este sentido, está relacionado tanto con Samam como con Dhamam, ya que implica reducir, pero no eliminar ni reprimir, el enfoque en las prioridades de segundo orden.

Con una mente retirada, uno se enfoca en cumplir con sus deberes obligatorios, los cuales están directamente relacionados con el logro de los objetivos establecidos. Tal persona se volverá introvertida, en el sentido de que el enfoque estará en la búsqueda de los objetivos en lugar de satisfacer una dependencia de los objetos externos. En este contexto, *introvertido* y *extrovertido* no significan lo mismo que en el uso general. Aquí, un extrovertido depende de los objetos del mundo para el contento presente; un introvertido no depende de esas cosas y, en cambio, se enfoca en realizar acciones que ayuden a acercarse a los objetivos.

- ***Resiliencia mental (Thi-Thik-Sha)***

La experiencia de la vida es variada, y en ocasiones involucra dolor físico o angustia emocional. Siempre que sufrimos tales dolores, es natural buscar de inmediato alguna solución para ponerles fin. Podemos lograr aliviar el dolor temporalmente, pero es inevitable que, con el tiempo, otro dolor surgirá. Después de todo, la vida es una serie de experiencias, y el dolor y el sufrimiento son una parte natural de ella.

Algunos pueden intentar ignorar estos dolores, solo para que alcancen un punto crítico, momento en el cual todo el malestar acumulado se desbordará en ira desproporcionada u otro comportamiento negativo. Otros pueden lograr suprimir completamente su dolor, solo para experimentar depresión u otros daños crónicos en su personalidad.

Cada persona tiene un grado diferente de resiliencia cuando se trata de soportar el dolor físico y emocional; lo que es doloroso para una persona puede no significar nada para otra. Esto indica que existen diferentes umbrales para experimentar el dolor, y hasta ese umbral, los dolores no se experimentan *como* tales.

Por lo tanto, un medio más duradero para superar el dolor es elevar el nivel de resiliencia. Esto significa aumentar el umbral para experimentar el dolor y reducir el grado en que uno se identifica con el dolor, de modo que la recuperación sea más rápida. Al aumentar la capacidad para soportar el dolor, uno está mejor preparado para resistirlo de manera ecuánime e incluso tratarlo con facilidad y placer.

Sin embargo, esto no significa que uno no se sienta perturbado por experiencias difíciles, particularmente aquellas que implican daño a uno mismo o a otros. Distanciarse de la experiencia del dolor no tiene nada que ver con permitir que se aprovechen de uno o que le hagan daño. El mismo intelecto que permite soportar el dolor también puede ayudar a imponer límites adecuados y defenderse contra las fuerzas que invaden.

- ***Fe intelectual (Shraddha)***

La ignorancia de uno sobre el infinito continuará hasta el momento en que finalmente lo capture. Así, sin importar cuán avanzado esté uno en su camino hacia la captura del infinito, siempre habrá algo de ignorancia sobre la naturaleza del objeto de su búsqueda. Esto resalta la importancia de la fe intelectual o *Shraddha.*

Este libro ha tratado muchos temas abstractos, desde la lógica detrás de la captura del infinito hasta la naturaleza de la conciencia. A lo largo del texto, al lector se le ha animado a aceptar simplemente lo que está escrito y continuar el estudio con una mente abierta, pero, al mismo tiempo, no aceptar lo escrito con fe ciega. La mejor práctica es proceder sin rechazar lo desconocido ni aceptar nueva información de manera acrítica.

Esta es la naturaleza de la fe intelectual: la capacidad de continuar el estudio sin arrogancia intelectual, y centrarse en desarrollar el intelecto y el conocimiento hasta el punto en que uno logre convicción y comprensión completa.

Dos citas de poetas renombrados expresan de manera sucinta y hermosa la naturaleza de la fe intelectual:

> "Una creencia en algo que no sé hasta que llegue a saber en qué creo."
>
> – Joel Goldsmith

"La fe es el pájaro que siente la luz y canta cuando el amanecer aún está oscuro."

– Tagore

La fe intelectual puede ayudar a uno a adquirir los principios asociados con el Vedanta más rápidamente, permitiéndole avanzar en su camino con mayor rapidez también.

- ***Mente tranquila/concentración (Samadhanam/Dharana)***

La concentración y el enfoque han sido durante mucho tiempo componentes del lenguaje de la gestión y han sido utilizados por prácticamente todos los gurús de la motivación en todo el mundo. Todos coinciden en que la concentración es importante, pero, ¿qué significa realmente?

Recordemos la definición de este libro: concentración se refiere a la capacidad del intelecto para dirigir la mente y los centros de poder de percepción y acción para continuar con la actividad presente. Al concentrarse, el intelecto no permite que la mente disperse pensamientos hacia el pasado o el futuro, sino que los mantiene enfocados en sostener la actividad presente hasta su finalización satisfactoria.

Para concentrarse, uno debe tener objetivos claros con hitos bien articulados. En nuestro caso, el objetivo es el objetivo humano último, y los hitos pueden incluir alcanzar los requisitos descritos en este capítulo. Dado que este es el objetivo más significativo, nuestra búsqueda requiere mucha más concentración de la que sería necesaria para los objetivos secundarios.

La objetividad puede considerarse un corolario de la concentración. Implica una aplicación constante y continua del intelecto a lo largo de todas las actividades de la vida. Esto requiere un intelecto robusto capaz de registrar y reaccionar ante los pensamientos de manera objetiva.

Con esto, concluimos nuestro análisis del sexto aspecto de la riqueza interior, junto con la cuarta cualificación general. Finalicemos este capítulo con una mirada hacia adelante a la estructura de los próximos capítulos, que detallarán los métodos que el lector puede usar para mejorar gradualmente su capacidad para perseguir el infinito.

Mirando hacia adelante

Para perseguir y capturar la infinitud de manera efectiva, es necesario centrarse en alcanzar cada una de las cualificaciones mencionadas anteriormente utilizando un método sistemático y probado.

Cualquiera que lea este libro probablemente ya posea cierto grado de cada una de estas cualidades. Para llegar a este punto, es necesario contar con un intelecto razonablemente fuerte, lo cual será un gran activo en el futuro.

Sin embargo, el intelecto no lo es todo. Recuerde que la personalidad humana consta de varias capas. Así como cada estado de la materia gruesa inevitablemente contiene los demás, todas las capas de la personalidad humana están presentes en cada individuo. Incluso cuando una capa predomina, por ejemplo, el intelecto, la personalidad de una persona siempre contiene grados mayores o menores de la capa mental, la capa activa y la capa física. Todas estas capas, junto con el número de deseos que corresponden a cada una de ellas, combinadas, definen la personalidad general de una persona.

El Vedanta tiene en cuenta todas estas variables para proporcionar una guía que eleve y refine todos los aspectos de la personalidad de una persona. Esta guía toma la forma de procedimientos sistemáticos, lógicos y activos conocidos como *yogas*. Se prescriben diferentes yogas a diferentes individuos en diversas proporciones y por diferentes duraciones, dependiendo del estado de la personalidad general de cada uno.

La mayoría de las personas ya está familiarizada con el término yoga, aunque probablemente lo asocien más con una práctica que tiene que ver con ejercicio físico y meditación que con el apoyo a la capacidad de alcanzar sus metas. Sin embargo, como hemos señalado varias veces, el yoga y la meditación se han comercializado en gran medida, tanto en el Este como en el Oeste, hasta el punto de que muchos han perdido gran parte de su significado.

En los próximos capítulos, abordaremos la verdadera naturaleza de los diferentes yogas, junto con un estudio de los yogas específicos que el Vedanta prescribe en casos específicos. Pero primero, echemos un vistazo brevemente al sistema de castas (que se mencionó anteriormente en este capítulo), ya que hay cierta superposición importante entre ese sistema y las lecciones más amplias descritas en este libro.

Capítulo 22

El coste de las castas: ¡Bendición convertida en maldición!

El sistema de castas fue ideado como una de las mayores bendiciones para la humanidad: un sistema de justicia social perfecto que serviría para ayudar a los individuos a satisfacer las cuatro categorías de los objetivos humanos, culminando en la consecución de un estado de conciencia infinita.

En cambio, el sistema de castas se ha convertido en la mayor maldición imaginable. Está en ruinas y ha contribuido a una sociedad completamente en desacuerdo con su propósito original.

En este capítulo, abordaremos el sistema de castas social (*Varna Dharmam*), tanto como fue concebido, como lo que es ahora, además del sistema de estilo de vida individual (*Aashrama Dharmam*) que se pensó para ir de la mano con él.

Para el lector que esté exclusivamente interesado en desarrollar los requisitos previos para capturar la infinitud, este capítulo *no* es un requisito directo para ese objetivo. Sin embargo, para aquellos interesados en conocer el contexto vital de este sistema social y cómo se relaciona con las lecciones presentadas a lo largo de este libro, este capítulo presentará brevemente información importante antes de continuar con el resto de nuestra discusión.

Una nota adicional sobre la terminología: aunque generalmente hemos evitado términos en sánscrito a lo largo del libro hasta ahora, este capítulo está lleno de ellos debido al tema tratado. Como mencionamos previamente, no es necesario aprender ni retener estos términos para avanzar en el objetivo de este libro. Se proporcionan únicamente para contexto y completitud.

Poniendo la casta en contexto

A lo largo de los siglos, el sistema de castas ha evolucionado hasta ganarse la reputación de un código social rígido que clasifica a las personas en una jerarquía estricta basada principalmente y únicamente en las circunstancias de su nacimiento. Este sistema inflexible ha sido utilizado por partes interesadas (provenientes tanto de dentro como de fuera de la India) para sembrar división y permitir la perpetuación del colorismo, el clasismo y otros prejuicios sin fundamento.

Y sin embargo, a pesar de ser responsable de infligir sufrimiento basado en las condiciones materiales de este mundo, este sistema tiene sus orígenes en los mismos textos que nos dieron el camino hacia la captura de la infinitud.

¿Cómo es posible que ideas que permiten tanto la subyugación como la liberación puedan tener la misma fuente?

Para entender esto, necesitamos mirar el sistema de castas en su contexto original.

El origen y propósito del sistema de castas

Para comenzar, volvamos a una idea en la que hemos centrado nuestra atención a lo largo de este libro: los diversos tipos de metas humanas. Recordemos que hay cuatro categorías de metas humanas:

- **Metas de seguridad, que incluyen alimento, ropa, refugio y salud (*Artham*)**
- **Metas de confort, que incluyen comodidades materiales, físicas y lujos (*Kaamam*)**
- **Metas de riqueza invisible, o acciones realizadas en esta vida para manifestar recompensas en la próxima (*Dharmam/Punnyam*)**
- **La meta de la infinita, o fusión con la conciencia infinita/felicidad (*Moksham/Brahman*)**

Mientras que la cuarta meta, Moksham, es la meta **principal** de todos los seres humanos, el Vedanta también tiene un término que se refiere a estas cuatro metas **en conjunto**: *Purushartham* (Purusha-Artham), donde *Purusha* significa "ser humano" y *Artham,* en este contexto, significa "propósito significativo".

En un capítulo anterior, mencionamos que los medios para alcanzar Moksham están registrados en un conjunto de textos antiguos conocidos como los Upanishads, que tratan conceptos como la infinitud, la creación, la composición humana, la naturaleza del universo y el conocimiento último de la conciencia. A su vez, estas son las secciones finales de un conjunto más grande de textos antiguos conocidos como los Vedas. Esto podría haber llevado a preguntarse sobre la importancia de las partes iniciales de esos textos.

Las secciones anteriores de cada uno de los Vedas se conocen como el *Veda Poorvam*. Estas secciones comprenden varios rituales y sistemas de valores destinados al bienestar de la humanidad. Aunque el Veda Poorvam incluye muchos sistemas y prácticas valiosas, uno que destaca en particular es el sistema Varna-Ashrama, un sistema diseñado para ayudar tanto a los individuos como a la sociedad en su conjunto a perseguir Purushartham, el término colectivo para los cuatro objetivos humanos.

¿Por qué nos estamos enfocando en este sistema ahora? Porque el sistema Varna-Ashrama contiene el sistema de castas. Específicamente, es un sistema de dos partes que consta de:

- **Varna dharmam,** o el sistema de castas social, que originalmente tenía la intención de ayudar a la sociedad en general a crecer y prosperar.
- **Aashrama dharmam,** o el sistema de estilo de vida individual, que se enfoca en el crecimiento individual (en lugar de en el social).

Juntas, las dos partes del sistema Varna-Ashrama estaban destinadas a elevar a toda la humanidad, independientemente de la religión, ayudando a la sociedad en su conjunto a perseguir y alcanzar los cuatro objetivos humanos.

Como se describe en el Veda Poorvam (y en el *Manu-Smriti,* un antiguo texto legal), el sistema Varna-Ashrama es un sistema perfecto, lo cual quedará claro después de leer el resto de este capítulo. Desafortunadamente, el Manu-Smriti se ha convertido en una herramienta política en la India, mal utilizada tanto por quienes están a favor como por quienes están en contra. Y el resultado ha sido el colapso total del sistema de castas, con consecuencias que no podrían estar más lejos de su intención original.

Si se implementara con diligencia, el sistema Varna-Ashrama del Veda Poorvam ayudaría a cada individuo y a toda la sociedad a alcanzar la seguridad material básica (Artham), disfrutar de un estilo de vida cómodo (Kaamam), lograr buenas acciones (Dharmam / Punnyam) y, finalmente, lograr el objetivo supremo de todos los seres humanos: la liberación y salvación al capturar la infinitud (Moksham).

Para entender cómo sería si el sistema se aplicara con diligencia—y para comprender qué tan lejos se ha desviado el sistema de castas—echaremos un vistazo a las dos partes del sistema Varna-Ashrama.

Varna Dharmam: el sistema de castas social

La mayoría de las personas del subcontinente indio, y de hecho muchas personas alrededor del mundo, ya están familiarizadas con el sistema de castas de la India, que se compone de cuatro niveles:

- ***Brahmanan,*** la casta sacerdotal;
- ***Kshatriyan,*** la casta de líderes y guerreros;
- ***Vaishyan,*** la casta de comerciantes y empresarios; y
- ***Shoodran,*** la casta de los trabajadores manuales.

Pero muchas personas, incluso *dentro* de la comunidad india, pueden no ser conscientes de la base de las distinciones entre las castas.

Un poco más adelante en este capítulo, veremos en qué se ha convertido el sistema. Sin embargo, primero necesitamos abordar la justificación detrás de las distinciones originales de las castas.

Según los textos védicos, tres categorías separan a las personas en diferentes castas dentro de la sociedad. El propósito de estas distinciones es ayudar a las personas a entender, según su posición social, cómo pueden aplicarse mejor para perseguir los cuatro objetivos humanos y, específicamente, acercarse al cuarto objetivo humano: capturar la infinitud, Moksham o salvación (destinado a todos los seres humanos).

Las tres categorías son:

- La clasificación social basada en el temperamento mental (*Guna*),
- La clasificación social basada en la profesión (*Karma*), y
- La clasificación social basada en el nacimiento (*Jaathi*).

Ahora veremos cada uno de ellos por separado para entender cómo se relacionan entre sí.

Clasificación social basada en el temperamento mental (Guna)

Esta primera categoría está íntimamente relacionada con una idea que introdujimos durante los capítulos sobre el Big Bang: el concepto de las tres propiedades intrínsecas del universo: **conocimiento, acción** e **inercia**.

Estas propiedades intrínsecas impregnan todo el universo, lo que significa que están presentes dentro de cada uno de nosotros, en mayor o menor medida. Estas propiedades contribuyen a lo que se conoce como nuestros *temperamentos de personalidad*. Reconocer las diferencias entre cada uno de estos tres temperamentos es esencial para comprender la intención original del sistema de castas tal como se describe en los textos..

Vedanta tiene nombres para cada uno de estos tres temperamentos mentales dentro de un individuo:

- **La propiedad del conocimiento se conoce como *el Guna Saatvik.***
- **La propiedad de la acción se conoce como *el Guna Rajasik.***

- **La propiedad de la inercia se conoce como *el Guna Tamasik*.**

Todos somos una combinación de estos tres temperamentos en proporciones variadas. El tipo de personalidad que una persona tiene y el tipo de acciones que persigue en la vida dependen de la *proporción relativa* de estos tres temperamentos dentro de ella. Sin embargo, en cada persona, predomina un tipo particular de Guna o temperamento, y esa es la base para clasificar a esa persona en una de estas cuatro castas:

- *Guna Braahmanan*
- *Guna Kshatriyan*
- *Guna Vaishyan*
- *Guna Shoodran*

Los Guna Braahmanan son aquellos cuyos impulsos innatos los llevan a buscar el cuarto objetivo humano de Moksham o el infinito. A estas personas les encanta la quietud, la contemplación y la naturaleza, y están constantemente buscando el conocimiento relacionado con el Brahman. La vida de renuncia les atrae, y naturalmente buscan la soledad sin sentirse solitarios. Aprender las escrituras Vedánticas y encontrar satisfacción al vivir los valores prescritos en Vedanta define este temperamento mental.

Dentro de estas personas, predomina el Guna Saatvik, con una menor cantidad de Guna Rajasik y una cantidad mucho más pequeña de Guna Tamasik. *Basado puramente en este temperamento mental, se les clasifica como Guna Braahmanan.*

Los Guna Kshatriyan son aquellos cuyos impulsos innatos y temperamento mental los llevan a ser personas altamente dinámicas y orientadas a la acción. Estas personas planifican meticulosamente sus acciones y las ejecutan de manera sistemática, eficiente y rápida. Son extremadamente desinteresados, interesados únicamente en servir, proteger y elevar a su comunidad. Aunque no están comprometidos con el estudio a tiempo completo de las escrituras vedánticas, valoran las lecciones que se encuentran en ellas y estarán dispuestos a servir a aquellos que *se dedican* al estudio vedántico, es decir, los Guna Braahmanan.

Dentro de estas personas, predomina el Guna Rajasik puro, con una menor cantidad de Guna Saatvik y una cantidad mucho menor de Guna Tamasik. *Basado únicamente en este temperamento mental, se les clasifica como Guna Kshatriyan.*

El siguiente es el Guna Vaishyan. Al igual que el Guna Kshatriyan, las personas con este Guna también tienen un temperamento mental altamente dinámico y orientado a la acción. También son capaces de planificar meticulosamente y ejecutar sus acciones de manera eficiente. Sin embargo, la diferencia es que su dinamismo está impregnado de intereses egoístas. Trabajan arduamente solo para servir a sí mismos y a su familia inmediata, o en algunos casos a expensas de los demás. Estas personas no se preocupan por lo que es bueno para su país o para la sociedad en general, y en ocasiones recurren a medios ilícitos para adquirir riqueza material para satisfacer sus propios intereses *egoístas*. Desprecian las enseñanzas vedánticas y son adversos a los principios fundamentales de las escrituras.

Dentro de estas personas, predomina un Rajasik Guna impuro, con una menor cantidad de Tamasik Guna y una cantidad mucho menor de Saatvik Guna. *Basado únicamente en este temperamento mental, se clasifican como Guna Vaishyan.*

La última de estas clasificaciones es Guna Shoodran, cuyo impulso innato y temperamento mental tienden hacia la pereza y el consumo. Estas personas no están motivadas para ganarse la vida de manera básica y son altamente inactivas e irresponsables. A menudo se sienten atraídas por las drogas y la intoxicación, llevan una vida sucia y poco saludable, y crean una carga para sus familias y la sociedad en general. Dependen de otros para proporcionarles los bienes básicos y carecen de la motivación incluso para perseguir el *Artha Purushartham*, el primer objetivo humano de comida, ropa, refugio y salud.

ChatGPT:

Dentro de estas personas, predomina el Guna Tamasik, con una cantidad menor de Guna Rajasik y una cantidad minúscula de Guna Saatvik. *Basado puramente en este temperamento mental, se les clasifica como Guna Shoodran.*

Las cuatro castas de esta categoría se pueden resumir de la siguiente manera:

- Brahmanes de predominancia Satvik
- Kshatriyas de predominancia Rajasik pura
- Vaishyas de predominanci*a* Rajasik impura
- Shudras de predominancia Tamasik

Recordemos, sin embargo, que esta categoría se basa únicamente en el temperamento mental y es solo una de las tres clasificaciones sociales que conforman el sistema de castas más amplio.

Clasificación basada en la profesión (Karma)

La segunda de estas categorías puede clasificar a las personas según la profesión que elijan en la vida.

Idealmente, la profesión que uno elige debería basarse en su Guna predominante. Sin embargo, debido a la influencia familiar, la presión social, la elección propia u otras circunstancias, las personas no siempre pueden ingresar a una profesión que se alinee con su temperamento mental.

Independientemente de *cómo* hayan ingresado a su profesión, o *Karma* (que, en este contexto, significa 'profesión'), el sustento de una persona determina su casta en este segundo sistema de clasificación. Los cuatro niveles dentro de este sistema son:

- *Karma Braahmanan*
- *Karma Kshatriyan*
- *Karma Vaishyan*
- *Karma Shoodran*

Los Karma Braahmanan son aquellos que se dedican al estudio y la enseñanza del conocimiento védico. Debido a que el tema es extremadamente vasto y sutil, quienes asumen este Karma deben ser altamente dedicados y discernidores. Recordemos nuestras referencias anteriores a la "Trinidad Canónica" de los textos védánticos: los Upanishads, los Brahma Sutras y el Bhagavad Gita, además de los numerosos otros textos védánticos auxiliares que solo pudimos nombrar porque hay demasiados para discutirlos en detalle aquí. Y eso se limita solo al Vedanta; el Veda Poorvam es un océano entero de conocimiento en sí mismo. Debido a que los textos védicos son tan extensos e intensivos, cada sección y subsección requiere un especialista cualificado en ese texto específico. Impartir el conocimiento védico y védántico a los buscadores merecedores es un Karma o profesión muy noble; quien elige seguirlo es un Karma Braahmanan.

La siguiente de estas castas es Karma Kshatriyan. Esta es la casta de aquellos que ocupan cargos gubernamentales y administrativos, jefes de departamentos de defensa, departamentos de policía y sistemas de justicia, líderes de negocios, medios de comunicación y organizaciones sociales, junto con los diversos gerentes y líderes departamentales dentro de este tipo de organización. En general, el objetivo de las profesiones mencionadas anteriormente es gobernar la sociedad, elevar al pueblo, crear riqueza y prosperidad, y servir al bien común. Este tipo de profesiones requiere individuos orientados a la acción y con una mentalidad pública. Quien elige seguir este Karma es conocido como un Karma Kshatriyan.

La siguiente de estas castas es Karma Vaishyan. Esta es la casta de aquellos que se dedican a la creación y distribución privada de riqueza. A diferencia de los Karma Kshatriyan, los miembros de esta casta eligen hacer negocios principalmente para sus propios intereses. Quien sigue este Karma es conocido como un Karma Vaishyan.

La última de estas castas es Karma Shoodran. Esta es la casta de aquellos que sirven a las otras tres profesiones. Incluye a aquellos que trabajan como obreros, trabajadores semi-calificados, trabajadores mecánicos rutinarios, y así sucesivamente. La característica principal de estas profesiones es que no implican mucho pensamiento, sino que son de naturaleza física. Quien sigue este Karma es conocido como un Karma Shoodran.

La siguiente de estas castas es Karma Kshatriyan. Esta es la casta de aquellos que ocupan cargos gubernamentales y administrativos, jefes de departamentos de defensa, departamentos de policía y sistemas de justicia, líderes de negocios, medios de comunicación y organizaciones sociales, junto con los diversos gerentes y líderes departamentales dentro de este tipo de organización. En general, el objetivo de las profesiones mencionadas anteriormente es gobernar la sociedad, elevar al pueblo, crear riqueza y prosperidad, y servir al bien común. Este tipo de profesiones requiere individuos orientados a la acción y con una mentalidad pública. Quien elige seguir este Karma es conocido como un Karma Kshatriyan..

La siguiente de estas castas es Karma Vaishyan. Esta es la casta de aquellos que se dedican a la creación y distribución privada de riqueza. A diferencia de los Karma Kshatriyan, los miembros de esta casta eligen hacer negocios principalmente para sus propios intereses. Quien sigue este Karma es conocido como un Karma Vaishyan.

La última de estas castas es Karma Shoodran. Esta es la casta de aquellos que sirven a las otras tres profesiones. Incluye a aquellos que trabajan como obreros, trabajadores semi-calificados, trabajadores mecánicos rutinarios, y así sucesivamente. La característica principal de estas profesiones es que no implican mucho pensamiento, sino que son de naturaleza física. Quien sigue este Karma es conocido como un Karma Shoodran.

Clasificación social basada en el nacimiento (Jaathi)

La tercera y última de estas categorías es la más malinterpretada de todas: la clasificación de los individuos según su nacimiento o Jaathi.

Basado puramente en la familia en la que uno nace, una persona se clasifica en una de las siguientes castas:

- *Jaathi Braahmanan*
- *Jaathi Kshatriyan*
- *Jaathi Vaishyan*
- *Jaathi Shoodran*

¿Por qué decimos que esta categoría está malinterpretada? Porque el sistema de castas basado en el nacimiento ha llegado a implicar que las condiciones del nacimiento de una persona definen quién es y qué es. Esta idea no podría estar más lejos de los principios Vedánticos y es contradicha por la existencia de las otras categorías también.

Por ejemplo, supongamos que naciste en una familia Braahmanan, ocupas un cargo en el gobierno y usas tu influencia para amasar riqueza personal mediante medios corruptos. ¿A qué casta pertenecerías?

Eres un Jaathi Braahmanan, Karma Kshatriyan y Guna Vaishyan; perteneces a las tres castas al mismo tiempo.

O supongamos que naciste en una familia Shoodran, tomaste una profesión como dueño de un pequeño negocio y decidiste donar tu riqueza a alguna causa benéfica. En este caso, eres un Jaathi Shoodran, Karma Vaishyan y Guna Kshatriyan, todo al mismo tiempo.

Cuando se toman en cuenta las cuatro castas y las tres clasificaciones, se puede ver que numerosas combinaciones pueden describir la verdadera naturaleza o 'casta' de una persona.

El defecto fatal del sistema de castas tal como ha llegado a existir, sin embargo, es que toda esa variedad ha quedado oscurecida. Ha sido reemplazada por una interpretación estricta que no solo vincula a las personas con la casta de su nacimiento, sino que también implica que su valor depende únicamente de la casta de su nacimiento.

En realidad, todas las personas son iguales por nacimiento; no puede haber gradaciones entre las personas basadas únicamente en las condiciones del nacimiento de uno o la casta particular de una familia en la que uno nace.

De manera similar, todas las personas son iguales en términos de profesión. Las personas no son más o menos valiosas para la sociedad solo por su título profesional.

Ahora bien, cuando se trata del temperamento mental, *de hecho*, hay una gradación entre diferentes personas. El Guna Braahmanan es superior al Guna Kshatriyan; el Guna

Kshatriyan al Guna Vaishyan; y el Guna Vaishyan al Guna Shoodran. Esto se debe a que el temperamento de una persona gobierna sus acciones y el efecto que tienen en la sociedad en general. Y, afortunadamente, esta casta no es determinista. Con un esfuerzo deliberado, es completamente posible que puedas mejorar gradualmente tu Guna de Tamasik a Rajasik y luego a Saatvik.

También es posible redefinir tu casta en función de tu Karma buscando una nueva profesión, idealmente una que esté alineada con tu Guna. Y aunque pueda ser demasiado tarde para hacer algo con respecto a tu nacimiento o Jaathi en esta vida, tus esfuerzos por mejorar tu Guna a Saatvik en *esta* vida tienen un efecto directo sobre tu casta de nacimiento en la próxima vida. Así que, al final, todas estas tres categorías son fluidas. Podemos cambiar nuestra casta, tanto en esta vida como en la siguiente.

Los Vedas y el Manu-Smriti discuten estas formas lógicas de clasificación social, con la intención específica de crear un sistema para elevar a todas las personas y a toda la sociedad educando a los individuos sobre cómo reconocer y mejorar su Guna.

El sistema está diseñado para ayudar a un Tamasik Guna Shoodran (quien, cabe señalar, podría haber nacido en una familia Jaathi Braahmanan, como un Guna Shoodran) a educarse, volverse más activo en la sociedad, volverse gradualmente Rajasik y, eventualmente, convertirse en un Guna Saatvik.

La tragedia es que, como resultado de las acciones de individuos egoístas, la intención original de los Vedas y el Manu-Smriti ha sido socavada, llevando al colapso del sistema de castas. El objetivo del sistema de promover el crecimiento, el cambio y el bien social se ha perdido. Ahora, la gran mayoría de la comunidad india piensa que el sistema de castas se basa únicamente en el nacimiento y que el lugar de una persona en el mundo depende exclusivamente de la familia en la que nació.

Este sistema de justicia social bien diseñado se ha convertido en un sistema para perpetuar la injusticia social y ha sido la causa principal de numerosos conflictos sociales a través de generaciones en India.

Restaurar el sistema de castas a su intención original sería una bendición casi inimaginable, pero también sería una tarea monumental. Y no podría hacerse sin la restauración también del sistema Aashrama: es decir, el sistema para el crecimiento individual, al que nos referimos al principio de este capítulo.

Exploraremos brevemente este segundo sistema antes de continuar con nuestra discusión sobre la búsqueda de la Infinitud.

Aashrama Dharmam: el sistema de estilo de vida individual

El sistema Aashrama está diseñado para educar a los individuos sobre cómo conducirse a lo largo de las diferentes etapas de la vida, para alcanzar un Guna predominante Saatvik.

Se centra en perfeccionar y mejorar sistemáticamente el estilo de vida de una persona, ayudándola a alcanzar los cuatro Purushartham a medida que pasa por las cuatro etapas distintas de la vida.

- *Brahmachaarya Aashramam:* Estilo de vida de un estudiante/principiante
- *Gruhastaa Aashramam:* Estilo de vida de un cabeza de familia
- *Vaana-Prastha Aashramam:* Estilo de vida de un ermitaño
- *Sannyaasa Aashramam:* Estilo de vida de un renunciante

Muchas familias indias conocen estos cuatro etapas de la vida solo por su nombre, sin darse cuenta de que cada una de ellas se refiere a un estilo de vida completo.

Etimológicamente, *Shramam* significa "esfuerzo", mientras que *Aa-Shramam* significa "sin esfuerzo" o "facilidad". Esto se debe a que las cuatro etapas están diseñadas para que el individuo disfrute de su progreso en cada etapa de la vida y haga una transición de una etapa a otra de manera fluida. Cualquier esfuerzo realizado en una etapa se construye en la siguiente etapa de la vida, haciendo que el proceso sea suave y fácil, como veremos al caminar a través de cada una de esas etapas ahora.

Brahmachaarya Aashramam: Estilo de vida de un estudiante/principiante

En esta etapa, el individuo recibe una educación fundamental que establece las bases para las etapas restantes de la vida. El Vedanta aconseja esta educación temprana obligatoria con dos propósitos. El propósito principal es refinar la personalidad e inculcar valores religiosos y superiores desde una edad temprana. El propósito secundario es aprender conjuntos de habilidades específicas que ayuden a las personas a ganarse la vida y volverse materialmente independientes.

Basado en tus propias tendencias innatas, eres libre de elegir cualquier conjunto de habilidades vocacionales que te atraigan y adoptarlas como profesión. No hay límite sobre cuál de los cuatro conjuntos de habilidades puedes seguir, la elección es independiente de la casta en la que naciste. Por ejemplo, puedes ser Jaathi Vaishyan, pero eres libre de elegir conjuntos de habilidades para convertirte en Karma Kshatriyan o Karma Braahmanan. Se brindan oportunidades iguales para que todos elijan los conjuntos de habilidades vocacionales de acuerdo con sus tendencias innatas. En otras palabras, eliges tu vocación según tu temperamento mental actual.

Al mismo tiempo, todos los estudiantes tienen acceso igualitario a un programa de refinamiento de la personalidad, para mejorar su temperamento mental existente de Tamasik a Rajasik y luego a Saatvik. Para ingresar al programa, debes elegir Moksham como tu meta última y desarrollar devoción hacia la deidad de tu preferencia (*Ishta Daivam*). A los estudiantes se les enseña *Hatha yoga,* ejercicios físicos y técnicas de respiración *Praanaayamam* para ayudar a mantener un cuerpo sano y en forma, asegurando la longevidad del cuerpo físico. (Los detalles de los diversos yogas y otras técnicas se discutirán en los siguientes capítulos.)

También se enseña a los estudiantes los valores eternos de la vida o *Sanatana Dharmam.* Como su nombre indica, estos valores eternos son un conjunto de sistemas de valores aplicables en todos los períodos de tiempo; estos valores eran los mismos antes del Big Bang, en la Edad de Hielo, hace 2000 años, y serán los mismos dentro de 2000 años. Después de completar esta etapa del estilo de vida, el estudiante avanza a la siguiente etapa de vida: Gruhastaa Aashramam.

Gruhastaa Aashramam: Estilo de vida de un cabeza de familia

La segunda etapa es la del cabeza de familia, también conocida como la etapa familiar.

Después de adquirir los conjuntos de habilidades necesarias y los sistemas de valores en la primera etapa de la vida, un estudiante entra en la sagrada vida matrimonial. Según las profesiones que hayan elegido, los miembros del hogar (tanto la esposa como el esposo) ganan su sustento de manera justa, llevando una vida religiosa. Mientras mantienen el Moksham como su objetivo principal, se ocupan de satisfacer sus necesidades de riqueza material (Artham) y juntos disfrutan de las diversas comodidades de la vida (Kaamam) dentro de su capacidad.

Los miembros del hogar llevan un estilo de vida activo, definido por el Karma yoga. El Gruhastaa Aashramam es el estilo de vida ideal para implementar y practicar el Karma yoga. Es un estilo de vida diseñado para agotar todos los deseos mundanos de manera justa, donde un temperamento Tamasik o un temperamento Rajasik impuro se refina para convertirse en un temperamento Rajasik puro.

Esta segunda etapa es muy importante en la vida, ya que es la etapa en la que se genera la riqueza material que contribuye a sustentar las otras tres etapas (dado que esos estilos de vida no brindan ninguna vía para ganar riqueza material para satisfacer las necesidades básicas de la vida).

Vaana-Prastha Aashramam: Estilo de vida de un ermitaño

La tercera etapa es la del ermitaño. Después de haber disfrutado del estilo de vida del hogar y haber llevado una vida definida por el Karma yoga, estás listo para hacer la transición a una etapa de retirada mental de todas las actividades mundanas. Durante esta tercera etapa, no se realiza un esfuerzo activo para ganar riqueza material y hay una drástica reducción de las actividades mundanas. En esta etapa de tu vida, te prepararás y acondicionarás tu mente e intelecto para alinearte con tu objetivo final de MOKSHAM.

Esta etapa se caracteriza por la práctica de *Upaasana yoga,* para mejorar tu temperamento Rajasik puro a un temperamento Saatvik, lo que te permitirá deslizarte sin esfuerzo hacia la cuarta y última etapa de la vida.

Sannyaasa Aashramam: Estilo de vida de un renunciante

La última de las cuatro etapas de la vida es la del renunciante. Con la práctica sostenida de Upaasana yoga durante tu estilo de vida de Vaana-Prastha, la mente se purifica y tu personalidad se vuelve predominantemente Saatvik. En esta etapa, renuncias mentalmente a todas tus posesiones mundanas. Como renunciante (*Sannyasii*), tu vida está definida por *Gnyaana yoga*. Con el tiempo, te acercarás a tu venerado gurú y estudiarás los textos Vedánticos durante un período prolongado. A través del proceso de *Shravanam* (escuchar), *Mananam* (reflexión) y *Nidhi-Dhyaa-Sanam* (contemplación), tu personalidad Saatvik se convierte en Trans-Saatvik, un estado en el que tu personalidad cruza incluso el Guna Saatvik, te despojas de los tres gunas relacionados con el mundo, y finalmente alcanzas tu objetivo último de Moksham.

Por supuesto, este es solo el resultado ideal; no todas las personas que fijan Moksham como su meta lo logran en su primer intento. Pero ten en cuenta lo siguiente: el sistema de Aashrama comienza con establecer Moksham como tu meta personal profundamente arraigada, incluso mientras persigues los otros tres objetivos humanos de Artham, Kaamam y Dharmam. Todos estos contribuyen indirectamente a la búsqueda de Moksham a lo largo de tu vida. Así, el sistema de Aashrama proporciona el camino perfecto para perseguir el objetivo último, permitiéndote perseguirlo de manera deliberada y sistemática a través de todas las etapas de la vida.

Sin embargo, este no es el único camino hacia el logro del estado de conciencia infinita. No es necesario haber comenzado el sistema de Aashrama en los primeros años de tu vida para alcanzar el cuarto objetivo humano. Existen técnicas que puedes incorporar a tu vida, sin importar cuál haya sido tu experiencia hasta ahora, que pueden ayudarte a avanzar más en este camino.

Como mencionamos al final del capítulo anterior, estas técnicas se conocen como yogas: procedimientos sistemáticos, lógicos y activos diseñados para elevar y refinar todos los aspectos de la personalidad de una persona. En el siguiente capítulo, presentaremos brevemente la verdadera naturaleza de los diversos yogas, antes de pasar a estudiar yogas específicos que Vedanta prescribe en casos específicos. Todos estos yogas están destinados a ayudar a una persona a mejorar sistemáticamente sus cualificaciones para participar en la búsqueda de la infinita conciencia.

Capítulo 23

Yoga y 'Meditación'

El título de este capítulo no contiene un error ortográfico. La realidad es que muchas personas que practican yoga y *meditación* sin la orientación y el contexto adecuados terminan dependiendo de la *medicación* para apoyar su bienestar emocional. ¿Por qué? Para entenderlo, necesitamos echar un vistazo breve a la manera en que el yoga y la meditación son practicados en la cultura moderna.

El término *yoga* proviene de la raíz sánscrita *"yuj"*, que significa "unir, juntar, fusionar o atar". Se refiere a un conjunto de prácticas físicas y mentales destinadas a ayudar a controlar la mente, escapar del sufrimiento y unirse con la conciencia infinita. Sin embargo, lo que la mayoría de las personas entiende hoy como "yoga" es en realidad solo un tipo específico de yoga: el *Hatha yoga*. Este tipo de yoga se basa en técnicas físicas y se considera una práctica espiritual preparatoria.

Los ejercicios físicos y posturas asociados con el yoga se conocen como yoga-asana. Estas prácticas ayudan a mantener el cuerpo físico en forma y flexible, para extender la longevidad de manera que se pueda tener una mayor oportunidad de perseguir la infinitud. La disciplina adquirida a través de este yoga también ayuda a soportar las prácticas más exigentes asociadas con las otras formas de yoga.

Así, **el yoga-asana beneficia principalmente al cuerpo físico grueso y está destinado a servir como una práctica preparatoria en el camino hacia la captura de la infinitud.**

La meditación, por otro lado, es una de las prácticas espirituales más avanzadas involucradas en la búsqueda de la infinitud. Entre el yoga-asana y la meditación, generalmente se omiten varias prácticas intermedias por parte de los guías y practicantes modernos. El salto entre el yoga-asana preparatorio y la meditación avanzada es la razón por la cual muchas personas no logran obtener el beneficio que esperan de estas prácticas, y finalmente recurren a la medicación.

Entonces, ¿cuáles son esas prácticas intermedias? Hay cuatro principales: *Karma yoga, Bhakti yoga, Upaasana yoga* y *Gnyaana yoga*. Excepto por Bhakti yoga, todos los demás yogas involucran prácticas distintas y afectan la personalidad humana de maneras distintas. Recordemos las varias capas de la personalidad humana: la capa física, activa, mental e intelectual. Cada una de estas capas se manifiesta de manera diferente en cada individuo y responde de manera distinta a las diversas prácticas de yoga.

A través de la práctica intencional y sistemática de cada yoga, la personalidad general de una persona gradualmente se volverá *meditativa*, lo cual es un requisito previo para realizar la meditación avanzada que precede la captura de la infinitud.

El problema es que la mayoría de los guías se centran exclusivamente en el yoga-asana y la meditación, saltándose completamente las etapas intermedias. Sin el conocimiento de los yogas intermedios, el intelecto y la personalidad de un practicante estarán mal preparados para un compromiso duradero con la meditación. Como máximo, obtendrán algo de paz y calma temporal, aunque esto sea más probable debido a que han tomado un descanso de la vida estresante cotidiana, en lugar de porque realmente hayan abrazado la práctica meditativa.

Algunos practicantes pueden incluso llegar al punto de asistir a retiros especiales, alejándose por completo de las agitaciónes de la vida al viajar a lugares remotos para "centrarse" en el yoga y la meditación. Sin embargo, una vez que regresan a la vida normal, su compromiso se desvanecerá rápidamente. Después de una semana más o menos, su práctica disminuirá, al igual que el beneficio temporal que obtuvieron del retiro.

Intentando resistir este inevitable declive, algunos practicantes entusiastas pueden intentar *forzarse* a continuar con la meditación, ignorando el estado de su mente e intelecto y la magnitud de su dependencia emocional del mundo. Un compromiso genuino con la meditación requiere un intelecto fuerte; un compromiso *forzado*, irónicamente, *elude* el intelecto y conduce a malos resultados.

Sin una preparación adecuada, los intentos de meditar están condenados al fracaso. Intentar mantenerse comprometido con la meditación suprimiendo los pensamientos puede resultar en un flujo incontrolado y desbordado de pensamientos, lo que lleva a la depresión u otros trastornos psicológicos. Esta es la razón por la que la práctica moderna del yoga y la meditación con frecuencia conduce al uso de medicación.

La verdadera meditación es la capacidad de dirigir la mente hacia un solo pensamiento—hacia Brahman o la infinitud—por un período sostenido, excluyendo todos los demás pensamientos, bajo la observación continua del intelecto. Esta capacidad solo se puede lograr después de un cultivo diligente de todas las capas de la personalidad, practicando todas las formas intermedias de yoga.

¡solo entonces estarás preparado para sumergirte en la profunda meditación Vedántica que puede culminar en la captura de la infinitud!

Recuerda que el término *yoga* proviene de una raíz que significa "unir, juntar, fusionar o acoplar". Para que dos cosas se fusionen o se acoplen, implica que inicialmente son entidades separadas. En este caso, esas entidades (aparentemente separadas) son el ser individual microcósmico y el macrocósmico Brahman o la conciencia infinita. Prepararse para unir estas dos entidades es el objetivo de los diversos yogas: los procedimientos, sistemas y acciones que uno lleva a cabo al intentar acercarse al logro de la meta humana última.

Como se mencionó al comienzo de este capítulo, los yogas principales del Vedanta son el Hatha yoga, el Karma yoga, el Bhakti yoga, el Upaasana yoga y el Gnyaana yoga. Estos yogas abordan todas las capas de la personalidad humana; y colectivamente, preparan a uno para la meditación vedántica.

Sin embargo, además de estos yogas principales, existen numerosas otras prácticas enseñadas por varios gurús e instituciones, incluyendo Ashtanga yoga, Kriya yoga, Raja yoga, Patanjali yoga, Buddhi yoga, Dhyana yoga, Mukthi yoga, Sakthi yoga, Vipassana yoga, Kundalini yoga, Zen yoga, Tantra yoga, Mantra yoga, Vinyasa yoga, Yin yoga, Prana yoga, Hot yoga, Cold yoga, Stress yoga, Power yoga y entrenamiento en intervalos de alta intensidad (HIIT) yoga. No es necesario aprender o conocer cada uno de los mencionados anteriormente.

Todas estas prácticas son derivadas de los cinco yogas fundamentales, y la mayoría de ellas son irrelevantes para la búsqueda de la infinitud. Por lo tanto, por ahora, solo nos enfocaremos en los yogas fundamentales, ya que estos permiten a uno mejorar su calificación para alcanzar la infinitud. En este capítulo, tocaremos brevemente el Hatha yoga. En los siguientes cuatro capítulos, examinaremos cada uno de los yogas restantes con mayor detalle.

El Hatha yoga es un conjunto de ejercicios físicos y técnicas de respiración enfocados en mantener el cuerpo físico en forma y prolongar la vida, para que uno pueda tener la mayor oportunidad posible de alcanzar la infinitud. Los textos Vedánticos enfatizan la importancia de mantener un cuerpo físico saludable que ayude, en lugar de obstaculizar, la búsqueda de la infinitud. Sin embargo, aunque cuidar del cuerpo físico es importante, no se debe centrar la atención *excesiva* o *exclusiva* solo en el cuerpo físico en esta práctica.

Algunos practicantes se enfocan excesivamente en el aspecto físico del Hatha yoga; pasan todo su tiempo centrados en mantener el cuerpo físico en forma, mientras descuidan la salud del cuerpo sutil. Las personas caen en esta trampa principalmente debido a la vanidad y a un conocimiento incompleto de los yogas.

En el mejor de los casos, esto dará como resultado un cuerpo físico saludable, aunque esto ni siquiera está garantizado, ya que una obsesión con el cuerpo físico puede llevar a comportamientos no saludables, como la anorexia, lo que puede terminar *acortando* la vida en lugar de prolongarla. En cualquier caso, un enfoque tan desequilibrado en el cuerpo físico dificultará el progreso hacia la infinitud.

Esta misma lógica también se aplica a elecciones de estilo de vida aparentemente responsables, como volverse vegano. Aunque la importancia de evitar causar daño a otros seres vivos es innegable, hay problemas aún mayores al insistir en seguir un estilo de vida vegano, a saber, que puede causar angustia a otros. La ignorancia del efecto que uno tiene sobre los demás y el mundo que lo rodea es una señal de una mente débil.

Vedanta considera el hambre como una "enfermedad divina" periódica del cuerpo físico, conocida como *Vaishvanara*. En esta concepción, la comida o *Aahaaram* es una forma de medicina que sirve para curar momentáneamente esta enfermedad recurrente. Por lo tanto, la comida no debe ser el enfoque principal en sí misma, sino que debe consumirse solo en la cantidad suficiente para proporcionar nutrición y aliviar el estado temporal de Vaishvanara. El propósito de hacerlo es asegurar que no interfiera con la práctica de los diversos yogas.

En el otro extremo del espectro están aquellos que descartan la importancia de la condición física. Estas personas rechazan el Hatha yoga, junto con otras actividades de ejercicio físico, y en su lugar centran su energía en aumentar su conocimiento del Vedanta. Para tales individuos, sus cuerpos físicos gruesos se convertirán en un obstáculo para sus esfuerzos por capturar la infinitud; su estilo de vida incluso podría terminar acortando su esperanza de vida, lo cual es el obstáculo final para este esfuerzo.

Una ventaja de la fascinación moderna con el Hatha yoga es que hay numerosos recursos disponibles, tanto en línea como fuera de línea, para aprender y practicar este yoga. El lector debería explorar tales opciones para construir su práctica física de yoga-asana. Sin embargo, siempre deben mantenerse conscientes del papel del Hatha yoga en el panorama general, específicamente, que es una *práctica preparatoria* en la que uno debe involucrarse solo lo suficiente para mantener su cuerpo físico grueso en forma. Se practica Hatha yoga para poder dedicar el tiempo suficiente a los otros cuatro yogas principales. Ahora pasaremos a discutir estos yogas individualmente en los siguientes cuatro capítulos.

Capítulo 24

Karma Yoga

Junto con el yoga y la meditación, el karma es otro concepto que se ha comercializado enormemente en el mundo moderno, hasta el punto de que su verdadero significado (sin mencionar su importancia en el contexto de capturar el infinito) ha sido oscurecido.

El *karma* puede entenderse, en este contexto, como "acción correcta/adecuada". Así, el Karma yoga es esencialmente el yoga de la acción.

Los yogas son conjuntos de procedimientos, sistemas y acciones que uno realiza en su camino hacia el objetivo de unirse con Brahman, la conciencia infinita. El Karma yoga logra esto específicamente al fortalecer los primeros tres requisitos previos que discutimos anteriormente, a saber:

- **El intenso deseo ardiente por el infinito (Mu-Muk-Shatvam)**
- **La discriminación (Vivekam)**
- **El desapego (Vai-Rag-Yam)**

La última parte de este capítulo estará dedicada a una discusión sobre cómo se pueden fortalecer estos requisitos previos a través de la práctica del Karma yoga.

El cuarto requisito previo es **la riqueza sextuple (Shatka Sampathi)**, la cual se desarrolla mediante la práctica del Upaasana yoga, que será abordado en un capítulo posterior.

La interdependencia de estos yogas resalta la importancia de practicarlos de manera deliberada y en conjunto (según la personalidad de cada individuo), en lugar de saltar directamente al final. Practicar estos yogas preparará a uno para avanzar finalmente hacia la práctica del Gnyaana yoga, el yoga del intelecto.

Este yoga final representa el camino del conocimiento y consiste en un estudio detallado, sistemático, en la reflexión y contemplación del yo, de Brahman y de la conciencia infinita. solo a través de la práctica sostenida del Gnyaana yoga se puede alcanzar el *Gnyaanam* (la sabiduría de Brahman) y fusionarse con la conciencia infinita.

Este método ordenado ha sido prescrito por las escuelas védicas desde tiempos antiguos. Al lector le interesará saber que gran parte del contenido de la primera mitad de este libro ha sido adaptado directamente de los componentes del Gnyaana yoga. ¿Por qué desviarse del orden tradicional? Hubo dos razones principales.

Primero, esto se hizo para atraer a los pensadores objetivos y científicos, demostrando las similitudes entre el Vedanta y sus áreas de estudio existentes. Los textos védicos han sido injustamente asociados únicamente con la religión y, por lo tanto, a menudo son descartados por la comunidad científica. Al demostrar la alineación tanto en el contenido como en la metodología entre el Vedanta, la física y la filosofía, este libro espera superar ese sesgo y atraer a los lectores que pertenecen a los raros 10 millones de intelectos del mundo.

Segundo, esta inversión del orden se hizo para demostrar que ya están significativamente calificados para perseguir el infinito, incluso si nunca antes habían pensado en el Vedanta. Los lectores que han llegado hasta aquí claramente poseen intelectos superiores al promedio. No solo eso, sino que ahora también están familiarizados con muchos de los conceptos abordados en el Vedanta. En lugar de reservar las lecciones asociadas con el Gnyaana yoga hasta el final, al colocarlas al frente, este libro espera demostrar que no solo pueden perseguir este objetivo supremo, sino que ya están bien equipados para hacerlo.

Dicho esto, comencemos nuestro estudio del segundo yoga principal, el Karma yoga. A medida que el lector desarrolle una comprensión de la interrelación entre los cinco yogas y la naturaleza de su propia personalidad, estas lecciones revelarán la práctica yóguica específica que corresponde a su personalidad y que le permitirá perseguir el infinito de la manera más efectiva.

La lógica y la práctica del Karma yoga

El objetivo principal de los cinco yogas es capturar el infinito, también conocido como *Moksham* o liberación. Sin embargo, también es importante señalar que la práctica de estos yogas ayuda a alcanzar otros objetivos secundarios en la vida. De hecho, algunas personas pueden utilizarlos *exclusivamente* con este propósito, sin necesariamente perseguir el infinito.

Esta es una de las características fundamentales del Vedanta. No es obligatorio establecer el más alto de los objetivos humanos como la meta principal para practicar estos yogas. El Vedanta es inclusivo y está orientado hacia el cumplimiento racional de todos los objetivos humanos.

Recordemos las tres categorías de objetivos humanos secundarios. Estas son:

- **Objetivos de seguridad, incluyendo alimentación, vestimenta, refugio y salud (*Artham*).**

- **Objetivos de comodidad, incluyendo confort material, físico y lujos (*Kaamam*).**
- **Objetivos de riqueza invisible, o acciones realizadas en esta vida para manifestar recompensas en la próxima (*Dharmam/Punnyam*).**

Y, por supuesto, el cuarto objetivo humano es la meta principal de todos los seres humanos: alcanzar la liberación a través de la fusión con la conciencia y felicidad infinitas (*Moksham*). El Vedanta se refiere a estos cuatro objetivos colectivamente como *Purushartham* (*Purusha-Artham*), donde *Purusha* significa "ser humano" y *Artham*, en este contexto, significa "propósito significativo".

A lo largo de la vida, uno inevitablemente persigue cada uno de estos objetivos en cierta medida, incluso sin tener ningún conocimiento de este marco conceptual. De hecho, es posible perseguir el cuarto objetivo de capturar el infinito sin ningún conocimiento técnico sobre él.

Por supuesto, establecer el cuarto objetivo como la meta principal no significa que los otros tres desaparezcan automáticamente. Es simplemente imposible eliminar los objetivos de la noche a la mañana, incluso si hacerlo se ha convertido en la prioridad de la vida. La transición hacia la búsqueda del cuarto objetivo debe ser sistemática y gradual. Recordemos, a partir de nuestra discusión sobre la lógica de capturar el infinito, que el cuarto objetivo ni siquiera es un "objetivo" en el mismo sentido que las otras tres categorías; más bien, es un "convertirse" subjetivo que implica la eliminación de objetivos no satisfechos. Esto representa un cambio de paradigma en la manera en que uno se relaciona con el deseo: un realineamiento radical del patrón de pensamiento.

Una evaluación del deseo

Para comenzar este cambio, inicia realizando una evaluación de tus deseos. El objetivo de esta autoevaluación es comprender mejor la naturaleza de tu personalidad, ya que cada uno de tus diversos deseos tiene su origen en un aspecto particular de ella. Aunque es probable que tu intelecto sea el aspecto predominante, es importante examinar todas las facetas de tu personalidad. La búsqueda del cuarto objetivo humano implica la eliminación de *todos* los deseos no satisfechos, sin importar de dónde provengan.

Si esta tarea te parece abrumadora, no te preocupes. Si quisieras perder 10 libras de peso corporal, no esperarías hacerlo de la noche a la mañana. Necesitarías modificar gradualmente tu dieta y tu rutina de ejercicio, y solo después de un tiempo alcanzarías tu objetivo. La búsqueda del infinito funciona de la misma manera, aunque el proceso es aún más largo, ya que no solo estás modificando tu cuerpo físico, sino también tu cuerpo sutil. Por ello, debes comprometerte con el proceso sin preocuparte por el tiempo que tome.

Durante tu evaluación, examina la naturaleza de tus deseos actuales y agrúpalos según su conexión con las diferentes capas de tu personalidad: la intelectual, la mental, la activa y la física.

A medida que hagas esto, comenzarás a notar que ciertos deseos específicos se imponen por encima de los demás. Sin importar lo que tengas en mente, estos deseos reaparecen constantemente y se hacen notar. Esto indica que estos pocos deseos predominan en ti y son los más representativos de tus tendencias innatas.

El Vedanta se refiere a estas tendencias innatas como *Swa-Dharma*, que significa "la propia naturaleza". Idealmente, tu profesión estará alineada con tu *Swa-Dharma*, y la habrás elegido lo suficientemente temprano en la vida como para hacer un compromiso sustancial con ella. Si, durante tu autoevaluación, descubres que tus deseos recurrentes no están alineados con tu *Swa-Dharma,* busca la manera de hacer algunos ajustes para que tu sustento esté más en armonía con tu naturaleza innata. Sin embargo, evita hacer cambios que puedan afectar drásticamente tu estabilidad financiera, familiar o cualquier otra situación personal significativa.

¿Por qué es tan importante garantizar esta alineación? Porque, como mencionamos anteriormente, incluso cuando capturar el infinito se haya convertido en tu objetivo principal, inevitablemente seguirás teniendo muchos objetivos secundarios. Y, a pesar de tus esfuerzos por eliminarlos, muchos de ellos permanecerán contigo durante un largo tiempo. Por esta razón, es mejor enfocarse en objetivos que contribuyan a tu desarrollo personal y tratar de desprenderse de aquellos que son menos significativos.

Establece un objetivo realista y desinteresado basado en los deseos principales que identificaste durante tu autoevaluación. Idealmente, estos objetivos estarán alineados con tu profesión actual, ya sea en las ciencias, la filosofía o cualquier otro campo intelectual que tenga el potencial de beneficiar a la humanidad en general.

Para ser claros, este concepto de un "objetivo desinteresado" no tiene por qué corresponder a un único propósito, ni necesariamente abarcar el beneficio de toda la humanidad. Por ejemplo, podrías tener un objetivo desinteresado relacionado con tu contribución a un campo científico, otro vinculado al éxito de tu club de navegación y un tercero enfocado en profundizar tu estudio del Vedanta. Si tus objetivos desinteresados están alineados con tus tendencias innatas, puedes perseguir varios de ellos simultáneamente dentro de los recursos disponibles.

Establecer objetivos desinteresados es un paso fundamental para afirmar el papel del intelecto en la gestión de tus deseos. El intelecto actúa como el adulto en la sala, mientras que la mente, caprichosa e infantil, puede querer perseguir cualquier deseo en un momento dado. Es necesario que afirmes tu intelecto para alinear esos impulsos y así concentrarte más exclusivamente en objetivos de orden superior. A medida que continuemos nuestro estudio, exploraremos más a fondo la importancia del intelecto en la formulación y consecución de objetivos.

Tres temperamentos mentales y sus acciones

Durante nuestra discusión sobre el sistema de castas en el capítulo anterior, introdujimos el concepto de los tres temperamentos mentales (*Gunas*)—*Saatvik, Rajasik* y *Tamasik*—que corresponden a las tres propiedades intrínsecas del universo: conocimiento, acción e inercia.

Si bien todas las personas poseen una combinación de estos tres temperamentos en distintos grados, su personalidad general depende de cuál de estas tres cualidades predomina en su interior.

- **La propiedad del conocimiento se conoce como *Saatvik Guna*.**
- **La propiedad de la acción se conoce como *Rajasik Guna*.**
- **La propiedad de la inercia se conoce como *Tamasik Guna*.**

El tipo de acciones que persigues depende de la predominancia de cada uno de estos tres temperamentos dentro de tu personalidad. Comprender cuál de ellos predomina en ti es una parte importante de tu autoevaluación, ya que te ayudará a identificar patrones de comportamiento y enfocarte en áreas donde podrías querer modificar tu conducta.

El Vedanta clasifica las acciones en tres categorías, cada una con un impacto específico en el progreso hacia la captura del infinito. Como se mencionó antes, cada una de estas categorías también está asociada con un temperamento de personalidad particular. Las categorías son las siguientes:

Acciones desinteresadas (Utthama Karma)

Las acciones desinteresadas están asociadas con el temperamento *Saatvik,* que se origina en la propiedad intrínseca del conocimiento en el universo. Estas acciones ofrecen el menor beneficio personal, pero generan el máximo bienestar para la sociedad. Por esta razón, se consideran el tipo de acción más elevado.

El *Utthama Karma* es realizado por personas predominantemente *Saatvik.* Estas personas son externamente tranquilas, pero internamente dinámicas y equilibradas. En ellas, el componente del conocimiento predomina, lo que les permite comprender que la conciencia es el principio vital de todos los seres. La mayoría de sus decisiones están guiadas por la claridad del intelecto. Experimentan pocos o ningún dilema, ya que actúan con el poder del intelecto en lugar de dejarse llevar por preferencias y aversiones triviales. Mantienen una ecuanimidad mental, son objetivas y relativamente desapegadas, sin verse afectadas por los fracasos ni exaltadas por los éxitos. Persiguen sus metas de manera sistemática, sin preocupaciones ni ansiedades, y encuentran felicidad en la búsqueda de objetivos desinteresados.

Acciones egoístas (Madhyama Karma)

Las acciones egoístas están asociadas con el temperamento *Rajasik* y consisten en aquellas realizadas para perseguir los propios intereses y los de la familia, amigos y comunidad. Si bien estas acciones no son malintencionadas ni perjudican a los demás, ni violan ninguna ley, su motivación principal es la obtención de beneficios materiales. Debido a que no contribuyen al avance en la búsqueda del infinito, se consideran acciones mediocres en el contexto del *Vedanta*.

El *Madhyama Karma* es realizado por personas predominantemente *Rajasik*. Estas personas son altamente dinámicas, pero sus mentes están infestadas de flujos turbulentos de pensamiento y una multitud de deseos. Carecen del conocimiento de la conciencia como el factor unificador del universo y pueden incluso creer que Dios, como una entidad externa, es responsable de otorgar beneficios materiales. En ellas, predomina el componente de la acción, y sus excesivos deseos las impulsan constantemente. Anhelan la felicidad temporal que proviene de alcanzar una meta y desarrollan una avidez por ese sentimiento. Sin embargo, no encuentran satisfacción en la búsqueda de sus objetivos y pueden abandonarlos por completo si parecen demasiado difíciles. La mayoría de sus acciones están impulsadas por la mente y alimentan el ego, con el intelecto funcionando como un mero sirviente que incluso puede volverse astuto y manipulador para respaldar sus intereses egoístas. Están profundamente apegadas al mundo material, sufren preocupaciones constantes, ansiedades y miedos, y sus comportamientos pueden volverse rígidos debido a deberes y responsabilidades autoimpuestos. Su egoísmo puede incluso llevarlas, en ocasiones, a realizar acciones injustas sin intención consciente.

Acciones Injustas (Adhama Karma)

Las acciones injustas están asociadas con el temperamento *Tamasik* y consisten en intentos deshonestos de satisfacer los propios intereses egoístas. Las personas predominantemente *Tamasik* están rígidamente convencidas de que sus acciones injustas son, en realidad, justas. Debido a esta distorsión en su percepción, no dudan en violar leyes e incluso en perjudicar a su propia familia, amigos y comunidad con el fin de satisfacer su codicia materialista y sensual. Estas acciones conducen a la degradación espiritual y pueden tener consecuencias severas, hasta el punto de que, según el *Vedanta,* quienes persisten en ellas pueden renacer en formas inferiores, como animales o plantas, en su próxima vida. Por su naturaleza destructiva y degradante, estas acciones se consideran profundamente inferiores dentro del marco filosófico del *Vedanta.*

El *Adhama Karma* es realizado por personas predominantemente *Tamasik.* Estas personas pueden parecer calmadas externamente, pero en su interior son profundamente caóticas y desordenadas. En ellas, predomina el componente de la inercia. No tienen un propósito en la vida y su intelecto no juega ningún papel en su comportamiento. Se sienten cómodas en la pereza, la indolencia y la letargia. La mayoría del tiempo son inactivas y evitan cualquier tipo de deber o responsabilidad, hasta el punto de volverse casi como objetos inertes. Se convierten en una carga para su familia, amigos y comunidad. Además, suelen aferrarse a creencias religiosas extremas, rígidas y fanáticas, sin capacidad de discernimiento ni autoconciencia.

En la búsqueda del infinito, es fundamental evitar completamente el *Adhama Karma,* reducir el *Madhyama Karma* tanto como sea posible y dirigir la mayor cantidad de energía disponible hacia la realización del *Utthama Karma,* es decir, la acción correcta o adecuada, que es la esencia del *Karma Yoga.*

Al utilizar estos conocimientos para guiar la autoevaluación de la propia personalidad, se podrá reorientar el comportamiento hacia acciones que ayuden a acercarse al objetivo de capturar el infinito. Al hacerlo, se habrá emprendido el camino del *Karma Yoga,* el yoga de la acción.

Compromiso con las acciones desinteresadas

Cada persona es una combinación de los temperamentos *Saatvik, Rajasik* y *Tamasik*. Sin embargo, con la perspectiva adecuada, es posible reducir la influencia de los temperamentos inferiores en la propia personalidad. Esto sucede cuando se establecen metas coherentes con el *Swa-Dharma*, ya que este, por naturaleza, requiere la realización de acciones desinteresadas (*Utthama Karma*) para su cumplimiento. Al priorizar objetivos altruistas que estén alineados con las tendencias innatas de uno y que impliquen acciones desinteresadas, se garantiza que la mayor parte del tiempo se dedique a actividades que acerquen a la realización de dichos objetivos.

Como resultado, ya no habrá tiempo ni energía para enfocarse en deseos inconsecuentes e inferiores. Al igual que semillas que no reciben agua ni cuidados, con el tiempo estos deseos perderán su capacidad de crecer y acabarán marchitándose. A medida que este hábito se consolide, tales deseos surgirán con menor frecuencia, pues los temperamentos inferiores se habrán reducido en proporción al *Saatvik*, el temperamento asociado con el conocimiento y el intelecto.

A medida que el aspecto intelectual de tu personalidad predomine, tus acciones estarán menos impulsadas por deseos y metas inferiores. Así, **al perseguir objetivos alineados con tu *Swa-Dharma*, aumentarás tu sentido de desapego y renuncia, o *Vairagyam*, uno de los principales requisitos para capturar el infinito.**

Esta dinámica ganará impulso cuanto más se practique, y con el tiempo reducirá la proporción de deseos inferiores. Gracias al fortalecimiento progresivo del intelecto, desarrollarás una mayor capacidad para discernir entre los aspectos superiores e inferiores de la vida. **De este modo, tu sentido de discriminación o *Vivekam* también aumentará, otro requisito esencial para la**

práctica del *Gnyaana Yoga*, que en última instancia conduce a la captura del infinito.

Cabe señalar que estos requisitos previos se están fortaleciendo *sin* necesidad de involucrarse explícitamente en la búsqueda del infinito; es decir, incluso mientras uno sigue centrado en sus principales objetivos secundarios, *sigue avanzando en su camino hacia la captura del infinito.*

Para entender cómo funciona esto, recordemos nuestra fórmula para la felicidad:

$$\textit{\% de Felicidad} = \frac{\textit{(Número Total de Deseos Satisfechos}}{\textit{Número Total de Deseos Entretenidos)}} \times 100$$

Al practicar Karma yoga, se utiliza el poder del intelecto tanto para aumentar el numerador (cumpliendo objetivos alineados con el Swa-Dharma) como para disminuir el denominador (evitando o eliminando objetivos inferiores). De esta manera, la práctica sostenida de Karma yoga conduce directamente a un aumento en la felicidad, junto con una mayor refinación de la personalidad. (Cuando se practica adecuadamente, la práctica complementaria de Upaasana yoga puede potenciar aún más esta refinación. Hablaremos de esta práctica en un capítulo posterior).

En última instancia, al continuar con esta misma práctica teniendo a Brahman o el infinito como objetivo, uno eliminará los deseos egocéntricos y el anhelo por las sensaciones asociadas con los resultados de sus acciones. En lugar de eso, se reciben los resultados de las acciones con la actitud de que son dones divinos, en lugar de cosas materiales gratificantes.

Consideremos lo siguiente: cuando disparas una flecha hacia un objetivo, en el momento en que la sueltas, ya no tienes control sobre ella. De manera similar, cuando realizas cualquier acción (karma), esta se convierte en parte del universo y ya no tienes control sobre ella. En ese momento, la acción es simplemente procesada por las leyes universales y eternas, llamadas ***Eeshwaraa***.

Eeshwaraa puede entenderse en este contexto como la totalidad del universo observable en el medio de la conciencia infinita. Eeshwaraa devuelve la acción procesada en forma de efectos o "frutos" de la acción, también conocidos como ***Karma Phalam***.

De esta manera, Karma yoga consiste en la práctica de dedicar tus acciones correctas y apropiadas (Arpanam) a las leyes eternas (Eeshwaraa)—lo que se conoce como *Eeshwara Arpanam*—**y en recibir los efectos de esas acciones (sean cuales sean) con la actitud de que son dones divinos (Prasaadam) de Eeshwaraa**—lo que se conoce como *Eeshwara Prasaadam*.

Cuanto más tiempo practiques este yoga, más se purificará tu mente, quedando libre de deseos no deseados e inferiores. Se convertirá en una herramienta que trabajará en conjunto con el intelecto para apoyar la consecución del Purushartham, los objetivos humanos.

A medida que tu personalidad se define con esta actitud de Eeshwara Arpanam y Eeshwara Prasaadam, el ardiente deseo de alcanzar el infinito (Mumukshatvam) se hará más fuerte. Así, Karma yoga mejora directamente cada uno de los tres primeros prerrequisitos, preparando tu personalidad para la práctica de Gnyaana yoga.

Las cinco acciones sacrificiales

En el antiguo período védico, el Vedanta prescribía una serie de acciones sacrificiales, conocidas como *Pancha Maha Yagnya* o las cinco acciones sacrificiales, como rituales de Utthama Karma.

Aunque es posible que no tengan exactamente la misma relevancia o aplicabilidad en los tiempos modernos, pueden adaptarse para apoyar la práctica de Utthama Karma. Estas cinco acciones son las siguientes.

Apelar al infinito *(Daiva Yagnya)*

"Daiva" aquí se refiere a Brahman, la conciencia infinita. A pesar de tener una personalidad en la que predomina el intelecto, reconoces la magnanimidad del infinito y te inclinas en reverencia ante él. No alimentas la arrogancia intelectual de que lo "entenderás" o te volverás "igual" a la conciencia infinita.

Con sincera devoción, apelas a Brahman por el bienestar de todos los seres vivos y de todos los objetos inertes en toda la extensión del universo manifestado, deseando que sean felices, prósperos y estén libres de enfermedades y sufrimiento. Esta súplica no se hace con ofrendas materiales burdas, sino con la materia sutil del pensamiento.

Homenaje a los antepasados *(Pitru Yagnya)*

Reconoce que tus padres contribuyeron a tu nacimiento, y que *sus* padres contribuyeron al suyo, y así sucesivamente. Expresa gratitud por todos los antepasados, tanto los que están vivos como los que ya han fallecido. Para aquellos que aún viven, comprométete a tratarlos con reverencia y cuidado, y evita enviarlos a residencias de ancianos; para aquellos que han fallecido, realiza los rituales védicos de *Tarpanam* y *Shraddam* en honor a sus contribuciones.

Devoción a los Sabios *(Rishi Yagnya)*

Las identidades de los autores originales de los textos védicos son desconocidas. Estos sabios fueron extremadamente desinteresados. No poseían absolutamente ningún ego y no se molestaron en dejar sus nombres. Nunca buscaron nuestra aprobación, reconocimiento o fama.

Expresa profunda devoción, respeto y reverencia por todos los maestros del Vedanta, tanto del pasado como del presente, conocidos y desconocidos. Además, dado que estos textos han sido transmitidos durante incontables generaciones, reconoce la importancia de preservar y difundir este cuerpo de sabiduría atemporal, asegurando que esté disponible para toda la humanidad y que pueda ser transmitido a las generaciones futuras.

Servicio Social *(Manushya Yagnya)*

Sin perder de vista el cuarto objetivo de capturar el infinito, participa en actividades que beneficien y eleven a tus semejantes en la mayor medida posible.

En el antiguo período védico, esta tarea podía haber sido más sencilla, ya que la necesidad de un servicio social más amplio era menos extensa. Sin embargo, hoy en día, la disparidad entre ricos y pobres se ha ampliado hasta un grado casi impensable. El 1% más rico de la población posee más del 43% de toda la riqueza, mientras que el 50% más pobre posee solo el 1%.

Si la sociedad permite que esta disparidad siga creciendo, inevitablemente conducirá a disturbios globales y al colapso de la civilización; con su avaricia desmedida, los ricos habrán provocado su propia caída, junto con la de todos los demás.

Con una brecha tan vasta entre ricos y pobres, los servicios sociales por sí solos probablemente no serán suficientes para cerrar la brecha. Tanto los gobiernos como los individuos deberían dirigir sus recursos a la implementación de amplios esfuerzos de concienciación social, además de los servicios sociales, ya que estos esfuerzos son más fáciles y menos costosos de llevar a cabo a gran escala.

Estos esfuerzos consistirían en educar a la humanidad sobre la naturaleza de los objetivos humanos y la composición humana, así como sobre los medios para asegurar los objetivos primordiales de seguridad: alimentación, ropa, refugio y salud. Con una comprensión generalizada de estos objetivos en la sociedad, la brecha entre ricos y pobres se reduciría significativamente.

Esto demuestra la importancia de compartir la información contenida en este libro. Por ello, se anima al lector a compartir este conocimiento con los demás. Incluso compartirlo con una sola persona marcará la diferencia.

Protege el medio ambiente *(Bhuutha Yagnya)*

Reconoce que eres una unidad dentro del entorno global y que, como tal, debes hacer tu parte para protegerlo. Expande tu círculo de identificación más allá de los seres humanos, abarcando también a los animales, las plantas y el medio ambiente en su totalidad.

Lo más importante que podemos hacer en esta era es reducir las emisiones de gases de efecto invernadero. Intenta hacerlo en tu propia vida tanto como sea posible y apoya los esfuerzos de gobiernos y empresas para lograr lo mismo en beneficio de la protección del planeta. Consume lo menos posible de la naturaleza, solo lo necesario para sostener tu práctica de Utthama Karma.

Con esta discusión sobre las cinco acciones sacrificiales, concluimos nuestro análisis del Karma yoga. En el próximo capítulo, hablaremos sobre Bhakti yoga, un ingrediente esencial en cada una de las demás formas de yoga que practicarás.

Capítulo 25

Bhakti Yoga

Habiendo tratado el Karma yoga, pasemos ahora a discutir el Bhakti yoga, un yoga esencial que… ¡no existe!

¿Cómo puede no existir? Y, si no existe, ¿por qué dedicamos un capítulo entero a hablar de él?

Esta declaración tan contundente se aclarará a medida que avancemos en este capítulo y, especialmente, en los siguientes.

La lógica y práctica del Bhakti Yoga

Bhakti puede traducirse como "devoción hacia Dios" o, en este contexto específico, "devoción hacia el Brahman infinito".

Podemos pensar en la "devoción" como similar a la emoción del amor: el flujo constante de pensamiento que emana de tu mente hacia un objeto o ser, y una identificación o sentimiento de unidad con ese objeto o ser. **La devoción no es otra cosa que el mismo amor, solo que dirigido hacia un principio superior: el Brahman infinito o Dios.**

La devoción también puede dirigirse hacia otros principios elevados, como tu deidad favorita, tu maestro (gurú), tu nación, tus padres o cualquier persona a quien reverencies y consideres sagrada.

Un análisis más profundo de la emoción del amor ayudará a iluminar el concepto de devoción (*Bhakti*), lo que, a su vez, ayudará a explicar el significado de Bhakti yoga.

Gradaciones del amor

Cada vez que estableces una meta en la vida y trabajas diligentemente para alcanzarla, el amor está involucrado.

Estableces la meta en primer lugar porque te encantaría obtener el resultado. También amas los métodos, medios y acciones involucrados en trabajar hacia la meta, ya que te acercan a lo que amas. Y, lo más importante de todo, estableces tus metas y trabajas para alcanzarlas porque te amas a ti mismo, y ese amor propio te impulsa a perseguir y lograr las cosas que amas.

Sin embargo, aunque el amor está involucrado en establecer, trabajar hacia y alcanzar tus metas, existe una gradación en la intensidad del amor por cada una de estas cosas.

Es decir, el amor por perseguir tu meta es menos intenso que el amor por la meta en sí. Y el amor por la meta es menos intenso que el amor por ti mismo en primer lugar.

Esto se debe a que el amor que tienes por los medios para lograr tu meta en realidad tiene más que ver con la meta en sí que con los medios como tales. Una vez que alcanzas tu objetivo, el amor por los medios se olvida rápidamente.

De manera similar, el amor que tienes por tu meta está más relacionado con el amor propio que con la meta en sí misma, ya que el propósito de la meta es brindarte paz y felicidad. Dado que la felicidad material es temporal, tan pronto como logras un objetivo, tu amor por él se desvanece y estableces una nueva meta, dirigiendo tu amor hacia ella.

Considera este ejemplo, que quizás puedas relacionar con tu propia vida. Recuerda tu primera relación y el amor que sentías por las acciones que tomaste para conocer, perseguir y conectar con tu pareja. Piensa en la intensidad del amor que sentías por esa persona y en el amor que sentías por ti mismo en el proceso. Luego, recuerda el final de esa relación: cómo tu meta probablemente cambió hacia encontrar una nueva y mejor pareja... y así sucesivamente.

En todas tus búsquedas, hay una gradación en la intensidad del amor que sientes por los diferentes aspectos de la búsqueda: un amor débil por los medios (*Mandha Premam*); un amor mediocre por los objetivos (*Madhyama Premam*); y un amor superior por ti mismo (*Utthama Premam*).

El amor, la devoción y Dios

Podemos usar esta gradación del amor para ayudar a comprender las gradaciones en la intensidad de la devoción hacia Dios. Esta intensidad depende de tu comprensión de Dios, es decir, de la manera en que ves a Dios en relación contigo mismo y con el infinito.

La gran mayoría de las personas que adoran a Dios tienden a verlo como un medio para alcanzar logros materiales y emocionales para sí mismos y sus familias. Este tipo de devoción se conoce como devoción egoísta o devoción débil (*Mandha Bhakti*).

Una proporción mucho más pequeña de personas ve a Dios no como un medio para alcanzar fines personales, sino como un fin en sí mismo, es decir, consideran que alcanzar a Dios es su objetivo supremo en la vida, con la comprensión de que hacerlo les brindará paz total, felicidad y salvación. Sin embargo, aunque esta devoción es más noble que la devoción egoísta de la mayoría, el Vedanta la considera una devoción mediocre (*Madhyama Bhakti*).

solo una mínima fracción de los seres humanos posee la forma más intensa de devoción a Dios: la devoción suprema (*Utthama Bhakti*). Si tienes este tipo de devoción, no ves a Dios ni como un medio para lograr fines materiales ni como un fin en sí mismo. En cambio, comprendes que Dios, el Brahman Infinito, no es diferente de ti. **Esto puede compararse con el amor propio que discutimos anteriormente. Cuando crees que tú y Dios, el Brahman Infinito, están en el mismo nivel absoluto, has alcanzado Utthama Bhakti, la forma más intensa de devoción.**

El Bhakti yoga que no existe

En el capítulo anterior, cubrimos Karma yoga, una disciplina esencial para alcanzar los objetivos humanos (Purushartham), incluido, por supuesto, el cuarto objetivo humano de capturar el infinito. En los dos siguientes capítulos abordaremos Upaasana yoga y Gnyaana yoga, que también son disciplinas esenciales para alcanzar esos objetivos humanos. Y Bhakti yoga, el yoga de la devoción hacia el infinito Brahman, también es fundamental para alcanzar Moksham o la fusión con la conciencia infinita.

Con esto en mente, el lector probablemente estará ansioso por saber qué métodos y técnicas prescribe Bhakti yoga, para poder empezar a practicarlo por su cuenta.

La verdad es que **Bhakti yoga no es una práctica distinta en sí misma**. No existe un conjunto único de métodos o técnicas que, en conjunto, constituyan este yoga. En cambio, es la combinación de **Karma yoga, Upaasana yoga y Gnyaana yoga**. No es un yoga separado, sino más bien la atmósfera común de devoción al infinito Brahman y la conciencia en la que se practican los otros tres yogas.

Aquellos familiarizados con la Bhagavad Gita podrían argumentar que, dado que contiene un capítulo dedicado llamado Bhakti yoga, este yoga *realmente* existe como una práctica distinta. Sin embargo, si te tomas el tiempo de analizar todo el capítulo, se hace claro que el Señor Krishna discute Bhakti yoga como la *combinación* de Karma yoga, Upaasana yoga y Gnyaana yoga.

En Karma yoga, es con devoción que dedicas todas tus acciones a Dios (*Eeshwara Arpana Bhaavanam*) y aceptas el resultado de tus acciones como un regalo de Dios (*Eeshwara Prasaadha Bhaavanam*).

De manera similar, nuestras próximas discusiones sobre Upaasana yoga y Gnyaana yoga revelarán cómo estos yogas también se practican en una atmósfera de devoción (Bhakti).

Por lo tanto, en Hatha yoga, Karma yoga, Upaasana yoga y Gnyaana yoga, ningún estadio está desprovisto de devoción (Bhakti). ¡Así que podrías llamar a todos estos yogas juntos Bhakti yoga!

Bhakti Yoga en la práctica

Aun así, incluso si no existe una práctica *explícita* de Bhakti yoga, debe haber alguna cualidad que nos ayude a reconocer claramente la diferencia entre las gradaciones de devoción. De hecho, podemos analizar el grado de devoción hacia Dios en términos de su comprensión de Él como el objeto de su devoción.

Vedanta ofrece tres definiciones de Dios, que dependen del temperamento mental y el calibre intelectual de cada persona.

Si estás comenzando en el camino espiritual, puedes entender a Dios como el creador del mundo. Es natural reconocer que, detrás de todo, hay un creador. Dado que el universo es lo más grande que se puede imaginar, su creador debe ser el creador más grande imaginable. En este concepto, visualizas a Dios como una persona (o alguna otra entidad distinta), y te dedicas a esa forma específica. **Vedanta describe este primer nivel de comprensión y devoción como *Eka Roopa Eeshwara Bhakti*, "devoción a Dios con una sola forma".**

A medida que avanzas espiritualmente y tu pensamiento se vuelve más claro, Vedanta te presenta el siguiente nivel de comprensión de Dios. Te preguntarás, si Dios creó el universo, ¿de dónde obtuvo Dios el material para hacerlo? Incluso el espacio y el tiempo son parte de ello y no podrían haber existido antes de eso. Entonces, ¿de dónde vino todo? La conclusión lógica—de hecho, la única posibilidad—es que toda la materia dentro del universo debe ser un aspecto de Dios. Todo el universo no es más que Dios; todo y cada ser que existe en el universo es Dios. En este nivel, has dejado atrás la concepción de que Dios tiene una sola forma y ahora estás dedicado a este Dios que tiene muchas formas. **Vedanta describe este segundo nivel de comprensión y devoción como *Aneka Roopa Eeshwara Bhakti* o *Vishwa Roopa Eeshwara Bhakti*—"devoción a Dios con muchas formas" o "devoción a Dios como el universo mismo".**

A medida que avanzas más en tu búsqueda espiritual y tu intelecto se vuelve más fuerte, comenzarás a cuestionar incluso esta comprensión avanzada. Te preguntarás, si Dios es el universo, ¿por qué vemos tantas disparidades y tanto sufrimiento en la Tierra (y probablemente también en otros planetas habitables)? ¿Por qué existe la injusticia y el dolor? ¿Por qué hay inundaciones, terremotos y tsunamis? ¿Por qué el crimen, las guerras y la violencia? ¿Cómo pueden esas cosas ser también Dios?

Cuando haces estas preguntas, Vedanta reconoce tu crecimiento intelectual y presenta la respuesta: que Dios no es el universo, sino que Dios solo aparece como el universo con su multitud de nombres y formas. Esta respuesta desbloquea la comprensión de que Dios es el sustrato mismo del universo—una conciencia pura y vivificante, el principio sin forma detrás de los diversos nombres y formas de todo el universo. **Vedanta describe este tercer nivel de comprensión y devoción como** ***Aroopa Eeshwara Bhakti*****—'devoción a un Dios sin forma.'** Sin embargo, una vez que tu búsqueda espiritual ha evolucionado a este nivel, también no dudarás en adorar a Dios con forma, y también en adorar al universo como Dios. ¡Aroopa Bhakti *incluye* Eka Roopa Bhakti y Aneka Roopa Bhakti!

Estos tres niveles describen el nivel de devoción que evolucionará continuamente mientras practicas Karma yoga, Upaasana yoga y Gnyaana yoga, los cuales, en conjunto, constituyen Bhakti yoga.

En los próximos dos capítulos, abordaremos la práctica de Upaasana yoga y Gnyaana yoga. A medida que los leas, esa declaración inicial de que no existe algo como Bhakti yoga se aclarará aún más.

Capítulo 26

Upaasana Yoga

En el capítulo sobre Karma yoga, destacamos la interdependencia de los diversos yogas para enfatizar la importancia de practicarlos de manera deliberada y en conjunto, en lugar de saltar directamente al final.

Esto se vuelve especialmente claro cuando recuerdas las cualificaciones de cuatro partes. Mientras que Karma yoga puede ayudar a fortalecer los tres primeros de estos requisitos previos (desapego, discriminación y el intenso deseo ardiente de alcanzar la infinitud), Upaasana yoga se enfoca en el cuarto requisito, la riqueza de seis partes (Shatka Sampathi). Este requisito consta de seis partes:

- Mente ecuánime
- Regulación de los sentidos
- Mente retirada
- Resiliencia mental
- Fe intelectual
- Concentración

La práctica de Upaasana yoga puede ayudarte a desarrollar estas seis cualidades, haciendo que tu personalidad (y especialmente tu mente) sea lo suficientemente apta para perseguir y alcanzar los cuatro objetivos humanos (Purushartham), incluyendo, por supuesto, el objetivo primordial de fusionarse con la infinitud (Brahman).

La aptitud mental es esencial para perseguir ese cuarto objetivo. Antes de embarcarse en el camino hacia la infinitud, casi con seguridad, tu mente—el asiento de tus gustos, disgustos y deseos multifacéticos—estaba en un estado de constante fluctuación. Este estado de cambio perpetuo resulta en una cantidad interminable de estrés, agitación mental y otras cargas psicológicas. Desafortunadamente, la mayoría de las personas simplemente están condicionadas a aceptar que esta es la única manera y que es normal pasar por estrés en la vida.

Puedes pensar en el Upaasana yoga como un tipo de ejercicio de descondicionamiento, diseñado para refinar e integrar toda tu personalidad, lo que te permite perseguir tus objetivos con mayor eficiencia y sin distracciones.

Los requisitos previos para la práctica de Upaasana yoga

Cualquier esfuerzo humano (incluyendo cualquier tipo de yoga) solo es posible en el estado de vigilia, cuando tanto el cuerpo grueso como el cuerpo sutil están despiertos y funcionando plenamente. Así, para que tus esfuerzos (incluida tu práctica yóguica) sean exitosos, es necesario refinarlos.

Aunque el Upaasana yoga se enfoca principalmente en refinar el cuerpo sutil, también pone énfasis en la condición física del cuerpo grueso. Después de todo, el cuerpo grueso es una extensión del cuerpo sutil, por lo que debe estar en forma y ser saludable.

Este no es el lugar para discutir regímenes específicos de acondicionamiento físico, ya que el intelecto del lector es capaz de determinar qué prácticas (como el Hatha yoga y el Praanaayama) contribuirán al refinamiento del cuerpo grueso. Sin embargo, hay un paso particularmente importante que debemos mencionar antes de discutir el Upaasana yoga, y este está relacionado con la preparación del cuerpo sutil.

Como se mencionó al principio de este capítulo, el Upaasana yoga se ocupa principalmente de cultivar la mente. Dado que una de las manifestaciones predominantes de la mente es el habla, es importante refinar (o descondicionar) el habla antes de practicar Upaasana yoga. Este esfuerzo se conoce como descondicionamiento verbal o austeridad del habla (*Vaak-Tapas*).

En resumen, cuando practicas la austeridad del habla, buscas evitar causar daño con tus palabras y, en su lugar, difundir buena voluntad y beneficiar a los demás.

Un verso del gran texto tamil *Thiru-Kural* expresa la importancia de esta idea de manera sucinta: *Theeyinaar Sutta Punn Ullaarumm; Aaraadhe Naaviaar Sutta Vadoo*, que significa: "Aunque una herida causada por el fuego deja una cicatriz en el cuerpo, la herida interna sanará con el tiempo. Pero la herida causada por palabras crueles en el corazón permanece y nunca sanará."

El abuso verbal es una forma de crueldad mental y debe evitarse tanto como sea posible para que tu mente esté en paz. De vez en cuando, casi con seguridad te encontrarás en circunstancias en las que tal vez tengas que usar palabras fuertes para enfatizar un punto. Sin embargo, depende de ti cultivar tu intelecto para que puedas desarrollar métodos para manejar tales situaciones de manera apropiada sin usar palabras abusivas o dañinas.

Simplemente evitar el habla dañina no es suficiente. También es importante que hagas un esfuerzo por cultivar un discurso que sea agradable, educado, armonioso e interesante para los demás.

Finalmente, recuerda que tu objetivo último es alcanzar el Brahman, que puede entenderse como la Verdad Absoluta. solo puedes llegar a ello llevando una vida de Verdad Relativa, lo que significa que debes hacer todo lo posible por evitar decir mentiras.

A medida que tu mente se vuelve más sutil, te volverás cada vez más sensible a las mentiras (y sus consecuencias); cualquier cosa que logres mintiendo causará agitación mental, mientras que cualquier cosa que logres *sin* mentir te traerá felicidad. Por supuesto, puede haber ocasiones en las que decir una mentira pueda avanzar los intereses de una causa noble que beneficie a los demás. Estas situaciones se permiten como excepciones a la regla, siempre y cuando realices acciones compensatorias (*Praaya-Chittam*) para neutralizar sus efectos.

Al cultivar tu discurso para que sea consistente con estas pautas, iniciarás un paso importante de descondicionamiento que ayudará a establecer tu práctica de Upaasana yoga.

Antes de adentrarnos en la lógica y práctica de este yoga, recordemos rápidamente un punto que se ha mencionado anteriormente pero que merece ser repetido. En este y otros capítulos, se han utilizado varios métodos, instrucciones y términos sin entrar en demasiados detalles sobre lo que significan o cómo se pueden observar. Esto se debe a que el objetivo principal de este libro es familiarizarte con estas ideas y cómo se encajan entre sí, en lugar de realizar discusiones expansivas y detalladas de cada matiz.

Para aquellos interesados en profundizar en los detalles de estos temas, el capítulo final te dirigirá a un punto de contacto por correo electrónico, donde podrás solicitar acceso a referencias adicionales, fuentes y recomendaciones para seguir explorando el Vedanta en mayor profundidad.

La lógica y la práctica del yoga de Upaasana

El refinamiento de la mente comienza con los frutos más fáciles de alcanzar, como mantener un cuerpo físico en forma y observar la disciplina verbal, ya que ambas son nada más que extensiones gruesas de la mente. Diversos textos vedánticos mencionan que la disciplina física y verbal son requisitos previos para el desarrollo mental, que es el propósito del yoga de Upaasana.

Por supuesto, refinar la mente no es un objetivo en sí mismo. Sirve a un objetivo mayor: el cuarto objetivo humano, capturar la infinitud. Recuerda nuestra definición anterior de meditación:

La verdadera meditación es la capacidad de dirigir la mente hacia un solo pensamiento—hacia Brahman o la infinitud—durante un período prolongado, excluyendo todos los demás pensamientos, bajo la observación continua del intelecto.

Esto define específicamente la meditación vedántica, la cual se discutirá en detalle al final del próximo capítulo sobre el yoga de Gnyaana.

El yoga de Upaasana se ocupa de preparar la mente para realizar esta forma avanzada de meditación.

El significado de Upaasana

Anteriormente definimos la concentración como la capacidad del intelecto para dirigir la mente y los centros de poder de la percepción y la acción para continuar involucrados en la actividad presente hasta que se complete, sin permitir que la mente se deslice hacia el pasado o el futuro.

Todas las personas, incluso aquellas con los intelectos más débiles, tienen el poder de concentrarse durante *al menos* algún tiempo. Pero esa duración varía enormemente de una persona a otra.

El poder de tu concentración depende del tiempo que puedas mantenerte involucrado con un solo pensamiento, acción o tarea. Y esto, por supuesto, depende en gran parte de la fortaleza (o debilidad) relativa de tu intelecto: su capacidad para evitar que tu mente deje que tus pensamientos se desborden. Pero además de tener un intelecto fuerte, la práctica de Upaasana yoga puede ayudarte a ampliar de manera sistemática y gradual la cantidad de tiempo que puedes mantener tu mente en la actividad presente. Tu capacidad de atención se amplía.

La etimología del término *Upaasana* hace esto claro; *Upa* significa "cerca" mientras que *Aasanaa* significa "sentarse". También es posible que hayas oído el término *Upavaasam,* que es un equivalente cercano de *Upaasana;* aquí, *Upa* nuevamente significa "cerca", mientras que *Vaasam* significa "morir" o "habitar".

[Nota adicional: El Upaasana yoga es en muchos aspectos sinónimo del Ashtaanga yoga (a veces llamado Samaadhi yoga), una práctica que se ha vuelto muy comercializada. En este libro, nos adheriremos al término Upaasana yoga.]

Entonces, ¿qué es exactamente lo que estamos sentados o habitando cerca de cuando practicamos este yoga?

El Upaasana yoga consiste en que tu intelecto dirija tu mente a sentarse (o habitar) en pensamientos sobre Brahman, la realidad infinita. Al hacerlo, gradualmente descondicionas tu mente de su estado caótico y la preparas para capturar la infinitud..

Incluso aquellos con un intelecto fuerte pueden no ser capaces de sentarse o habitar en estos pensamientos durante un largo período al principio. ¡Esto no se puede lograr de la noche a la mañana! Sin embargo, cualquier persona, incluso *alguien* con un intelecto débil, puede dirigir su mente hacia pensamientos de Brahman durante al menos unos minutos al día. Este es el propósito del Upaasana yoga: comenzar a entrenar la mente para habitar cerca de Brahman a través de la meditación preparatoria.

Al principio, puede ser difícil ya que la mente es desordenada. Sin embargo, considera la diferencia que sientes al concentrarte en algo que te interesa frente a algo que no te interesa. Cuando esto último sucede, tu mente tiene más probabilidades de vagar, y debes hacer un esfuerzo constante con tu intelecto para traerla de vuelta a la tarea en cuestión. Pero cuando te interesa algo o cuando deseas algo profundamente, tu mente puede enfocarse con facilidad, con un esfuerzo mínimo del intelecto. Aquí es donde entra en juego tu intenso deseo de Moksham e infinito, tu Mu-Muk-Shatvam.

Con Upaasana yoga, tu mente será desordenada al principio. Pero con el tiempo y con la ayuda del intelecto, se volverá mucho más dispuesta a concentrarse en habitar cerca de los pensamientos de Brahman.

Antes de continuar con la exploración de la práctica de Upaasana yoga, abordemos brevemente una ironía que resalta lo rara que se ha vuelto esta práctica.

Un practicante avanzado que es capaz de dirigir la mente hacia los pensamientos de Brahman durante la mayor parte del día pasaría tanto tiempo concentrado que ni siquiera tendría tiempo para comer. Así es como el término Upavassam terminó adquiriendo su segundo significado implícito, es decir, "ayuno". La ironía es que la gran mayoría de los indios solo entienden el término Upavassam como "ayuno" y no son conscientes de su significado principal.

Upaasana Yoga en la práctica

Con ese contexto, estamos listos para discutir la práctica de Upaasana yoga. Al observar esta práctica, gradualmente y de manera sistemática, podrás extender tu capacidad de concentración, comenzando con solo unos pocos minutos a la vez.

Debido a que este yoga es esencialmente una forma diluida de la meditación védantica (que abordaremos en el próximo capítulo), podemos considerarlo como un tipo de meditación preparatoria o intermitente, que prepara al practicante para Gnyaana yoga.

Preparándose para Upaasana yoga

Antes de comenzar, ten en cuenta la crítica a la meditación contemporánea que se presentó en un capítulo anterior. Las meditaciones largas que superan la capacidad de uno no se recomiendan *en absoluto*, ya que son extenuantes y perjudiciales para la mente, haciendo más daño que bien. No te dejes tentar a exceder tu capacidad cuando estés comenzando. En su lugar, trata de seguir las recomendaciones a continuación para aumentar tu capacidad de manera gradual. Debes estar atento a tu capacidad de atención actual o real, y no forzarte.

Ahora, en primer lugar, debes apartar tiempo para esta práctica. Puedes comenzar con tan solo cinco a quince minutos. El mejor momento para realizar estas meditaciones cortas es temprano en la mañana, cuando tu intelecto está alerta y tu mente relativamente tranquila.

A continuación, elige un lugar limpio, tranquilo y apartado. Asegúrate de estar sentado en una posición cómoda, con las piernas cruzadas, el cuerpo erguido y los ojos suavemente cerrados.

A partir de ahí, debes retirar gradualmente todas las actividades de los cinco órganos de percepción (*Gnyaana Indriya Nigraham*). Luego, retira las actividades de los cinco órganos de acción (*Karma Indriya Nigraham*).

Al principio, la tarea más difícil será usar tu intelecto para retirar temporalmente tu mente de las preocupaciones pasadas y las ansiedades futuras, y permitir que se concentre solo en el presente (*Mano Nigraham*).

En este punto, realizarás el ejercicio de respiración regulada de Praanaayama. Hazlo durante dos a cinco minutos antes de comenzar cualquiera de las meditaciones descritas a continuación. ¿Por qué es esto importante? Recuerda nuestras discusiones previas sobre los diferentes componentes de los cuerpos grueso y sutil, específicamente, los centros de energía que actúan como puntos de transición entre los dos cuerpos. Cuando tu intelecto dirige tu mente a concentrarse en la inhalación y la exhalación, te estás enfocando en la capa de energía vital, que tiene un impacto tanto en el cuerpo grueso como en el cuerpo sutil. Este enfoque significa que Praanaayama puede calmar la mente. Por lo tanto, regular tu respiración en la dirección de tu intelecto durante unos minutos llevará tu mente a un estado más propicio para el yoga de Upaasana.

Una vez que hayas realizado Praanaayama durante unos minutos y llevado tu mente a ese estado tranquilo y equilibrado, estarás listo para comenzar el yoga de Upaasana observando una de las siguientes meditaciones preparatorias. Ten en cuenta que las siguientes secciones solo proporcionan resúmenes de cada tipo de meditación; se proporcionará una fuente de meditación guiada a solicitud a través del correo electrónico proporcionado al final de este libro.

Meditación de relajación:

Como su nombre sugiere, el objetivo de esta meditación es relajar toda tu personalidad. Comenzarás relajando tu cuerpo físico. Visualiza mentalmente todas las partes físicas de tu cuerpo, empezando desde la cabeza y moviéndote gradualmente hacia los pies, relajando cada parte de tu cuerpo a medida que avanzas. Al relajarte, inicialmente sentirás la presencia pesada de tu cuerpo. Esto gradualmente dará paso a una sensación de ligereza, en la que te sentirás completamente apartado de tu cuerpo y ya no sentirás su presencia.

Una vez que tu cuerpo esté relajado, notarás que tu respiración también se ha relajado de manera automática y ahora está calmada y regulada. Observa tu inhalación y exhalación, y continúa estando relajado.

Ahora viene la tarea difícil de relajar la mente. Esto es difícil al principio debido a su tendencia natural a desviarse hacia el pasado y el futuro, en gran parte a causa del estrés. La mente es víctima del estrés en la mayoría de las personas.

Sin embargo, recuerda que el estrés no es más que una agitación mental aguda causada por la incapacidad de cumplir numerosos deseos a la vez. Es común que muchos deseos clamen por atención al mismo tiempo, todos buscando una gratificación instantánea simultáneamente. El estado patético de tu mente en este momento es lo que todos conocemos como *estrés*.

Mientras estás en la postura de meditación, sugiérete mentalmente que has desarrollado todos estos deseos imprácticos y generadores de estrés debido a tu ignorancia.

Al desarrollar un intelecto más fuerte, serás capaz de erradicar esos deseos estresantes a nivel de pensamiento, ¡sin necesidad de satisfacerlos!

Aunque estés manteniendo una postura de meditación relajada mientras te sugieres estas cosas a ti mismo, puede ser útil dirigir tu mente a visualizar un entorno relajado, especialmente un lugar natural y pintoresco que te guste. Esto puede facilitar que la mente se relaje y no se disperse.

Intenta establecer una práctica constante de meditación de relajación durante cinco minutos al principio, y luego extiéndela gradualmente a 10 o 15 minutos. Hacer esto ayudará a reducir tu nivel de estrés. Si eres constante en tus esfuerzos, esto ayudará a relajar tu personalidad total incluso cuando no estés practicando esta meditación.

Una vez que hayas logrado establecer una práctica constante, estarás preparado para comenzar el siguiente tipo de meditación preparatoria: la meditación de concentración.

Meditación de concentración

Al igual que con el tipo de meditación anterior, el nombre "meditación de concentración" debería dejar claro su propósito. La práctica de la meditación de concentración tiene como objetivo aumentar tu capacidad de atención: la capacidad de tu intelecto para dirigir tu mente y cuerpo a involucrarse de manera continua en la actividad presente hasta su finalización, sin permitir que la mente se deslice hacia el pasado o el futuro.

Existen tres formas en las que este tipo de meditación puede llevarse a cabo.

El primero es el **ritual mental**, o **adoración mental**. Con este enfoque, puedes elegir una deidad de cualquier religión que prefieras. Luego, realizas mentalmente cualquier ritual prescrito relacionado con esa deidad, siguiéndolo de principio a fin sin ninguna distracción. Debes realizar todos los rituales *mentalmente*, correspondiendo al ritual prescrito.

Por ejemplo, si eres un devoto del Señor Shiva, te sentarías en la postura de meditación y luego realizarías *mentalmente* los rituales procedimentales exactos hasta el final, sin ninguna distracción. Esta práctica específica se llama *Shiva Maanasa Pooja.*

La segunda opción es la **recitación mental**, en la que recitarías mentalmente tu oración favorita. Con este enfoque, simplemente la recitas mentalmente sin profundizar en su significado. Elige una oración que dure entre 10 a 15 minutos, luego recítala mentalmente sin interrupciones hasta que se complete por completo. Esta práctica se llama *Maanasa Paaraayanam.*

La tercera opción es el **canto mental** de una afirmación poderosa y concisa, llamada *Mantram.* Esta es una afirmación que se refiere al Brahman infinito, ya que el propósito del yoga de Upaasana es refinar tu mente con el objetivo de perseguir a Brahman. Naturalmente, elegirías un *mantram* relacionado con Brahman. Por ejemplo, podrías seleccionar "Om Namah Shivaayam" y cantarlo mentalmente. Esta práctica se llama *Maanasa Japam.*

Dependiendo de la cantidad de tiempo que puedas concentrarte, puedes realizar el culto mental, la recitación o el canto, ya sea de forma individual o en secuencia, uno tras otro.

Una práctica constante tanto de la meditación de relajación como de la meditación de concentración refinará tu mente e incrementará su sutileza, preparándote para el siguiente tipo: la meditación macrocosmica.

Meditación macrocosmica

Mientras que la meditación de concentración te invita a enfocarte en el culto ritual de deidades y la recitación de oraciones o mantras, la meditación macrocosmica se enfoca en un alcance infinitamente mayor: todo el espectro del cosmos.

Mientras te encuentras sentado en la postura de meditación, comenzarás visualizando todo el cosmos: empezando desde las partículas subatómicas más pequeñas, irás ascendiendo hasta los microorganismos, plantas, animales, tu propia existencia en la vasta extensión, el mundo natural que te rodea, el país en el que vives, el planeta Tierra, nuestro sistema solar, la galaxia Vía Láctea, los cúmulos locales de galaxias, y finalmente, todo el universo observable.

Luego visualizarás la magnitud del Brahman infinito y la conciencia, no solo penetrando todo el universo observable, ¡sino también *más allá* de él!

A continuación, visualizarás que tu personalidad es una diminuta partícula dentro de todo el universo observable, y que todo el universo observable también es una diminuta partícula dentro del Brahman infinito, que todo lo penetra.

Finalmente, visualizarás cómo tu sincero esfuerzo y búsqueda te llevarán inevitablemente a convertirte en uno con el infinito Brahman.

La meditación macrocosmica, denominada *Vishwa Roopa Eeshwara Dhyaanam*, cambiará drásticamente la forma en que te ves a ti mismo, tus problemas y el mundo. En lugar de verte como una entidad separada, comenzarás a identificar la unidad en todos los objetos y seres del mundo. ¡Este refinamiento te recompensará con una mente expandida y resiliente!

A medida que vayas aumentando gradualmente tu capacidad, eventualmente podrás practicar esta meditación durante 20 a 30 minutos al día. Una vez que hayas desarrollado la habilidad para hacerlo, estarás preparado para el cuarto tipo: la meditación transformadora.

Meditación transformadora

No importa cuán meticulosamente realices las meditaciones anteriores, si tu personalidad interna está infestada de patrones de pensamiento negativos y deseos negativos, entonces todo tu esfuerzo será inútil.

Como seres humanos, tenemos personalidades complejas: una mezcla de lo bueno y lo malo. Y nuestra conciencia de eso es inevitable. Para aquellos con un intelecto fuerte, sus fallos serán claramente evidentes. Para aquellos con un intelecto más débil, su consciencia les sugerirá lo que está mal dentro de ellos.

La meditación transformadora se enfoca en evaluar mentalmente la personalidad interna de uno mismo. Mientras practicas esta meditación, identificas y dejas de lado los aspectos negativos de tu personalidad, dejando de alimentarlos con un flujo de pensamientos adicionales. Tus pensamientos son los bloques de construcción de tu mente: como piensas, así te convertirás. Al privarlos de tu atención, puedes comenzar a eliminarlos de tu personalidad.

En su lugar, meditarás en el pensamiento de que solo una mente refinada y positiva puede disfrutar de paz y felicidad. Meditarás en la idea de que las posesiones materiales no garantizan la felicidad y que, incluso sin ellas, la mente puede estar en paz.

Los pensamientos tienen una tremenda capacidad para hacer que las cosas se vuelvan reales. Este poder se llama *Sankalpa Shakti*. En esta postura meditativa, accedes a este poder. Al mantener consistentemente pensamientos poderosos y positivos y visualizar que eres una persona transformada, gradualmente cambiarás tu patrón de pensamiento. Con el tiempo, este cambio transformará tu personalidad.

Estas cuatro meditaciones preparatorias sobre diversos valores superiores constituyen colectivamente el yoga de Upaasana. Aunque se pueden realizar solo unos pocos minutos cada día, cuando las practicas de manera consistente y sistemática durante un tiempo, ganarás una riqueza de seis partes (*Shatka Sampathi*), lo que te califica para emprender el yoga de Gnyaana.

Una última nota final: No hay jerarquía en la práctica del Karma yoga y el Upaasana yoga; es decir, no necesitas "completar" uno antes de practicar el otro. Idealmente, habrás establecido suficiente práctica en ambos antes de ingresar al Gnyaana yoga. Sin embargo, para aquellos que tienen curiosidad, no está mal explorar las primeras etapas del Gnyaana yoga mientras aún progresas con los yogas de Karma y Upaasana.

Capítulo 27

Gnyaana Yoga

Una vez que hayas establecido una práctica disciplinada de Karma yoga y Upaasana yoga y hayas alcanzado todos los requisitos necesarios, finalmente estarás listo para aplicarte al Gnyaana yoga: el camino del conocimiento.

El Gnyaana yoga es un método riguroso para adquirir el conocimiento del Brahman infinito, que también puede describirse como el conocimiento del ser, o el conocimiento del "Yo" en ti. Esto se representa mediante el Moksham, la cuarta meta humana, que trae libertad absoluta de la esclavitud y la dependencia de los seres y objetos del mundo.

La causa principal de esa esclavitud y dependencia (y el sufrimiento, estrés y agitación asociados) son las otras tres metas humanas—la seguridad física, el confort material y la riqueza invisible. Debido a que estas tres metas inevitablemente involucran seres y/o objetos del mundo, su búsqueda siempre implicará impermanencia, sufrimiento y una falta de satisfacción. Y, lo que es más, tu dependencia de ellas no solo está vinculada a esta vida, sino que es más bien la *acumulación* de innumerables nacimientos pasados.

Al alcanzar el cuarto *Purushartham,* te convertirás en uno con el Brahman infinito y entrarás en un estado en el que ya no serás afectado por la presencia o ausencia de cualquier objeto o ser del mundo. En su lugar, aceptarás sin esfuerzo cualquier situación inmutable, sin temor. Serás capaz de actuar de manera decisiva y con facilidad en cualquier aspecto de tu vida que deba ser controlado o cambiado, guiado por un intelecto fuerte que puede identificar con facilidad lo que puede y no puede ser cambiado.

Este estado refinado solo puede ser alcanzado a través de una práctica deliberada y atenta del Gnyaana yoga.

La lógica y la práctica del Gnyaana yoga

Si el conocimiento del ser y de la conciencia infinita trae consigo la liberación de la esclavitud, es natural preguntarse cómo se *obtiene* ese conocimiento.

Para obtener cualquier tipo de conocimiento en este mundo, uno necesita acceso a alguna fuente de ese conocimiento (*Pramaanam*).

Cuando se trata de conocimiento objetivo, generalmente dependerás de dos fuentes:

- Percepciones sensoriales: fuente primaria de conocimiento objetivo.
- Inferencias (como postulaciones, comparaciones, etc.): fuente secundaria de conocimiento objetivo.

A través de nuestras percepciones e inferencias, somos capaces de obtener una enorme cantidad de conocimiento sobre el mundo objetivo, ¡desde la naturaleza de las partículas subatómicas más pequeñas hasta la escala del universo observable en expansión constante!

Sin embargo, por grande que sea el poder de la percepción humana y la inferencia, tiene una limitación. Aunque estos poderes pueden ayudarnos a obtener una gran cantidad de conocimiento sobre el universo objetivo, no pueden ayudarnos directamente con el conocimiento del ser, la conciencia pura, el verdadero sujeto dentro de nosotros que permite todas las percepciones e inferencias.

Un ejemplo hará que este concepto sea más claro. Mientras que tus ojos pueden ser capaces de ver todos los objetos perceptibles del mundo, *no* son capaces de verse a sí mismos directamente. La única manera en que pueden verse es si algún medio externo los refleja, por ejemplo, si miras en un espejo.

El conocimiento de uno mismo también es subjetivo, ya que para adquirirlo se necesita un espejo. Ese espejo son las escrituras védicas: el Bhagavad Gita, los Upanishads y los Brahma Sutras, la tríada canónica mencionada anteriormente.

Gnyaana yoga en la práctica

Estos textos vedánticos deben ser estudiados de manera sistemática y constante para obtener el conocimiento del ser. Y ese estudio sistemático, reflexión y asimilación se llama Gnyaana yoga.

Comprende tres etapas:

- **Shravanam**, o el aprendizaje de los textos vedánticos
- **Mananam**, o la reflexión sobre los textos vedánticos
- **Nidhi-Dhyaa-Sanam**, o la meditación vedántica

Pasaremos el resto de este capítulo discutiendo estas etapas en orden.

Etapa uno: Shravanam o el aprendizaje de los textos vedánticos

La primera etapa del Gnyaana yoga implica el estudio sistemático de los textos vedánticos. Aunque estos textos están ampliamente disponibles y han sido traducidos a muchos idiomas, *Shravanam* no es simplemente una cuestión de tomar un libro y comenzar a leer. Debido a que este estudio involucra conceptos rarificados sobre el lugar del ser dentro de lo infinito, necesitarás un maestro o gurú competente para que te guíe.

Considera un trabajo altamente complejo, como el de un piloto de combate. Una persona no puede simplemente convertirse en uno. Debe someterse a un entrenamiento extenso y sistemático, trabajando de cerca con instructores calificados (que a su vez han pasado por un entrenamiento aún más riguroso). solo después de un largo período de estudio y práctica, el aspirante estará calificado para realizar el trabajo. Pero no se puede hacer sin la orientación de los instructores.

De manera similar, *Shravanam* implica el estudio sistemático y sostenido de los textos vedánticos durante un período sustancial de tiempo, bajo la guía experta de un gurú competente.

Durante esta etapa, tu gurú te prescribirá un horario cuidadosamente planificado para estudiar los textos. Se recomienda encarecidamente que sigas el horario y evites la tentación de desviarte. Probablemente tendrás muchas dudas y preguntas sobre los textos. Sin embargo, deberías resistir tu impulso natural de buscar aclaraciones y obtener respuestas inmediatas.

¿Por qué? Porque muchos de los textos vedánticos son conversacionales, con diálogos entre un estudiante calificado y un maestro competente. Así, los textos abordarán muchas de las dudas y preguntas que probablemente tendrás y las responderán a su debido tiempo, a medida que avances en tus estudios.

Por supuesto, si eres una persona intelectualmente curiosa, no hay nada de malo en hacer preguntas a tu gurú durante el proceso. Pero debes saber que los textos vedánticos eventualmente responderán muchas de tus preguntas, ya que cubren el tema de manera integral, desde todos los puntos de vista.

Estos textos abordarán los conceptos exactos que hemos estado discutiendo a lo largo de este libro: los objetivos humanos, la composición humana, la conciencia, la creación, y así sucesivamente.

Este libro está directamente inspirado en el Vedanta; en cierto sentido, te ha brindado una idea de cómo será la práctica de *Shravanam*.

Las escrituras profundizan en los siguientes seis factores:

- Tú, el individuo
- El universo
- La infinitud, Dios o Brahman
- La relación entre tú, el universo y Dios
- Moksham o salvación
- Métodos (yogas) para alcanzar Moksham

Así, la práctica de *Shravanam* eliminará tu ignorancia, preparándote para la siguiente etapa del Gnyaana yoga.

Etapa dos: Mananam o reflexionar sobre los textos vedánticos

Una vez que hayas completado el estudio sistemático de los textos vedánticos prescritos por tu gurú, pasarás a la segunda etapa del Gnyaana yoga, conocida como *Mananam*.

Mientras que el proceso de *Shravanam* abordará la mayoría de tus dudas y preguntas, probablemente quedarán algunos puntos sobre los cuales busques aclaración. Durante *Mananam*, se te anima a pensar por ti mismo, aplicando tu intelecto a la información disponible para reflexionar sobre los conceptos que has aprendido.

De esta manera, serás capaz de encontrar tus respuestas a las dudas y preguntas pendientes.

Si aún no logras obtener claridad sobre algún concepto, ciertamente puedes plantear tus preocupaciones a tu gurú, quien te ayudará a entender. Sin embargo, se te anima a usar tu intelecto para construir tu comprensión durante esta etapa, ya que es la mejor manera de eliminar cualquier duda restante.

El resultado de *Mananam*, la segunda etapa del Gnyaana yoga, es que podrás eliminar toda duda de tu conocimiento del Vedanta. El conocimiento vedántico se convertirá en tu convicción, lo cual es el requisito previo para la tercera etapa de esta práctica.

Etapa tres: Nidhi-Dhyaa-Sanam o meditación vedántica

Habiendo adquirido suficiente conocimiento y estando completamente convencido de los contenidos de los textos vedánticos, estarás listo para dar el siguiente paso importante en la búsqueda de la infinitud: la meditación vedántica (*Nidhi-Dhyaa-Sanam*).

La meditación vedántica es el proceso de asimilación del conocimiento vedántico que habías adquirido a través de *Shravanam* y *Mananam*. Este proceso de asimilación será mucho más fácil si has realizado correctamente *Karma yoga* y *Upaasana yoga,* ya que esas prácticas ayudan a cultivar la mente y el intelecto para esta tarea avanzada.

La meditación vedántica te ayuda a cerrar la brecha entre lo que sabes del Vedanta y quién eres ahora, en el presente. Tu personalidad, por supuesto, es el resultado de tus experiencias pasadas, y puede ser una mezcla de cualidades buenas y malas. Puedes ser víctima de tus emociones, sufriendo las consecuencias de ese estado. Puede que estés profundamente condicionado a tolerar el sufrimiento y la dependencia de lo temporal.

A través del proceso de meditación vedántica, gradualmente te descondicionarás de esta forma de ser. Con el tiempo, te convertirás en lo que sabes del conocimiento vedántico: ¡te *convertirás* en sabiduría vedántica! Al hacerlo, te convertirás en un *Gnyaana Nishtaa,* una persona que está firmemente establecida en la sabiduría vedántica y que ha adquirido una completa fortaleza emocional. Hay algunos componentes clave involucrados en esta transformación.

Primero, debes continuar tu estudio de los textos vedánticos. También debes tratar de limitar tus asociaciones e interacciones solo a otros *vedantinos* (en la medida de lo posible). Esta práctica se conoce como *Sat-Sangam;* debes tratar de mantenerla a lo largo de la práctica de Gnyaana yoga.

Al hacerlo, garantizarás que los estímulos que recibas del mundo externo estén en línea con una forma de vida vedántica. Esto limita las oportunidades para que tu condicionamiento pasado resurja, lo cual es una parte importante del proceso de descondicionamiento de esos comportamientos. Con el tiempo, ya no reaccionarás a tus viejos hábitos, incluso cuando recibas los mismos estímulos. Como resultado, tu intelecto se hará más y más disponible para ti. Eventualmente, estará disponible en todo momento: antes de actuar, mientras actúas y después de actuar.

De este modo, tus acciones estarán gobernadas por las enseñanzas vedánticas y no por tu condicionamiento pasado. Serás capaz de invocar el conocimiento vedántico en cualquier momento, en cualquier lugar, y ponerlo en práctica sin esfuerzo, de forma reflexiva e instantánea.

Recuerda las diversas meditaciones preparatorias involucradas en Upaasana yoga, en las que entrenas tu intelecto para regresar tu mente a la tarea en cuestión durante las cortas sesiones de meditación.

En la meditación vedántica, la mayor parte de tu día estará dedicada a la contemplación de los principios vedánticos. Con una mente e intelecto purificados, gradualmente encontrarás más fácil sostener tu concentración, ya que se necesitará menos esfuerzo para mantener tu mente y tu intelecto en la misma dirección. Tu mente seguirá con facilidad y meticulosidad la dirección de tu intelecto, mientras que tu intelecto reconocerá claramente que los sistemas de valores de tu mente están perfectamente alineados con él.

Eventualmente, te quedarás con muy pocos pensamientos sobre el mundo que te rodea, y la mayor parte de tu día estará dedicada a reflexionar sobre las enseñanzas fundamentales del Vedanta. En otras palabras, te volverás meditativo y toda tu vida despierta se dedicará a la meditación vedántica.

Este estado representa el final de la progresión de tres partes del Gnyaana yoga. En la primera etapa, Shravanam, dependes de la dirección de tu gurú; en la segunda etapa, Mananam, te apoyas en tu intelecto, pero aún cuentas con el apoyo de tu gurú; y en la tercera etapa, Nidhi-Dhyaa-Sanam, eres totalmente autosuficiente.

Para entonces, estarás completamente ocupado con la práctica de la **meditación vedántica: la capacidad de dirigir tu mente hacia un solo pensamiento hacia el infinito Brahman, bajo la continua observación de tu intelecto y a la exclusión de todos los demás pensamientos, durante un período sostenido de tiempo.**

Entonces, ¿qué pasa después? ¿Qué le sucede a tu personalidad una vez que has alcanzado este estado elevado de evolución? Discutiremos este tema en el siguiente capítulo.

Capítulo 28

Te fusionas con la Infinitud

Este capítulo presenta la premisa central de toda la filosofía del Vedanta: fusionarse con (o captar) la infinitud. Cada tema y concepto que hemos discutido a lo largo del libro ha conducido hasta este punto. Ahora, abordaremos el cambio que ocurre en ti a medida que *alcanzas* y logras este estado, que solo puede ocurrir una vez que has evolucionado y te encuentras disfrutando de un estilo de vida meditativo avanzado—Nidhi-Dhyaa-Sanam, la tercera etapa del Gnyaana yoga.

Si observas una práctica vedántica diligente, gradualmente llegarás a pasar la mayor parte de cada día sumido en pensamientos del infinito Brahman. Este estado se conoce como *Nithya Anithya Viveka Vichaaram*—"permanente morada en los pensamientos del permanente, infinito Brahman, y negación de los aspectos impermanentes del mundo". solo cuando hayas alcanzado este estado, podrás finalmente fusionarte con el infinito.

A medida que avanzamos en este capítulo, nos referiremos a los conceptos presentados en los capítulos sobre la conciencia y la creación. Por lo tanto, es posible que desees tomarte un momento para regresar a esos capítulos y refrescar tu memoria antes de continuar. Volver a esos conceptos anteriores en conjunto con las siguientes páginas te ayudará a desarrollar una comprensión más profunda de las ideas presentadas en este capítulo.

Reflexiones macrocosmos y microcosmos del infinito

Más adelante en este libro detallamos el proceso de la creación. Específicamente, ilustramos cómo la creación se desarrolló en dos etapas. Primero, el universo causal dio lugar a los cinco estados fundamentales de la materia sutil, el universo sutil y el cuerpo sutil, que a su vez dieron lugar a los cinco estados fundamentales de la materia gruesa, el universo grueso y el cuerpo grueso.

Los universos causal, sutil y grueso forman una sola entidad combinada conocida como el universo observable, también conocido como el macrocosmos o *Brahmaandam*.

De manera similar, los cuerpos causal, sutil y grueso se combinan para formar una sola entidad, conocida como el individuo o el microcosmos o *Pindaandam*.

Cuando el universo macrocósmico (*Eeshwaraa*) y el individuo microcosmico (*Jeevaa*) se fusionan (*Aikyam*), ese 'evento' se conoce como *Jeevaa Eeshwara Aikyam* o ‹Tú te fundes con el universo›.

Macrocosmos y microcosmos definidos

Antes de que podamos abordar la naturaleza de esa fusión, primero necesitamos entender qué aspectos del macrocosmos y el microcosmos se están fusionando.

De los tres componentes del macrocosmos que se dan a continuación:

- El universo causal (Kaarana Prapancham),
- El universo sutil (Shookshma Prapancham), y
- El universo grueso (Sthoola Prapancham),

Tanto el universo sutil como el universo grueso comienzan con el Big Bang (*Srishti*) y terminan en el Big Crunch o Big Rip (*Pra-Layam*), mientras que el universo causal es atemporal y no tiene principio (*Anaadhi*).

De manera similar, de los tres componentes del microcosmos que se indican a continuación:

- El cuerpo causal (Kaarana Shareeram),
- El cuerpo sutil (Shookshma Shareeram), y
- El cuerpo grueso (Sthoola Shareeram),

Los cuerpos sutil y grueso comienzan en el Big Bang (Srishti) y terminan en el Big Crunch o Big Rip (Pra-Layam), mientras que el cuerpo causal es atemporal y no tiene principio (Anaadhi).

Sin embargo, a pesar de las diferencias entre cada uno de estos seis componentes, hay algo que tienen en común: todos están compuestos de *materia*; ya sea causal, sutil o gruesa, el ser *material* por naturaleza es una característica que comparten todos.

Macrocosmos y microcosmos: Atributos de lo infinito sin atributos

Cada uno de estos seis componentes también está permeado por la conciencia. Al ser fundamentalmente materia, comprenden seres vivos y objetos inertes que manifiestan conciencia. Todos los seres vivos, al poseer el cuerpo sutil, son conscientes. Todos los objetos inertes, por su mera existencia, expresan conciencia.

La existencia de cualquier objeto inerte se demuestra por el conocimiento de ese objeto a través de un pensamiento. Y para que un pensamiento se exprese, debe tomar conciencia de la conciencia original. Por lo tanto, ¡los SEIS componentes materiales actúan como un medio para la expresión de la conciencia original, pura, infinita, absoluta y omnipresente!

Esta conciencia infinita (conocida como Nirguna Brahman) está completamente desprovista de atributos. Sin embargo, Nirguna Brahman *parece adquirir* atributos cuando se manifiesta a través de uno de los seis componentes del macrocosmos y microcosmos. En cierto sentido, estos seis componentes materiales actúan como medios reflectantes, a través de los cuales la conciencia infinita se expresa de diversas maneras.

Para aquellos con un interés más académico en el tema, otro término en sánscrito para la conciencia infinita pura es *Bimba Chaitanyam*; el término para la conciencia reflejada a través de los seis medios reflectantes es *Prathi Bimba Chaitanyam.*

¿Cómo puede ser que la conciencia infinita carezca de atributos, mientras que la conciencia reflejada *sí* tenga atributos? Puedes comparar este fenómeno con una casa de espejos en un carnaval. Al mirarte en cada uno de los diferentes espejos—un espejo cóncavo, un espejo convexo, un espejo corrugado, etc.— verás la misma entidad original (tu forma física) reflejada como si poseyera varios atributos que en realidad no existen.

De manera similar, cada uno de los seis componentes materiales del macrocosmos y microcosmos refleja una expresión distorsionada diferente de la conciencia infinita, otorgándole un conjunto único de atributos en el proceso.

Vedanta describe los reflejos macrocósmicos de la conciencia infinita de la siguiente manera:

- La conciencia infinita reflejada a través del universo causal se conoce como *Antaryaamee.*
- La conciencia infinita reflejada a través del universo sutil se conoce como *Hiranya-Garbhaa.*
- La conciencia infinita reflejada a través del universo grueso se conoce como *Viraat.*

Recuerda, estos universos forman una entidad combinada e inseparable, Brahmaandam o el universo macrocósmico.

Ese aspecto de la ***pura conciencia reflejada a través de esta entidad combinada, Brahmaandam o el universo macrocósmico, se conoce como Eeshwaraa.***

Vedanta describe las reflexiones microcósmicas de la conciencia infinita de la siguiente manera:

- Eso reflejado a través del cuerpo causal se conoce como *Praagnya.*
- Eso reflejado a través del cuerpo sutil se conoce como *Taijasaa.*
- Eso reflejado a través del cuerpo grueso se conoce como *Vishwaa.*

Estos cuerpos también forman una entidad combinada e inseparable, el individuo microcósmico (Pindaandam). *Ese aspecto de la **pura conciencia reflejado a través de esta entidad combinada se conoce como Jeevaa.***

A pesar de adquirir nombres y atributos aparentes cuando se refleja a través de los diversos componentes del macrocosmos y microcosmos, es esencial recordar que la conciencia infinita en sí misma carece de atributos propios. solo a través de la reflexión parece exhibir ciertos atributos, que son verdaderas manifestaciones de la conciencia infinita a través de diversos tipos de materia.

Por lo tanto, JEEVAA es la conciencia reflejada microcósmica y EESHWARAA es la conciencia reflejada macrocósmica.

Es pertinente ahora reconocer que la conciencia infinita, pura y original, Brahman, está por sí misma, es auto-fulgente y es NO DISTORSIONADA.

Atributos de Jeevaa

Comparados con los atributos de la conciencia reflejada macrocósmica (Eeshwaraa), los atributos de la conciencia reflejada microcósmica (Jeevaa) se consideran inferiores.

Esto se debe a varios factores, como la limitada extensión de los cuerpos causal, sutil y grueso; su exposición a factores externos como el clima, desastres naturales y otras fuerzas físicas; sus limitaciones físicas, específicamente con respecto a los órganos sensoriales; su susceptibilidad a las emociones y las limitaciones del conocimiento; y su sujeción a todos los otros cambios constantes que ocurren a lo largo de la vida.

Entre los individuos, hay una gradación de inferioridad y superioridad en estos atributos; sin embargo, en comparación con el macrocosmos, los atributos de *todos* los individuos son vastamente inferiores.

Colectivamente, los atributos inferiores de Jeevaa se llaman *Nikrushta Guna.*

Atributos de Eeshwaraa

En comparación con los atributos de la conciencia reflejada microcósmica, los atributos de la conciencia reflejada macrocósmica se consideran superiores.

Esto se debe a numerosos factores, incluyendo la omnipresencia del tiempo, el espacio y la causalidad, que continúan interminablemente y permeabilizan todo el universo observable y no observable (además de los multiversos); el orden perfecto que se extiende a lo largo de los sistemas planetarios, las galaxias y el universo; la libertad de la limitación por la mente y el intelecto; y así sucesivamente.

Colectivamente, los atributos superiores de Eeshwaraa se conocen como *Uthkrushta Guna.*

Lo infinito: El atributo sin atributos del macrocosmos y el microcosmos

Así, Eeshwaraa posee atributos superiores y Jeevaa posee atributos inferiores. Los medios reflectantes son los que causan las aparentes diferencias en los atributos.

En otras palabras, si puedes visualizar y eliminar los seis medios reflectantes de todas las conciencias reflejadas, entonces podrás deducir que lo que queda es la conciencia original en su propio estado.

Así, cuando Jeevaa se observa a través de los medios reflectantes del cuerpo grueso, sutil y causal, parece inferior. Cuando Eeshwaraa se observa a través de los medios reflectantes de los universos grueso, sutil y causal, parece superior.

Si tanto Jeevaa como Eeshwaraa se ven desde su naturaleza esencial e intrínseca, ambos son la conciencia infinita y original, o Brahman.

Dicho de otro modo, aunque las diferencias entre Eeshwaraa y Jeevaa puedan parecer sustanciales, en realidad son solo superficiales y accidentales. **Si eres capaz de *eliminar* esos atributos reflectantes y superficiales del macrocosmos y el microcosmos, lo único que permanecerá será la conciencia infinita en su propio estado.**

Cuando consideras el macrocosmos y el microcosmos *a través de sus atributos, parecerán relativamente superior e inferior.* Pero cuando los consideras desde su naturaleza esencial e intrínseca, son idénticos: ambos son lo mismo, la conciencia infinita y original, o Brahman.

El Vedanta ofrece un ejemplo maravillosamente ilustrativo que refuerza este concepto.

Considera la relación entre el océano y una ola. Estos términos claramente se refieren a dos entidades distintas; nadie confundiría una con la otra. Además, las olas son muy diferentes entre sí. Una puede ser una imponente ola de marea, mientras que otra puede ser apenas un pequeño oleaje casi imperceptible. Sin embargo, en comparación con el océano, ambas son triviales: efímeras, de pequeña escala y solo una entre muchas. En este sentido, una ola es el equivalente del Jeevaa microcósmico, mientras que el océano es el equivalente del Eeshwaraa macrocósmico.

Y, sin embargo, a pesar de sus diferencias, tanto la ola como el océano son esencialmente lo mismo. No son más que agua. Sus nombres y formas pueden otorgarles atributos diferentes, pero su naturaleza intrínseca es idéntica. De hecho, en esencia, casi no existe una distinción real entre "ola" y "océano"; solo existe el agua.

Esta es precisamente la relación entre el macrocosmos, el microcosmos y la conciencia infinita.

Fusión con lo infinito

Esta es precisamente la comprensión que estarás preparado para alcanzar (a un nivel profundo y fundamental) una vez que hayas llegado a la etapa final del Gnyaana Yoga, Nidhi-Dhyaa-Sanam.

Para cuando completes tu estudio sistemático de los textos védicos prescritos bajo la guía de un gurú durante el proceso de Shravanam, habrás reflexionado sobre estos textos durante un período prolongado en el proceso de Mananam.

Después de pasar tus días en el estado meditativo avanzado de Nidhi-Dhyaa-Sanam, gradualmente te darás cuenta de que, al igual que la ola y el océano, tu propio Jeevaa comparte la misma naturaleza intrínseca que Eeshwaraa, y que ambos no son más que reflejos de la conciencia original e infinita.

Como resultado de tu dedicación al camino espiritual, tu convicción inquebrantable, tu rigurosa cognición y tu total identificación con la unidad esencial de la conciencia infinita y original, finalmente habrás llegado al punto en el que eres capaz de fundirte con lo infinito (*Jeevaa Eeshwara Aikyam*). En este estado, te conviertes en un *Gnyaana-Nishtaa,* completamente establecido en la sabiduría de la conciencia pura e infinita.

Muchos capítulos atrás, durante nuestra discusión sobre la lógica de capturar lo infinito, introdujimos la fórmula de la felicidad. Puede que desees volver a ese capítulo para refrescar tu memoria; aunque, habiendo llegado hasta aquí, quizás ya percibas cómo esta idea encaja en nuestro tema actual y cómo converge con nuestra discusión sobre la práctica de los Karma, Upaasana y Gnyaana Yogas.

A medida que desarrollas y profundizas tu práctica yóguica, irás reduciendo gradualmente la cantidad de deseos no cumplidos. Al reducir el denominador de la fórmula de la felicidad, tu felicidad aumentará. Pero, más significativamente, te acercarás cada vez más al punto en el que solo quedará un único pensamiento: el pensamiento de capturar lo infinito.

En Nidhi-Dhyaa-Sanam, finalmente alcanzarás este estado de absorción total en un solo pensamiento: la identificación con la conciencia infinita y original. Y cuanto más tiempo permanezcas en este estado, más se irán atenuando tus pensamientos, hasta que, como un delgado hilo de acero estirado hasta su punto de ruptura, tu último pensamiento finalmente se rompa, permitiendo que el denominador se reduzca a cero.

En ese momento, alcanzarás la felicidad infinita y serás catapultado hacia la conciencia infinita. Tú, el Gnyaana-Nishtaa, te liberarás y perderás tu individualidad al fundirte con el Brahman infinito—al *convertirte* en Brahman. **Si antes eras un punto infinitesimal en el universo, ahora todo el universo se convertirá en un diminuto punto dentro de TI.**

Habiendo, finalmente, alcanzado ese estado mediante la práctica diligente del Gnyaana Yoga, experimentarás lo que se describe en Vedanta como *Gnyaana Phalam,* o el "beneficio último" de convertirte y ser un Gnyaana Nishtaa.

Este beneficio último, denominado Moksham o Mukthi, consiste en dos partes: primero *Jeevan Mukthi,* y luego *Vidhaeha Mukthi.*

Jeevan Mukthi es la experiencia de la liberación (Moksham) mientras aún estás vivo. Es la experiencia de la salvación total dentro de esta vida. Cuando llegues al final de tu vida física como un *Jeevan Mukthaa* y finalmente mueras, alcanzarás *Vidhaeha Mukthi*—la liberación infinita, permanente e ininterrumpida después de la muerte. Has roto el ciclo interminable de nacimiento y muerte, y a partir de ese momento, estarás totalmente libre de renacimiento (Punar-Jenmam).

Hay más por explorar para comprender completamente Jeevan Mukthi y Vidhaeha Mukthi. En el próximo capítulo, discutiremos el concepto védico de la ley de las acciones pasadas (es decir, Karma), y lo que esa ley significa para el *Gnyaana Nishtaa*—tanto en esta vida como después del momento de su muerte física.

Capítulo 29

La Ley del Karma: La Historia Sin Fin... Termina

La práctica diligente del Gnyaana yoga finalmente culminará cuando logres un estado meditativo sostenido y, finalmente, tengas éxito en capturar y fusionarte con lo infinito.

Cuando esto ocurra, te conocerás como un Gnyaana Nishtaa y alcanzarás dos tipos de liberación en el siguiente orden: Jeevan Mukthi, o liberación en vida; y Vidhaeha Mukthi, o liberación infinita después de la muerte.

Ahora exploremos cómo encajan estos dos conceptos y cómo se relacionan con la Ley del Karma—la lógica que rige y pone fin al aparentemente interminable ciclo de nacimiento y muerte.

La vida y la muerte de un Gnyaana Nishtaa

Antes de poder abordar completamente el tema de la Ley del Karma, es esencial comprender la experiencia que aguarda al Gnyaana Nishtaa que ha logrado capturar lo infinito. Habiendo alcanzado esta rara hazaña, el Gnyaana Nishtaa habrá sido liberado de la interminable historia del nacimiento, la muerte y el renacimiento.

Si bien la Ley del Karma rige el ciclo de la reencarnación, será útil tener una perspectiva más clara sobre cómo ese *ciclo se detiene*. Esto proporcionará un contexto útil cuando finalmente nos acerquemos a la lógica de la ley. Con eso en mente, primero discutiremos la naturaleza de Jeevan Mukthi, o liberación en esta vida.

Jeevan Mukthi: Salvación en vida

Como Jeevan Mukthaa, lograrás una independencia total en todos los niveles de tu personalidad.

A nivel físico, la presencia o ausencia de cualquier objeto, ser u otra cosa física no afectará tu ecuanimidad. Por supuesto, tu cuerpo físico todavía experimentará placer y dolor dependiendo de las circunstancias. Sin embargo, estarás absolutamente desapegado de todas las comodidades y molestias corporales. Tu nivel de felicidad será el mismo, independientemente de si vives en un palacio o en las calles.

A nivel emocional, serás igualmente libre de dependencia. Los factores externos ya no afectarán tu equilibrio mental, y ya no experimentarás emociones internas que causen inestabilidad mental. Mientras que otros a tu alrededor puedan crear y ser arrastrados por situaciones emocionales, esas cosas ya no tendrán impacto sobre ti. Te mantendrás completamente objetivo y conservarás una perfecta ecuanimidad mental en todas las circunstancias.

A nivel intelectual, tampoco te verás afectado por la desestabilización interna y externa. Incluso si otros te critican, censuran o intentan deshonrarte, tu compostura intelectual no se verá afectada. Seguirás siendo la encarnación de la independencia (*Swathanthram*), disfrutando de una absoluta plenitud (*Poornathwam*) en esta vida.

Tu ecuanimidad se basará en la comprensión de que todos los eventos y cambios en este mundo solo afectan a los seis medios reflejantes, y solo son percibidos y experimentados por la conciencia reflejada. Sin embargo, para este punto, has evolucionado mucho más allá de las reflexiones. Te has identificado plenamente y te has convertido en uno con la conciencia original e infinita. Cualquier cambio que concierna a los seis medios reflejantes y la conciencia no será de tu incumbencia.

Habiendo alcanzado Jeevan Mukthi, permanecerás en este estado de felicidad infinita, satisfacción interminable e independencia total hasta el día en que mueras, momento en el cual alcanzarás Vidhaeha Mukthi, la liberación después de la muerte física.

Vidhaeha Mukthi: Libertad del renacimiento

¿Qué, exactamente, se libera uno en el momento de la muerte? Del ciclo de renacimiento, o *Punar-Jenmam*. El renacimiento y la libertad del mismo están gobernados por la Ley del Karma, tal como se describe en los textos Vedánticos. (*Karma*, en este contexto, significa 'acción').

Para entender cómo funciona la Ley del Karma y cómo capturar la infinitud puede ayudarte a romperla, necesitaremos recordar ciertos principios con los que ya estás familiarizado, tanto de tu estudio independiente como de las discusiones anteriores en este libro.

Específicamente, puede que desees refrescar tu comprensión del concepto de riqueza invisible (también conocida como buenas acciones o *Punnyam*), una de las tres categorías de los objetivos humanos. Ciertas leyes de la física, como las leyes del movimiento de Newton y la ley de conservación de la materia y la energía, también ayudarán a ilustrar la naturaleza de la Ley del Karma.

Las acciones invisibles: ¿Qué son y cómo se forman?

Cualquier acción deliberada (Karma) que tomes en esta vida producirá dos tipos de efectos: **efectos visibles** (*Dhrishta-Phalam*) y **efectos invisibles** (*Adhrishta-Phalam*). Para aclarar cómo se derivan estos términos, *Dhrishta* significa 'visible,' mientras que *Adhrishta* significa 'invisible,' y *Phalam* significa 'efecto' o 'resultado.'

Para ilustrar el significado detrás de estos términos, imagina que realizaste alguna acción benéfica, como ayudar a los necesitados a obtener comida, ropa y refugio. Esto obviamente implicaría una reducción de tus recursos materiales, mientras aumentas los recursos materiales y el bienestar de los demás. Esos cambios físicos se conocen como Dhrishta-Phalam o efectos visibles.

Además de estos cambios físicos, tus acciones también producen efectos invisibles correspondientes (Adhrishta-Phalam). En el ejemplo anterior, el efecto invisible es que las buenas acciones se suman a la riqueza invisible de tu personalidad. Estos se conocen como Punnyam.

Por otro lado, si hubieras realizado intencionadamente una acción dañina, inmoral o de otro modo indigna, tu acción habría producido efectos invisibles negativos. Las malas acciones invisibles (*Paapam*) como estas también se suman a la riqueza invisible negativa de tu personalidad, de la misma manera que las buenas acciones invisibles.

Cómo se determina si una acción produce Punnyam o Paapam? Todo depende de la intencionalidad y la conciencia. La causa y el efecto pueden ser complejos, y tus acciones no siempre producen los resultados que intentaste. Pero **el efecto invisible de tu Karma es el resultado de tu intención al llevarla a cabo**.

La mayoría de las personas saben lo que está bien y lo que está mal. Cualquier persona con un intelecto razonablemente bien desarrollado también tendrá una idea clara de qué acciones producirán Punnyam y cuáles producirán Paapam. Incluso una persona inmoral tiene algo de comprensión sobre la diferencia entre el bien y el mal. Sin embargo, sus fuertes intenciones negativas generalmente nublan su conciencia, lo que les lleva a seguir tomando acciones que producen efectos negativos.

La mayoría de los sistemas de creencias del mundo han emitido sus pautas para las formas correctas de vivir, ya sea en forma de mandamientos, preceptos u otras colecciones de "lo que se debe y no se debe hacer". Sin embargo, algunas de estas normas pueden ser susceptibles de interpretación, mientras que otras pudieron haber sido aplicables en el pasado distante, pero han perdido su significado en tiempos modernos.

Así, aunque tales sistemas de creencias pueden ayudar a informar sobre el comportamiento correcto, al final depende de cada persona actuar según sus verdaderas convicciones. Y es la intención detrás de esas convicciones y acciones lo que determina los efectos invisibles de tu comportamiento en este mundo.

Las acciones invisibles conducen al renacimiento

A medida que vas atravesando tu vida, tomando una acción tras otra, seguirás acumulando buenas acciones (Punnyams) y malas acciones (Paapams). Estos efectos invisibles generalmente permanecen invisibles en tu personalidad durante un tiempo antes de encontrar eventualmente una manifestación física. Los

Punnyams se manifestarán como felicidad visible (Sukham), mientras que los Paapams se manifestarán como dolor visible (Dukkham).

Sin embargo, debe notarse que no existe una correlación directa entre las acciones que tomas y las manifestaciones físicas que experimentarás en esta vida. ¿Por qué? Considera la ley de la fuerza resultante, que describe cómo se mueven los objetos cuando múltiples fuerzas actúan sobre ellos. Cuando múltiples fuerzas provenientes de diferentes direcciones ejercen fuerza sobre el mismo objeto, el resultado es que esas fuerzas se combinan para ejercer una fuerza neta que a veces es bastante diferente de cualquiera de las fuerzas individuales.

De manera similar, los Punnyams y Paapams de diferentes magnitudes se combinarán para afectar tu vida de maneras impredecibles. Además, es posible que no experimentes sus manifestaciones físicas durante tu vida. Cuando llegues al punto de la muerte física, tu personalidad aún puede contener numerosas acciones invisibles no realizadas. Y, además de eso, tu personalidad seguramente contendrá numerosos deseos no cumplidos que acumulaste a lo largo de tu vida.

Estos deseos y acciones invisibles residen en tu cuerpo sutil, en forma de pensamientos. Recuerda que los pensamientos están compuestos de materia sutil, lo que significa que son materiales por naturaleza. Tal como dicta la ley de conservación de la materia y la energía, la materia y la energía no pueden ser destruidas. Esto implica que, en el momento de tu muerte, el contenido de tu personalidad no puede simplemente desvanecerse en el aire; se pliega de nuevo a tu cuerpo sutil y cuerpo causal. Todos los Punnyams, Paapams y deseos no cumplidos que permanecen en tu personalidad deben ser conservados. ¿Cómo se conservan? **Se conservan a través de tu renacimiento.**

Así, tu nacimiento actual (Jenma) no es más que la continuación de una interminable cadena de nacimientos y muertes pasados, impulsada por los Punnyams, Paapams y deseos no cumplidos de tu personalidad en el momento de cada muerte. Esta cadena interminable de reencarnación (Punar-Jenmam) continuará sin fin mientras sigas acumulando nuevos Punnyams, Paapams y deseos.

Es una historia sin fin, ¡*a menos* que hagas un esfuerzo para ponerle fin buscando y capturando la infinitud!

Es en la Vidhaeha Mukthi donde finalmente lograrás liberarte de este ciclo de reencarnación, el cual está regido por la Ley del Karma.

Entender la Ley del Karma

La Ley del Karma explica todas las experiencias de todos los seres vivos en este mundo. Explica las disparidades en las circunstancias del nacimiento de una persona, es decir, por qué algunos nacen en familias ricas, mientras que otros nacen en la pobreza, con enfermedades físicas u otras condiciones que hacen la vida difícil.

Explica por qué las guerras, las calamidades naturales y las enfermedades pueden devastar las vidas de algunos mientras dejan a otros a salvo. Explica por qué compartimos el mundo con animales, plantas y otros seres vivos inferiores. Y explica por qué (y cómo) cada persona heredó su temperamento mental único.

Este último punto es extremadamente importante para quien aspire a capturar la infinitud. Dado que la Ley del Karma demuestra cómo tu personalidad en esta vida es el resultado directo de tus experiencias y elecciones en vidas pasadas, la conclusión lógica es que eres el único responsable de tu experiencia en esta vida y en las futuras; eres el único arquitecto de tu **fortuna y desdicha**. Ninguna fuerza externa o factor es responsable de tu estado actual ni de tu felicidad o infelicidad actual.

Recuerda que todos los eventos y cambios en este mundo solo afectan a los medios de reflexión, y solo son percibidos y experimentados por la conciencia reflejada. Esto demuestra que, aunque estés permeado por (y tomes prestada la conciencia de) la conciencia infinita, esta es simplemente un testigo de tus acciones. No es responsable de ellas ni afectada por ellas. Mientras que muchas personas ignorantes intentan culpar a Dios (la conciencia original) por las condiciones de sus vidas, quien esté familiarizado con la Ley del Karma reconocerá la verdad: que cada persona es responsable de su situación actual.

Una vez que te des cuenta de que tu presente es el resultado acumulado de tus acciones pasadas a lo largo de múltiples vidas, la siguiente realización es inevitable: tu situación *futura* depende de las acciones que tomes hoy, mañana y durante el resto de tu vida.

Por supuesto, es importante mantener cierta perspectiva. Recuerda, tu situación actual es el resultado de elecciones y acciones de *múltiples vidas*. No podrás superar ese legado y cambiar tu futuro de la noche a la mañana.

Imagina que tienes una habitación en tu casa pintada de un tono vibrante de rojo. Si quisieras pintar la habitación de verde en su lugar, ¿lograrías el resultado deseado después de la primera capa de pintura verde? No, necesitarías aplicar varias capas de pintura verde para finalmente obtener el tono de verde que deseas.

De manera similar, puede que *quieras* cambiar las condiciones de tu vida, e incluso comiences a intentarlo realizando las acciones correctas a partir de este momento. Pero debes mantenerte realista y reconocer que estás trabajando contra el resultado acumulado de tus acciones pasadas, una herencia que se aferrará a ti por un tiempo.

Es solo a través de la práctica diligente del Karma yoga, Upaasana yoga y Gnyaana yoga que gradualmente podrás neutralizar y superar ese legado de acciones pasadas.

Definición técnica de la Ley del Karma

Una definición técnica de la Ley del Karma puede ayudar a solidificar este concepto. Todos los *Punnyams, Paapams* y deseos no cumplidos que se han acumulado a lo largo de incontables nacimientos pasados (*Jenmams*) se conocen colectivamente como *Sanchitham*. Con cada nuevo nacimiento, una pequeña parte de tu *Sanchitham* emergerá del reservorio más amplio. Esta pequeña parte se conoce como *Praa-Rabdham*, que se refiere a los *Punnyams, Paapams* y deseos que buscarán manifestarse y cumplirse en tu nuevo nacimiento.

Cuando naces, tu *Sanchitham* completo permanece en el cuerpo causal y no tendrá más efecto sobre tu experiencia de vida. Al nacer, solo nacen contigo los *Praa-Rabdham*. Este *Praa-Rabdham* determina las condiciones de tu nacimiento: si serás rico o pobre, humano, animal o planta, y así sucesivamente.

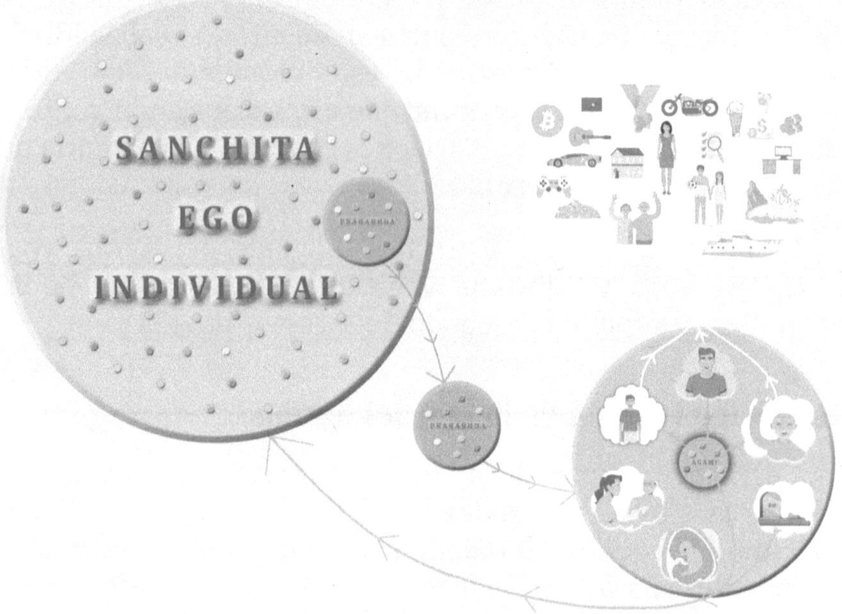

Tu *Praa-Rabdham* tiene un conjunto de *Punnyams, Paapams,* un conjunto de deseos no cumplidos de vidas pasadas, y estos conjuntos solo pueden agotarse a través de la experiencia de la vida. Sin embargo, al mismo tiempo que estás agotando tu *Praa-Rabdham* en la vida actual, también estarás acumulando nuevos *Punnyams, Paapams* y deseos. Este conjunto fresco se conoce como *Aagaamee.*

Cuando hayas agotado completamente tu *Praa-Rabdham,* también alcanzarás tu muerte física. En el momento de la muerte, es posible que hayas agotado una porción de tu *Aagaamee,* sin embargo, es poco probable que lo hayas agotado *todo.* Esta porción restante de tu *Aagaamee* se agrega entonces a tu *Sanchitham,* lo que nuevamente forma la base para un nuevo *Praa-Rabdham* que te catapultará a tu próximo nacimiento.

Este ciclo interminable de *Sanchitham, Praa-Rabdham* y *Aagaamee* es lo que impulsa el ciclo de la reencarnación. Es lo que te trajo a esta vida, ¡hasta el momento presente!

Antes de continuar para poner esta definición técnica en el contexto de las ideas que ya hemos discutido, hagamos una observación breve sobre las formas de vida más bajas, como los animales y las plantas. Cuando un individuo reencarna en una de estas formas de vida, efectivamente nace con un *Praa-Rabdham,* al igual que un ser humano. Sin embargo, dado que nacen sin intelecto, no son capaces de realizar actos intencionales. Dado que la intencionalidad es la base para obtener *Punnyams* y *Paapams,* los animales y las plantas no ganarán ningún *Aagaamee* durante sus vidas. Simplemente vivirán hasta agotar su *Praa-Rabdham* y luego morirán, solo para renacer nuevamente—esperemos que como humanos.

La Ley del Karma en contexto

Volvamos ahora al concepto de Vidhaeha Mukthi. Tu conciencia mejorada de la Ley del Karma ayudará a refinar aún más tu comprensión de este importante principio, mucho más que antes.

Después de haber alcanzado el estado meditativo sostenido conocido como Nidhi-Dhyaa-Sanam y haber finalmente capturado y fusionado con la infinita, te convertirás en un Gnyaana-Nishtaa y alcanzarás la Jeevan Mukthi—la salvación en esta vida. Al hacerlo, obtendrás el conocimiento supremo de la conciencia original e infinita, también conocida como Brahman o Dios.

Considera lo que el acto de obtener conocimiento realmente hace, en términos relativos. Cuando obtienes conocimiento de la física, destruyes la ignorancia de la física. De manera similar,

obtener conocimiento de la conciencia infinita destruye tu ignorancia sobre ella.

Existen un par de corolarios que podemos derivar de esta afirmación.

Primero, la identificación con los medios de reflexión y la conciencia reflejada son subproductos de la ignorancia de la conciencia infinita. Y el Sanchitham siempre ha pertenecido solo a los medios de reflexión y la conciencia reflejada. Esto significa que, cuando destruyes tu ignorancia de la conciencia infinita, en efecto, destruyes tu identificación con cualquiera de sus reflejos.

En segundo lugar, debido a que tu Sanchitham pertenece a tu personalidad individual, y tu personalidad no es más que los medios de reflexión y la conciencia reflejada, cuando destruyes tu identificación con esos reflejos y medios también destruyes tu Sanchitham.

Anteriormente dijimos que, dado que los pensamientos son materiales, no pueden ser destruidos—y que este fenómeno es el responsable último del ciclo de renacimiento. Si eso es cierto, entonces, ¿cómo puede ser destruido el Sanchitham?

Vedanta ofrece la siguiente explicación. Juntos, los medios de reflexión y la conciencia reflejada constituyen el ego (*Aham-Kaaram*)—y este ego es el sentido de pertenencia, que le da al Sanchitham un ancla. Cuando el Jeevan Mukthaa obtiene conocimiento de la conciencia infinita, el ego se pierde. Esto priva al Sanchitham de su hogar y pierde su locus standi. En ese momento, el Sanchitham simplemente pierde su identificación con el cuerpo causal y se fusiona con el universo causal infinito en su lugar. En ese sentido, el Sanchitham del Jeevan Mukthaa también es "destruido".

En este punto, el Jeevan Mukthaa ya no es capaz de realizar acciones con intenciones. Por lo tanto, el Aagaamee ya no se acumula. Como cualquier otra persona, tal individuo aún conservará el Praa-Rabdham presente desde el nacimiento y experimentará tanto experiencias agradables como desagradables durante el resto de la vida física.

Sin embargo, dado que estas experiencias pertenecen solo a los medios de reflexión y la conciencia reflejada, el Jeevan Mukthaa ya no se identifica con ellas. Estas experiencias son insignificantes para quien está firmemente aferrado a la conciencia infinita.

Así, cuando los Jeevan Mukthaa agoten su Praa-Rabdham, simplemente morirán, ya que el Sanchitham se destruye y el Aagaamee ya no se acumula. Estas personas no serán reencarnadas en otro cuerpo físico (Daeham), sino que alcanzarán la Vidhaeha Mukthi, la liberación sin un cuerpo nuevo. Es decir, nunca volverán a nacer.

Así, la historia interminable llega a su fin.

Capítulo 30

¿Qué sigue?

Finalmente hemos llegado al final de nuestra historia. Mirando atrás, hemos recorrido bastante terreno: desde la lógica detrás de la captura de la infinitud hasta los matices de la composición humana y la conciencia, y desde la naturaleza cíclica del universo material hasta las prácticas yóguicas que pueden ayudarte a liberarte del ciclo de nacimiento y renacimiento.

En este punto, es natural preguntarse: ¿Qué sigue ahora? Ahora que has obtenido todo este conocimiento, ¿cómo deberías integrarlo en tu vida? ¿Qué haces una vez que dejas este libro?

Si has logrado comprender siquiera la mitad de las ideas presentadas en estas páginas, probablemente sabrás exactamente qué hacer a continuación. Si has llegado hasta aquí, sin duda estás entre la élite de los raros 10 millones de intelectos para los que este libro fue destinado.

Sin embargo, para hacer el camino hacia adelante aún más claro, resumamos algunas lecciones que puedes llevar contigo y empezar a poner en práctica hoy mismo.

El camino por delante

Como seguramente habrás deducido, el proceso de perseguir y capturar la infinitud no ocurre de la noche a la mañana. Requiere una aplicación diligente y constante del intelecto, a veces, a lo largo de más de una vida.

Pero, como en todos los viajes, tu progreso en el camino hacia lo infinito comienza con tus primeros pasos. Aquí hay tres pasos que puedes empezar a dar de inmediato.

Primeros tres pasos

Primero, **comienza a realizar un autoanálisis que te ayudará a descubrir las proporciones de tu temperamento mental (Guna).** Este será el punto de partida para entender los métodos adecuados que te permitirán progresar de manera sistemática hacia un Guna Saatvik.

Segundo, comienza a entrenar **tu cuerpo físico para prepararlo para las exigencias de los yogas más avanzados que practicarás más adelante**. Comienza con los básicos de Hatha yoga y simples técnicas de respiración Praanaayama.

Tercero, **trata de establecer una meta relativamente desinteresada que beneficie a los demás**. Cuando establezcas una meta de este tipo y dirijas tus pensamientos y acciones hacia ella, ayudará a reforzar tu compromiso con el desarrollo personal. Al mantener el enfoque en una meta así, los deseos frívolos de tu mente caerán por el camino. También ayudará a evitar la formación de nuevos deseos insatisfechos, lo que te permitirá agotar tu Praa-Rabdham de manera más eficiente.

Cada uno de estos pasos te ayudará a prepararte gradualmente para la práctica de yogas más avanzados: Upaasana yoga y Gnyaana yoga, que finalmente te permitirán descondicionar y purificar tu mente.

A lo largo del camino, tu objetivo será reducir la brecha entre lo que *sabes* y lo que *eres*. Guiado por tu intelecto robusto, eventualmente desarrollarás también una gran resistencia mental. Esta es la clave para unir tu conocimiento vedántico con la sabiduría vedántica, y, finalmente, *fusionarte* con la sabiduría vedántica cuando captures la infinitud.

Dos trampas comunes

¡Por supuesto, esto es mucho más fácil decirlo que hacerlo! A pesar de tu compromiso con tu crecimiento espiritual, te enfrentarás a trampas que pueden desafiar tu progreso hacia la meditación vedántica (Nidhi-Dhyaa-Sanam), la culminación del Gnyaana yoga que conduce a la fusión con la conciencia infinita.

Específicamente, es probable que enfrentes desafíos provenientes de dos fuentes principales: tus cinco sentidos y tu mente. Estas trampas comunes pueden aparecer en cualquier etapa de tu práctica yóguica. Por lo tanto, debes prepararte para reconocer los riesgos y evitar que obstruyan tu progreso espiritual.

Controlar tus sentidos

Tus cinco órganos sensoriales están constantemente expuestos al mundo material. Son los canales por los cuales los estímulos externos entran en tu mente en forma de percepciones. Y este bombardeo constante de percepciones sensoriales tiene el peligroso potencial de desviarte de tu camino.

Para mantenerte en tu camino, debes estar preparado para practicar *Indriya Nighra-ham,* o "control de los cinco órganos sensoriales".

Para ilustrar esta práctica, considera lo que sucede con una tortuga cuando percibe peligro: retira sus cuatro patas y su cabeza dentro de su caparazón para protegerse. **Debes condicionarte a responder a las percepciones sensoriales peligrosas de la**

misma manera que lo hace la tortuga. Estate alerta ante la posibilidad de que cualquiera de tus órganos sensoriales te desvíe de tu camino en cualquier momento. Siempre que esto ocurra, debes usar tu intelecto, y este **retirará tus órganos sensoriales, alejándolos de la influencia de estímulos externos que puedan perjudicar tu progreso espiritual**.

Es importante señalar que el *control* sobre tus órganos sensoriales no implica la negación de las experiencias sensoriales ni de los placeres sensoriales. Eres libre de disfrutar responsablemente de los placeres sensoriales del mundo durante tu búsqueda del infinito. Sin embargo, debes depender de tu intelecto para asegurarte de que esto no te haga perder el enfoque en tu objetivo.

La historia de la humanidad está llena de individuos de gran reputación que han caído víctimas de su incapacidad para controlar sus órganos sensoriales. Debes estar preparado para utilizar tu intelecto a fin de dominar tus órganos sensoriales y evitar convertirte en un sirviente de los estímulos externos.

Controlando tu mente

Tu mente probablemente será el obstáculo más difícil que enfrentarás en tu búsqueda del infinito.

Aunque estás constantemente bombardeado con percepciones sensoriales a lo largo de tu vida, al menos puedes alejarte físicamente de estímulos potencialmente peligrosos. Este no es el caso con tu mente. Estás atrapado con ella, sin importar a dónde vayas o qué hagas.

Por lo tanto, debes prepararte para practicar *Mano Nighraham*, o "control de la mente".

Un ejemplo ayudará a ilustrar los riesgos de una mente sin control. Incluso si tienes un control perfecto sobre tus sentidos, no puedes impedir que los estímulos externos entren en tu mente como percepciones. Cuando esto ocurre, tu mente puede quedarse fijada en algo que has percibido—por ejemplo, una persona como un amigo o un ser querido. Esta persona puede permanecer en tu mente, incluso cuando no estás cerca de ella.

En este punto, algunos pensamientos dispersos (*Vishaya Dhyaanam*) sobre esta persona comenzarán a surgir en tu mente. **Este es el momento clave para que tu intelecto intervenga y controle tu actividad mental. Dado que estos pensamientos son débiles y pocos en número, pueden ser fácilmente controlados en esta etapa.**

Si no eres capaz de controlar tu mente, esos pocos pensamientos dispersos comenzarán a ganar fuerza. Puede que empieces a admirar a la persona en cuestión. Tu mente se sentirá cómoda cuando esté contigo, y cuando estén separados, tu mente se enfocará en ella, mientras que tus órganos sensoriales la buscarán. Gradualmente, desarrollarás un apego (*Sangam*) hacia esta persona. Tu intelecto *debe* intervenir en este punto, ya que este apego hará que sea cada vez más difícil controlar tu mente.

Sin embargo, si tu intelecto *sigue* sin poder ejercer control, tu mente desarrollará un flujo continuo de pensamientos centrados en esa persona. Desarrollarás un fuerte deseo (*Kaamam*) por ella y, con el tiempo, llegarás a sentir que no puedes vivir sin ella. A menos que tu intelecto sea fuerte, será extremadamente difícil recuperar el control de tu mente en este punto.

En este punto, tu deseo será cumplido o permanecerá insatisfecho. *Si se* cumple, experimentarás una felicidad temporal. Sin embargo, como tu mente ahora estará condicionada a la experiencia de desarrollar y buscar deseos, simplemente pasará al siguiente deseo no cumplido.

Si tu deseo *no* se cumple, el flujo continuo de pensamientos se verá obstruido. Los pensamientos obstruidos conducen a la ira. Cuando tu mente se llena de ira (*Krodham*), tu intelecto se retraerá y entrarás en un estado de locura o ilusión temporal (*Sam-Moham*) hasta que logres calmarte.

Cuanto más tiempo permanezcas en esta ilusión, mayor será el daño a tu personalidad. Mientras te consumes en esta condición, perderás gradualmente la memoria de todo el conocimiento que has adquirido. Con el tiempo, esto te llevará a la pérdida de tu capacidad de pensar y, eventualmente, al *Buddhi-Naasham,* o "la destrucción total de tu intelecto".

Una vez que tu intelecto se pierde, tu personalidad queda totalmente destruida (*Pra-Nashyam*). Serás reducido al nivel de un animal. Sin tu intelecto, ya no estarás calificado para perseguir los cuatro objetivos humanos (*Purusha-Artham*), lo que significa que no podrás utilizar esta vida para reducir tu *Sanchitham.*

Así, la pérdida de tu intelecto te descalifica efectivamente de alcanzar el infinito en esta vida. Esta grave consecuencia resalta la importancia de estar preparado para usar tu intelecto y mantener tu mente bajo control a lo largo de tu vida.

Cómo permanecer en el camino hacia el infinito

El hecho de que hayas llegado al final de este libro demuestra que tu progreso espiritual ya está altamente avanzado. Después de una interminable serie de nacimientos y renacimientos, finalmente estás a punto de capturar la infinitud. ¡No debes permitirte perder esta oportunidad extremadamente rara de alcanzar la salvación (Moksham) y escapar de la interminable historia de la reencarnación!

Un intelecto fuerte es tu activo más importante; es la clave para mantenerte en el camino del progreso espiritual. Para realizar correctamente los yogas prescritos, debes comprometerte a fortalecer tu intelecto.

Si quisieras sobresalir en un deporte o en alguna otra actividad física, te comprometerías a desarrollar y mantener tus músculos todos los días. De manera similar, debes comprometerte a desarrollar y mantener tu intelecto cada día.

¿Cómo desarrollar un intelecto más fuerte? Ejercitándolo regularmente. Rechaza dar cualquier cosa por sentada cuando se te presente nueva información. Cuestiona todo. Usa tu *intelecto* para verificar y validar los hechos, las lecciones y las enseñanzas por ti mismo. Esto garantizará que tu intelecto esté siempre disponible para ti, lo cual es la clave para purificar tu mente y alinearla con el intelecto—un requisito previo para capturar la infinitud.

Busca continuamente nuevas fuentes de información para ampliar tu comprensión y refinar tu intelecto, especialmente en relación con el Vedanta. Aunque este libro ha presentado los conceptos y métodos clave del Vedanta, es solo una introducción a las vastas y profundas escrituras védicas. Se recomienda que continúes tu estudio buscando recursos adicionales.

Numerosos institutos vedánticos en todo el mundo están dedicados a la enseñanza de estas escrituras. La información sobre algunos de estos institutos estará disponible como referencia previa solicitud por correo electrónico. Se te anima a buscar un instituto que se adapte a tu ubicación geográfica, situación financiera, idioma, estilo de aprendizaje y otras circunstancias de vida.

Si necesitas orientación sobre qué instituto puede ser más adecuado para tu formación y situación, el autor puede ofrecerte recomendaciones. Además, el autor puede responder cualquier pregunta o aclaración que tengas en este momento, así como sugerir cursos de meditación guiada. Por favor, envía todas las comunicaciones por correo electrónico a: life@vedantic.org.

Al cerrar este libro, ten en cuenta que las ideas presentadas aquí son simplemente representaciones de conceptos expuestos por diversos maestros en las escrituras vedánticas. Aunque el autor ha realizado cambios deliberados en el orden en que se presentan ciertas ideas para atraer a la comunidad científica, los conceptos en sí son como "retuits" de enseñanzas atemporales. El autor también está recorriendo el mismo camino en el que tú te encuentras ahora: el camino hacia la infinitud.

Sobre el Autor

Prabha es un distinguido metafísico, ingeniero y emprendedor con más de 25 años de investigación dedicada en causalidad, creación, infinitud, conciencia y desarrollo personal. Ha observado que muchos científicos, pensadores e investigadores tienen dificultades para comprender los conceptos trans-científicos. Con un enfoque claro, contemporáneo y atractivo, simplifica estas ideas profundas, haciéndolas accesibles para lectores de todos los orígenes.

Al aplicar con maestría los principios metafísicos en sus proyectos de ingeniería, Prabha ha logrado un éxito extraordinario. Está convencido de que cualquier persona, sin importar su trayectoria, puede embarcarse en este viaje transformador y alcanzar su máximo potencial. Vive en Dubái junto a su esposa, Rosh, cuyo apoyo inquebrantable sigue siendo una fuente constante de inspiración en su camino.

www.ingramcontent.com/pod-product-compliance
Lightning Source LLC
LaVergne TN
LVHW060329051026
849517LV00004B/1251